KB125894

전략환경 변화에 따른 한국 국방과 미래 육군의 역할

※ 이 연구의 초고는 서강대학교 육군력연구소에서 개최한 제4회 육군력 포럼 '전략환경 변화에 따른 한국 국방과 미래 육군의 역할'(2018.6.28)에서 발표되었습니다.

※ 이 도서의 국립중앙도서관 출판예정도서목록(CIP)은 서지정보유통지원시스템 홈페이지(http://seoji.nl.go.kr)와 국가자료공동목록시스템(http://www.nl.go.kr/kolisnet)에서 이용하실 수 있습니다. (CIP제어번호: 양장 CIP2019008724 반양장 CIP2019009776)

서강 육군력 총서 4

서강대학교 육군력연구소 기획
이근욱 엮음
그래엄 앨리슨 · 김진아 · 김태형 · 브렌단 그린
이근욱 · 이장욱 · 황지환 지음

전략환경 변화에 따른

한국 국방과 미래 육군의 역할

ROK's Army and Security in Changes of Strategic Environments

한울
아카데미

책을 펴내며

이 책은 2018년 6월 “전략환경 변화에 따른 한국 국방과 미래 육군의 역할”이라는 제목으로 개최되었던 제4회 육군력 포럼의 발표 논문을 묶은 것이다. 2015년 제1회 육군력 포럼의 성과는 2016년 6월 『21세기 한국과 육군력: 역할과 전망』으로 출간되었으며, 2016년 제2회 육군력 포럼의 성과는 2017년 6월 『미래 전쟁과 육군력』으로 출간되었다. 2017년 제3회 육군력 포럼의 내용은 2018년 6월 『민군관계와 대한민국 육군』으로 출판되었다. 그리고 이번에 출간되는 책은 제4회 포럼의 성과이자 기록물이다.

제4회 포럼의 핵심 사항은 한반도 전략환경(strategic environment)의 변화이다. 군사적 부분에서 내생적으로 발생하지 않고 외부에서 주어지는 정치환경 및 군사기술 등을 전략환경으로 정의한다면, 2017/18년 한반도 전략환경은 급변했다. 2017년 북한의 지속적인 핵실험과 탄도 미사일 실험으로 위기가 고조되었다면, 2018년 남북정상회담과 북미정상회담 등으로 위기 해소와 협상을 통한 비핵화 가능성이 본격적으로 논의되었다. 제4회 포럼은 바로 이러한 상황에서 한반도 전략환경의 변화에 따른 한국의 국방과 대한민국 육군의 역할을 다루었다. 현실의 모든 사항이 변화하며, 한반도 전략환경 또한 항상 변화한다. 하지만 지난 1년 동안 한반도 전략환경의 변화는 그 변화의 폭과 변화의 크기 측면에서 이전의 변화와는 큰 차이를 보이며, 때문에 더욱 중요하다.

여기서 다음 두 가지 질문이 등장한다. 첫째, 현재 한반도 전략환경은 어떠한가? 이에 대해서는 객관적인 평가가 중요하며, 낙관론과 비관론 모두 적절하지 않다. 경적필패(輕敵必敗)라는 병법의 교훈은 적절하지만, 전략환경에 대한 지나친 비관론은 소극적인 대응을 가져올 수 있기 때문에 위험하다. 1938년 9월 체코슬로바키아의 주데텐란트(Sudetenland) 문제로 나치 독일과 대립하는 상황에서, 영국은 독일 공군의 능력을 과대평가했으며 런던이 공습당하는 경우 엄청난 피해가 발생할 것이라고 예측했다. 결국 영국은 독일의 요구를 수용하면서 유화 정책의 정점이자 최악의 실패인 뮌헨 협정(Munich Agreement)을 체결했다. 독일 공습 능력에 대한 과대평가의 결과는 가혹했다. 히틀러는 자신이 원했던 주데텐란트를 획득했지만, 침략을 멈추지 않았다. 1939년 3월 체코슬로바키아의 나머지 부분을 침공했고, 1939년 9월 1일 폴란드를 침공하면서 제2차 세계대전이 시작되었다.

이와 같이 전략환경에 대한 객관적이고 냉정한 평가가 중요하다. 그리고 이에 기반하여 두 번째 질문이 의미를 가진다. 현재의 전략환경에서 대한민국과 육군의 대응은 어떠해야 하는가? 현재 상황에서 전면 전쟁 또는 전반적인 위기 상황으로 회귀하는 것은 적절하지 않으며, 오히려 이 상황을 정확하게 판단하고 동시에 상황을 보다 발전적인 방향으로 유도해야 하며, 북한 비핵화를 달성하도록 노력해야 한다. 이를 위해서는 북한의 협상 전략을 파악하고, 북한의 핵 및 미사일 전력과 함께 군사력의 감축을 유도해야 한다. 소극적으로 상황에 적응하는 것을 넘어, 보다 적극적으로 전략환경을 우리에게 유리한 방향으로 조성해야 한다.

하지만 대한민국과 육군의 모든 관심이 북한 비핵화에만 집중되어 있어서도 안 된다. 대한민국 육군은 국가 방위의 중심군이며, 현재 한국에 대한 가장 큰 군사적 위협인 북한은 한국이 직면한 많은 안보 위협 가운데 하나에 지나지 않는다. 북한의 존재 자체가 한국에 큰 위협이라는 사실은 명백하지만, 통일 이후에도 국방 문제는 존재하며 안보를 위한 군사력 건설 자체는 필요하다. 이를 위해서, 육군은 군사기술의 발전과 그 밖의 외부 환경에 적응하면서 지속적으로 변화하고 발전해야 한다. 이를 위해서 한국 육군은 한반도 전략환경의 정치적 부분과 함께 비정치적 부분이라고 할 수 있는 군사기술의 변화에 관심을 기울이고 이를 적극적으로 수용해야 한다.

전략환경의 변화는 쉽게 파악하기 어렵다. 하지만 변화를 파악하는 것 자체는 피할 수 없으며, 그 변화를 적절하게 파악하지 못한다면 국방과 안보는 심각한 위험에 빠지게 된다. 또한 전략환경의 변화를 소극적으로 수용하고 적응하는 것을 넘어, 보다 적극적으로 전략환경 자체를 조성하도록 노력해야 한다. 즉, 소극적으로 변화에 대비하는 것은 필수적인 사항이며 이를 넘어서, 적극적으로 전략환경의 변화를 우리에게 유리한 방향으로 유도해야 한다. 이것은 더욱 어렵다. 하지만 이러한 노력은 필요하다. 그리고 이를 실행하기 위해서는 군(軍) 내부의 역량과 함께 민간 부분의 역량이 동시에 필요하며, 양 부분의 협력이 필수적이다.

이번 책이 햇빛을 볼 수 있었던 것은 많은 분들의 노력과 도움 덕분이었다. 우선 대한민국 육군을 대표하여 김용우 육군참모총장님께 감사드린다. 김용우 대장님의 도움은 제4회 육군력 포럼이 진행될 수 있는 원동력이었다. 포럼에 대한 지원을 아끼지 않으셨던 최인수

장군님께도 감사드린다. 실무를 담당하셨던 한종욱 중령님께도 감사드린다. 중령님의 도움이 없었다면, 포럼이 실행되지 못했을 것이다.

서강대학교에서도 많은 분들이 도와주셨다. 특히 이번 포럼에서 축사를 해주셨던 박종구 총장님께 감사드린다. 서강대학교 정치외교학과 동료 교수님들 또한 익숙하지 않은 육군력 포럼에도 불구하고 많이 도와주셨다. 포럼에서 발표와 토론을 맡아주셨던 여러 선생님들에게도 감사드린다. 무엇보다 포럼 운영에서 실무를 해주었던 여러 대학원생들에게 감사드린다. 김희준, 박지나, 성다은, 신상민, 오은경, 이다정, 이유정, 표선경 씨 등의 노력이 없었더라면 업무 진행은 불가능했을 것이다. 무엇보다 위탁 교육으로 서강대학교 대학원에 와서 행사 진행 실무를 맡아주셨던 김강우 대위님께 감사드린다.

차례

머리말

이번에 출판되는 서강 육군력 총서 4권은 2018년 6월 28일 국방컨벤션센터에서 개최된 제4회 육군력 포럼에서 발표된 원고를 수정한 것이다. 포럼의 주제는 "전략환경 변화에 따른 한국 국방과 미래 육군의 역할"이었으며, 미국 하버드 대학교의 그래엄 앨리슨(Graham T. Allison) 교수가 "북한 억지의 조건: 성공과 실패 경험과 교훈"에 대한 기조연설을 담당했다. 제1부에서는 "북한 비핵화 가능성, 그리고 한국 안보"에 대해, 제2부에서는 "남북정상회담 이후 육군의 역할"을 주제로 해외 학자를 포함한 총 6명의 학자들이 논문을 발표했다.

제4회 포럼의 핵심 사항은 한반도 전략환경의 변화이다. 2017년 북한은 7월 사정거리 9000km급 탄도 미사일 발사에 성공했으며, 9월 핵실험에서 50~60kton을 달성했다. 이에 북한은 이른바 "핵무력의 완성"을 선언하면서, 괌(Guam) 공격을 호언했다. 한국과 미국은 이와 같은 북한의 도발에 굴복하지 않았고, 미사일 대응 발사와 전략자산 전개 등으로 대응했다. 하지만 2018년 들어오면서 상황은 급변했으며, 특히 남북정상회담과 북미정상회담으로 이전까지는 기대하지 못했던 새로운 가능성이 부각되었다. 2019년 4월 현재까지 이러한 가능성은 실현되지 않고 있으며, 앞으로도 많은 난관이 있을 것이다. 그럼에도 불구하고 가능성 자체는 이전과 전혀 다른 정치환경을 조성했으며, 2017년 지속되었던 북한의 도발에서 비롯된 위기 상황 자체는 표면적으로는 해소되었다.

그렇다면, 이러한 전략환경을 어떻게 이해할 것인가? 그리고 이와 같이 변화한 전략환경에서 한국 육군의 역할은 무엇인가? 이것이 핵심 질문이다. 2017/18년 동안 군사 부분 외부에서 나타난 정치환경 및 기술 변화는 엄청나며, 따라서 이에 대한 낙관론과 비관론 모두를 배제한 냉정한 분석이 필요하다. 동시에 대한민국 육군의 입장에서 변화한 전략환경에서 수행할 수 있는, 그리고 수행해야 하는 역할을 모색하는 것이 중요하다.

I. 대주제: 전략환경 변화에 따른 한국 국방과 미래 육군의 역할

한반도 전략환경의 변화는 제4회 포럼의 핵심이다. 2017년 북한의 "핵무력 완성" 선언과 이후 반복되었던 도발과 그로 인한 위기는 2018년 정상회담과 협상을 통한 북핵문제의 해결 가능성으로 반전되었다. 이와 같이 달라진 전략환경에서 한국의 국방과 미래 육군의 역할은 무엇인가? 이러한 질문에 대해서는 수없이 다양한 답변이 가능하며, 낙관론과 비관론이 교차할 수 있다. 하지만 논의 자체가 출발하기 위해서는 기본적으로 전략환경의 변화를 소극적으로 "수용"해야 한다는 사실은 분명하며, 보다 적극적으로 전략환경의 변화를 유도하고 발전시켜야 한다는 부분에서도 많은 의견이 일치할 것이다. 즉, 2019년 4월 현재 시점에서도 그리고 이후 시점에서도, 2017/18년 전략환경의 변화를 부정할 수 없으며, 때문에 이것을 수용해야 한다. 전략환경의 변화 자체는 외생적으로 주어지는 것이며, 따라서 이것을 부정할 수 없고, 부정한다고 변화 자체가 사라지지 않는다.

남북정상회담과 북미정상회담 이후 협상을 통한 북핵문제의 해결에 대한 기대가 높아졌지만, 동시에 이에 대한 회의론이 존재한다. 이러한 회의론의 상당 부분은 건설적이며 합리적인 평가에 기초하고 있다. 하지만 전략환경의 핵심 사항인 정치환경의 변화는 군사적 부분 외부에서 주어지는 외생적인 변화이며, 따라서 정치 영역에서 시작된 변화를 군사 부분에서 저지하거나 역행하는 것은 가능하지 않다. "전쟁은 정치적 목표 달성을 위한 수단"이라는 클라우제비츠의 주장을 수용한다면, 군사 영역은 정치 영역에서 결정되는 목표를 달성하기 위한 군사력 건설 및 사용과 관련된 하위 영역이며, 따라서 상위 영역인 정치 영역에서 결정된 사항을 저지하거나 역행할 수 없다. "전쟁은 다른 수단으로 진행되는 정치의 연장"이라면, 군사 영역은 정치 영역에 "종속"되는 것이며 따라서 상위 영역인 정치 영역에서 결정된 목표를 효과적으로 수행하는 데 집중해야 하며, 이것을 저지하거나 역행해서는 안 된다.

중요한 것은 전략환경에 대한 정확한 평가이다. 현재 상황에 대해 "제3자적 입장은 옳지 않고 잘되게 만든다는 당위성의 문제로 봐야 한다"는 주장이 가능하지만, 동시에 "장밋빛 예측"은 무의미하다는 평가 또한 옳다. 때문에 현재의 전략환경에 대한 정확한 평가와 함께 현재의 상황 전개를 단순히 추종하거나 비판하는 데 머물지 않고 정치적 목표를 실현하기 위해 보다 적극적으로 노력해야 한다. 이를 통해 "당위론"이 가지는 맹목적 낙관주의와 위험성을 극복할 수 있으며, "장밋빛 예측"에 기초한 회의론이 패배주의로 타락할 가능성을 봉쇄할 수 있다.

상황에 대한 낙관론은 파국을 가져온다. 1938년 9월 영국은 낙관론을 견지하고 독일에 대한 유화 정책을 통해 히틀러의 팽창 욕구를 해소할 수 있다고 보았고 타협을 선택했다. 하지만 11개월 후 독일은 폴란드를 침공하고 제2차 세계대전이 발발했다. 하지만 상황에 대한 비관론 또한 재앙을 가져온다. 1938년 9월 영국은 나치 독일의 군사력을 정확하게 평가하는 데 실패했으며, 특히 독일 공군의 기술적 능력을 과대평가했다. "폭격이 시작되면 1주일에 15만 명의 사망자가 발생"한다는 영국 공군의 분석은 영국 지도부가 독일과의 타협을 선택했던 가장 중요한 요인이었다. 하지만 독일 공군의 런던 공습은 예측과는 달리 치명적이지 않았고, 1939년에서 1945년까지의 제2차 세계대전 기간 동안 독일의 런던 공격에서 발생한 사망자와 부상자 전체 규모는 15만 명 미만이었다. 비관론이 안전하다는 인식은 오류이다. 낙관론이 가져올 파국과 비관론이 가져올 재앙은 동일하며, 낙관론과 비관론의 "기묘한 조합"은 현실의 재앙과 파국을 빚어낸다. 정확하지 않은 평가는 – 그것이 낙관론이든 비관론이든 – 항상 위험하다.

또 다른 문제는 변화에 대한 대응 수준이며, 전략환경에 대한 육군의 역할이다. 『거울 나라의 앨리스(Through the Looking-Glass)』에서 주인공 앨리스와 대립하는 붉은 여왕(Red Queen)은 "지금 위치에 머무르기 위해서 최고 속도로 뛰고 있다"고 고백한다.[1] 즉, 변화하는 현실에 적응하면서 현재 상태를 유지하는 것 자체가 쉽지 않다. 하지

---

1 루이스 캐럴(Lewis Carroll)의 원작 소설이 영화 등으로 각색되면서 가장 널리 알려진 『이상한 나라의 앨리스(Alice's Adventures in Wonderland)』를 중심으로 재편되었고, 때문에 많은 경우 붉은 여왕은 『이상한 나라의 앨리스』에 등장하는 인물로 인식된다. 하지만 붉은 여왕은 그 후속편인 『거울 나라의 앨리스』에 등장한다.

만 붉은 여왕과 같이 맹목적으로 뛰는 것과 함께, 현재의 변화 방향 자체를 적극적으로 변경하도록 노력하는 것이 더욱 중요하다. 전략환경의 변화를 기본적으로 수용해야 하지만, "수용한다"는 것이 수동적이고 무기력하게 상황을 방관해야 한다는 주장은 아니다. 전략환경을 역행하거나 저지하는 것은 가능하지 않고 적절하지 않지만, 전략환경의 변화를 보다 유리한 방향으로 유도하고 발전시키는 것은 필요하며 이를 가능하게 하도록 노력해야 한다.

이를 위해서는 보다 정교한 대전략(grand strategy)이 중요하다. 즉, 논의의 출발점이 전략환경의 변화를 일차적으로는 수용하고 이를 보다 적극적으로 유도하고 발전시키는 것이라면, 논의의 종착점은 전략환경에서 우리의 목표를 달성하기 위해 보다 통합적인 – 군사 영역과 정치 영역이 서로 더욱 많이 대화하고 군사 영역과 정치 영역이 보다 많이 교류하면서 – 대전략을 구축하는 것이다.

동시에 전략환경을 구성하는 기술 측면에서도 더욱 많은 노력이 필요하며, 이를 국가 대전략의 관점에서 적극 추진해야 한다. 그리고 이와 같은 투자를 통해 우리는 전략환경의 변화를 우리에게 유리한 방향으로 유도하고 발전시켜야 한다. 기술 변화의 속도는 항상 기대 이상이었으며, 앞으로 그 속도는 더욱 빨라질 것이다. 때문에 더욱 많은 투자가 필요하며, 붉은 여왕이 고백하듯이 "지금 위치에 머무르기 위해서"라도 최선을 다하고 더욱 많은 투자를 통해 "최고 속도"를 유지해야 한다. 투자가 부족하다면 그리고 군사기술의 발전에 대한 대전략이 부족하다면, "지금 위치"에 머무를 수 없다. 즉, 군사기술에 대한 투자를 통해 전략환경의 변화에 대한 국가 대전략을 추진하고 동시에 전략환경의 변화를 수용하는 것을 넘어 보다 적극적으로 변화의 방향을 유도하고 전략환경을 우리에게 유리한 방향으로 발전시켜야 한다.

II. 소주제 1: 북한 비핵화 가능성, 그리고 한국 안보

첫 번째 소주제는 북한 비핵화 가능성과 한국 안보이다. 2017/18년 빠르게 변화한 전략환경에 대한 분석이 해당 사안에서 가장 중요한 문제이며, 이에 대해서는 낙관론과 비관론을 모두 배제한 정확한 평가가 필수적이다. 전략환경을 정확히 평가하기 위해서는 장밋빛 전망으로 상황을 낙관적으로 바라보는 경우와 최악의 경우를 강조하면서 상황을 비관적으로 바라보는 경우 모두를 지양해야 한다. 대신 전략환경 변화의 가장 중요한 부분인 비핵화를 객관적이고 정확하게 파악해야 한다.

최근 북한은 "핵무력 완성"이라는 표현을 사용하고 있으며, 2018년 들어 협상을 통한 비핵화 가능성이 고조되고 있다. 이와 같은 전략환경에서 다음 세 가지 사항이 등장한다. 첫째, 냉전의 경험이 중요하다. 1945년에서 1991년 사이, 미국과 소련은 상대방의 핵전력을 탐지하기 위해 많은 노력을 기울였으며, 동시에 자신들의 핵전력을 보호하고 생존성을 향상시키기 위해 집중적으로 투자했다. 하지만 여기에는 생존성과 지휘통제의 딜레마가 존재했으며, 명중률과 관련된 기술적 어려움이 선택을 더욱 어렵게 했다. 때문에 생존성이 높은 이동식 ICBM의 배치는 쉽지 않았고, 특히 소련은 1980년대 지상 이동 ICBM을 도입하기 시작했다. 하지만 미국은 소련의 지상 이동 ICBM을 적절하게 탐지했으며, SLBM 또한 거의 실시간으로 탐지했다. 냉전 기간 어느 순간에서도 게임 체인저는 등장하지 않았고, 미국과 소련은 "핵전력을 완성"하지 못했다. 경쟁은 치열했고, 미국과 소련은 붉은 여왕과 같이 "지금 위치에 머무르기 위해서 최고 속도"로 뛰었을 뿐이다. 그리고 그 달리기 경주에서 보다 많이 투자했고 지리적인 이점을 가지고 있었던 미국이 승리했다.

둘째, 핵협상이 난관에 봉착하는 경우에 한반도를 둘러싼 정치적 역동성은 어떻게 진행될 것인가? 냉전 시기와 함께 우리가 참고할 수 있는 또 다른 경쟁 구도는 인도와 파키스탄의 대립으로 점철된 남아시아의 경험이다. 1998년 5월 인도와 파키스탄은 경쟁적으로 핵무기 실험을 감행했고, 이후 지난 20년 동안 핵무기로 상대방을 위협하면서 상호 억제/억지 상황을 유지하고 있다. 그렇다면, 이러한 상황은 정태적이고 안정적인가? 냉전 시기 핵균형과 관련해 가장 널리 알려진 용어인 상호확증파괴(MAD: Mutual Assured Destruction)와 공포의 균형(balance of terror)은 일단 핵전력이 달성된다면, 그 유지 자체는 쉽다는 인상을 준다. 하지만 여기에서도 붉은 여왕의 저주는 작동하며, 핵무기를 보유했다고 해도 개별 국가는 "지금 위치에 머무르기 위해서 최고 속도"로 뛰어야 한다. 그리고 이러한 "붉은 여왕의 저주"는 핵전력에만 적용되지 않고 핵무기 보유 이후 재래식 전력에도 그대로 적용된다. 인도와 파키스탄의 경험은 "저주받은 달리기 경주"를 단편적으로 보여준다. 인도와 파키스탄의 핵무기 실험과 탄도 미사일 배치 자체는 남아시아의 안정성을 보장하지 못했으며, 군사적으로 열세에 있는 파키스탄의 군사적 안전을 보장하지도 못했다. 인도 또한 파키스탄의 도발과 도전을 철저하게 봉쇄하는 데 실패했으며, 재래식 전력을 통해 파키스탄을 보복/응징하려는 전략 또한 많은 난관에 봉착하고 있다.

셋째, 그렇다면 협상을 통한 북한 비핵화 가능성은 어떻게 평가할 수 있는가? 2018년 6월 북미정상회담은 상징적 측면에서는 엄청난 성과였지만, 비핵화에 대한 실질적 합의는 도출하지 못했다. 2019년 제2차 정상회담이 추진될 수 있으며 여기서 획기적인 합의가 가능할 수 있지만, 2019년 초 현재 북한 비핵화에 대한 기대 수준은 2018년 5월 말 시점에 비해서는 많이 하락했다. 그렇다면, 비핵화는 가능할 것인가? 그리고 이 과정에서 한국은 무엇을 더 요구하고 무엇을 더 양보해야 하는가? 협상을 통한 북한 비핵화 가능성이 부각되면서 한반도 전략환경이 빠른 속도로 변화했기 때문에, 비핵화와 관련된 사안을 잘 분석하는 것이 중요하다. 또한 상호 불신이 극단적으로 높은 상황에서 비핵화가 추진되어야 하기 때문에, 비핵화 과정 자체는 쉽지 않을 것이며 많은 어려움이 나타날 것이다. 그렇다면 이러한 어려움은 어떻게 극복할 수 있을 것이며, 이를 극복하기 위해서는 어떠한 조치가 필요한가? 이와 같은 질문에 대한 실질적인 해답은 협상장에서 그리고 협상 및 비핵화 추진 과정에서 등장할 것이며, 협상을 통한 북한 비핵화가 성공하기 위해서는 한국, 미국, 북한 등 당사자 모두가 최종 합의에 동의해야 한다. 하지만 이 과정이 쉽지 않을 것이며, 더욱 많은 노력이 필요할 것이다.

III. 소주제 2: 남북정상회담 이후 육군의 역할

2018년에는 총 세 차례 남북정상회담이 개최되었다. 4월 27일 제1차 정상회담이, 그리고 5월 26일 제2차 정상회담이 각각 판문점에서 개최되었으며, 9월 18~20일 평양에서 제3차 정상회담이 개최되었다. 이를 통해 4월 「판문점선언」과 9월 「평양공동선언」이 발표되었다. 특히 9월 19일 「평양공동선언」을 통해 양 정상은 "민족자주와 민족자결의 원칙을 재확인"하면서 "군사적 적대관계 종식을 한반도

전 지역에서의 실질적인 전쟁위험 제거와 근본적인 적대관계 해소"로 이어가며 "한반도를 핵무기와 핵위협이 없는 평화의 터전으로 만들어나가야 하며 이를 위해 필요한 실질적인 진전을 조속히 이루어나가야 한다는 데 인식을 같이" 했다. 평양공동선언의 부속합의서 형태로 「판문점선언 군사분야 이행 합의서」가 채택되어, "상대방에 대한 일체의 적대행위를 전면중지"하고 "비무장지대를 평화지대로 만들어나가기 위한 실질적인 군사적 대책을 강구"하며 "서해 북방한계선 일대를 평화수역으로 만들어 우발적인 군사적 충돌을 방지하고 안전한 어로활동을 보장하기 위한 군사적 대책"을 취해나갈 것이며 "군사적 신뢰구축을 위한 다양한 조치들을 강구"할 것을 합의했다. 이것 자체는 상당한 성과이며, 한반도 전략환경의 큰 변화를 가져왔다는 사실 자체는 분명하다.

그렇다면, 전략환경의 변화에 어떻게 대처할 것이며 여기서 한국 육군은 어떻게 행동해야 하는가? 가장 기본적인 출발점은 전략환경의 변화를 거부하거나 역행하는 것이 아니라 수용해야 한다는 사실이며, 이러한 "수용"은 단순히 소극적인 수용에 그치는 것이 아니라 전략환경의 변화를 유도하고 발전시키는 적극적 행동까지 포함한다. 여기서 다음과 같은 세 가지 사안이 등장한다. 첫째, 전략환경 자체의 이해가 중요하다. 이를 위해서는 북한 핵전략을 정확하게 이해할 필요가 있다. 둘째, 전략환경을 수용하지만 이를 유도 및 발전시키는 게 중요하다면, 군축 및 군비통제를 통해 북한 지상군 병력을 감축시켜야 한다. 그렇다면, 이것을 어떻게 실현할 것인가? 셋째, 전략환경이 계속 변화한다면, 변화하는 상황 자체에 어떻게 대처할 것인가? 이것은 결국 군사혁신의 문제이다.

첫 번째 사안은 바로 전략환경의 이해이며, 이를 위해서는 북한의 비핵화 협상 전략을 보다 세밀하게 평가할 필요가 있다. 2017년까지 대부분의 평가는 북한이 핵무기를 포기하지 않을 것이라는 것이었으며, 북한이 핵실험과 미사일 실험을 반복하면서 비관적 평가는 더욱 설득력을 얻었다. 하지만 2018년 들어오면서 북한은 기존 입장을 번복하고 "비핵화에 대한 김일성의 유훈"을 꺼내들면서, 미국과의 협상을 시작했고 6월 북미정상회담에서 원칙적으로는 "완전한 비핵화(complete denuclearization)"에 합의했다. 이와 같은 전략환경의 변화를 수용해야 하지만, 이러한 수용은 수동적인 수용에 그쳐서는 안 된다. 전략환경의 변화를 통해 북한 지상군 병력의 감축까지 끌어내기 위해서는 핵문제에 대한 북한의 전략을 정확하게 파악해야 한다. 즉, 북한의 이와 같은 정책 변화는 지속될 수 있는가? 이러한 변화는 최종적으로 비핵화까지 이어질 수 있는가? 그리고 이 과정에서 어떠한 변수들이 걸림돌로 등장할 것인가? 이러한 질문들을 검토하고 이에 대한 대한민국 육군 내부의 대응책이 필요하다.

두 번째 사안은 전략환경을 유도하여 발전시키는 문제이다. 즉, 협상을 통해 북한 비핵화를 추진하는 과정에서 한국 육군은 어떠한 목표를 설정하고 달성하도록 노력해야 하는가? 여기서 가장 중요한 사안은 판문점선언과 평양공동선언에서 나타난 "군사적 적대관계 종식을 한반도 전 지역에서의 실질적인 전쟁위험 제거와 근본적인 적대관계 해소"로 이어지도록 노력하는 것이며, 이를 위한 재래식 전력의 군축 및 병력 감축이다. 비핵화가 성공적으로 달성된다고 해도 남북한의 재래식 전력이 그대로 남아 있게 된다면, 현재 상태와는 큰 차이가 없이 긴장과 대치 상태가 지속된다. 이를 타개하기 위해서는 보다 비핵화의 역동성을 이용하여 정치적 갈등 자체를 약화시키고 이를 군사적 부분에서도 신뢰구축 및 군축으로 이어나가야 한다. 특히 북한 지상군 병력 감축을 실현하는 것이 중요하며, 이를 위해서 대한민국 육군에서 대비할 수 있는 사항에 대한 검토가 필요하다.

세 번째 사안은 전략환경의 변화에 대한 것이다. 전략환경이 계속 변화하는 상황에서 전략환경을 적극적으로 유도하고 발전시키는 문제는 결국 "붉은 여왕의 저주" 문제에 직면한다. 『거울 나라의 앨리스』에서 붉은 여왕은 "지금 위치에 머무르기 위해서 최고 속도"로 뛰지만, 변화하는 전략환경에서 변화에 적응하기 위해서는 항상 뛰고 있어야 한다. 대한민국 국가 방위의 중심군인 육군 또한 붉은 여왕과 같이 "지금 위치에 머무르기 위해서 최고 속도"의 변화를 유지해야 한다. 북한 위협이 한국이 직면한 가장 심각한 군사위협이라는 사실은 분명하지만 이것이 유일한 위협은 아닐 것이다. 따라서 육군은 빠른 속도로 변화해야 하며 동시에 "지금 위치에 머무르기 위해서 최고 속도"로 뛰는 것과 함께 뛰는 방향을 적절하게 조정해야 한다. 인도/파키스탄 사례에서 나타나듯이, 핵무기 시대에서 육군의 중요성은 퇴색되지 않으며 핵무기 사용 자체를 봉쇄하기 위해서는 다양한 군사적 선택지가 준비되어야 한다. 이러한 측면에서 현재 대한민국 육군이 추진하고 있는 5대 게임 체인저를 비롯한 다양한 군사기술 개발과 인공지능(AI) 및 제4차 산업혁명으로 대표되는 민간 기술의 발전을 군사 부분에 응용하는 문제를 보다 적극적으로 검토해야 한다.

제1부

북한 비핵화 가능성, 그리고 한국 안보

The ROK's National Security and Denuclearizing North Korea

2017/18년 한반도 전략환경은 급변했다. 2017년 북한은 "핵무력 완성"을 선언하면서 핵실험과 미사일 실험을 반복하고, 한반도 위기를 고조시켰다. 하지만 2018년 들어오면서 세 차례의 남북정상회담이 실현되었으며, 6월에는 북미정상회담까지 개최되었다. 그렇다면 이러한 전략환경의 변화를 어떻게 파악할 것인가? 이것이 제1부에서 다루는 가장 중요한 질문이다.

한반도 전략환경의 변화는 크게 다음 세 가지 문제로 나눌 수 있으며, 이것은 제1부에 수록된 글들이 각각 다룬다. 첫 번째 질문은 북한이 주장하는 "핵무력 완성" 문제이며, 동시에 "북한이 게임 체인저를 보유"했다는 두려움에 대한 것이다. 과연 냉전 시기 미국과 소련의 경쟁 측면에서 볼 때, "핵무력 완성"이라는 북한의 주장과 "북한이 보유한 게임 체인저"라는 두려움은 근거 있는 주장인가?

현재 진행되는 협상을 통해 북한 비핵화가 실현되어야 한다는 것은 당위적 문제이다. 선험적으로 볼 때 군사적 방법으로 비핵화를 달성하는 것은 너무 위험하며, 경험적으로 볼 때 경제 제재를 통해 비핵화를 압박하는 것은 큰 효과가 없다. 결국 협상을 통한 비핵화가 쉽지는 않으며 최종 실현까지는 많은 난관이 있겠지만, 현재로는 수용 가능한 해결책이다. 하지만 향후 예상되는 어려움 때문에 협상이 실패하는 경우, 어떠한 상황이 전개될 것인가? 이것이 두 번째 질문이다.

현재 나타나는 전략환경의 변화를 수용하는 것은 필수적이지만, 동시에 전략환경의 변화를 유도하고 발전시키는 보다 적극적인 태도 또한 필요하다. 지난 20년 동안 인도와 파키스탄은 핵무기를 보유한 상황에서 서로 경쟁했고, 상대방을 억제/억지하는 과정에서 지역 안정성은 심각하게 저해되었다. 이러한 인도/파키스탄의 경쟁에서 우리가 얻을 수 있는 교훈은 무엇인가?

세 번째 질문은 현재 진행되는 북한 비핵화 협상 자체에 대한 이해이다. 협상을 통한 북한 비핵화는 당위론적 측면에서 반드시 달성되어야 하지만, 그 과정은 험난할 가능성이 높다. 그렇다면, 협상을 통한 비핵화가 달성되는 데 어떠한 어려움이 존재할 것인가? 이러한 어려움을 극복하기 위해서는 어떤 조치들이 필요할 것인가? 그리고 현재의 전략환경을 보다 발전시킬 수 있는 방안은 무엇인가?

정치적 환경 및 새로운 기술의 개발 또는 응용 등은 군사 부분에서 외생적으로 발생하는 전략환경을 구성한다. 그리고 이러한 전략환경은 저지하거나 역행할 수 없으며, 이를 일차적으로는 수용하고 보다 적극적으로는 우리에게 유리한 방향으로 유도하고 발전시킬 수 있을 뿐이다. 여기서 어떻게 한국의 안보를 극대화할 것인가?

제1장

민군관계와 핵전략 발전

인도와 파키스탄 라이벌 관계의 사례

김태형

동북아 지역은 탈냉전기에도 미중 라이벌 관계의 심화, 배타적 민족주의의 발흥, 해양 영토 분쟁 등으로 안보 딜레마가 지속적으로 악화되어왔다. 특히 북한의 핵개발은 군사적 긴장 고조, 지역 군비경쟁 심화, 전쟁 발발 가능성 증대 등의 문제를 야기하여 한반도, 나아가 동북아 전체의 안보환경을 더욱 악화시켰다. 북한의 핵, 미사일 능력이 고도화됨에 따라 한국을 비롯한 주변국들이 그에 대한 대응책 마련에 부심하여 많은 노력과 예산을 군사적 대응 방안 구상과 실현에 투여해야 했다. 다행히 남북관계 개선이 이루어지고 북한이 경제발전 매진을 천명하며 비핵화를 공언함에 따라 북미 간의 긴장도 급속히 완화되면서 한반도와 동북아 지역에 해빙의 기운이 만연해지며 대결과 전쟁의 위험에서 서서히 벗어나고 있다.

핵무기 문제 해결의 가능성이 보이면서 안보환경 개선의 희망이 보이는 동아시아 지역과 달리 남아시아 지역은 지역 라이벌 국가인 인도와 파키스탄 간의 군사적 대치와 핵무기 개발경쟁으로 비화된 대결과 충돌의 위험성이 줄어들지 않고 있다. 특히 최근에는 새로운 핵무기 투발 수단의 개발, 배치와 핵탄두 숫자 증대 경쟁으로 인하여 군사적 충돌의 발발 가능성과 이러한 충돌이 핵무기를 사용하는 대규모 분쟁으로 확전될 가능성 또한 증대하고 있다. 인도와 파키스탄 양국 간 핵무기를 둘러싼 대치와 상황 악화에는 양국 간의 핵전략, 독트린 개발과 관련하여 각국의 상대방 정책, 전략의 변화에 대한 거듭되는 작용, 반작용의 사이클이 크게 일조했다. 각국은 상대방의 새로운 무기체계 도입이나 새로운 독트린, 전략의 도입에 대하여 대응책을 마련하여 반응하고 이러한 반응에 상대방이 다시 새로운 정책, 전략을 도입하는 안보 딜레마 과정이 반복되면서 전반적인 지역 전략적 안정(strategic stability) 상황이 지속적으로 악화되어온 것이다. 이렇게 인도, 파키스탄 양국이 새로운 무기체계나 독트린, 전략을 개발하게 되는 배경에는 각국의 민군관계도 적지 않은 영향을 끼쳤다. 인도와 파키스탄은 대단히 상반되는 민군관계를 유지하고 있다. 세계에서 가장 큰 민주주의 국가라는 인도는 영국으로부터 독립한 이후부터 확고하게 군대에 대한 민간의 우위 전통을 확립한 반면, 파키스탄은 반복되는 쿠데타로 독립 이후 현재까지 상당 기간 군부통치 아래 있었고, 민간정부가 복귀했을 때에도 군부가 주요 정책, 특히 핵무기 관련 정책에서는 절대적인 영향력을 행사하고 있다. 이 글에서는 인도와 파키스탄 각국의 민군관계가 양국의 핵무기 개발과 핵전략, 독트린의 발전에 어떠한 영향을 끼쳤고 양국 간 억지안정(deterrence stability)에 주는 함의는 무엇인지 살펴보고자 한다. 먼저 양국의 민군관계를 간략히 비교하고 양국의 핵무기 개발 과정을 살펴본다. 그리고 양국의 핵무기 보유 이후 핵전략, 독트린의 개발 과정에서 각국의 민군관계와 군의 지위가 어떻게 영향을 끼쳤는지 살펴볼 것이다.

1. 1998년 핵실험 이전 인도, 파키스탄의 민군관계 발전 개관

민군관계의 핵심은 민간정부가 정책을 만들고 군은 전쟁을 수행한다는 역할 분담과 군에 대한 민간 통제 여부이다. 군은 전쟁수행에 관한 역할을 책임지고 다른 영역에 개입해서는 안 된다. 대신 군은 전쟁에 관하여 가장 전문적인 지식과 경험을 갖춘 조직으로서 전쟁 수행에 필요한 모든 것에 대해 최대한 자율성과 독립성을 보장받아야 한다. 민간정부도 군에 대한 확실한 통제권을 가지는 한편 전략, 작전 등의 군 전문 영역은 군에 맡기고 전쟁 외의 다른 임무를 군에 요구해서는 안 된다.[1] 그러나 이렇게 이상적이고 민주적인 관계를 유지하기는 쉽지 않다. 민간정부와 군 간에는 이해와 필요에 따라 긴장 관계가 불가피하고 둘 사이의 역할 분담 영역과 역할에 대한 균형을 유지하기도 어렵다. 때로는 군이 너무 많은 것을 요구하거나 민간 영역에 개입하려 하기도 하고, 민간정부가 군에 역할 이상의 것을 요구하거나 군이 맡아야 하는 임무를 배제하고 독단적으로 실행하기도 한다. 특히 외부 위협 환경의 정도, 변화 여부와 국내 정치 체제의 특성이 민군관계의 형성, 발전에 큰 영향을 끼친다.[2]

수십 년간 서로 치열하게 대치하고 있는 인도와 파키스탄 양국은

---

1 Samuel Huntington, *The Soldier and the State: The Theory and Politics of Civil-Military Relations* (Belknap Press, 1981, revised edition).

2 Peter Feaver, "Civil-Military Problematique: Huntington, Janowitz, and the Question of Civilian Control," *Armed Forces & Society*, Vol.23, No.2 (1997).

서로 다른 정치 시스템을 발전시켰고 양국 간의 적대관계 외에도 서로 다른 대내외적 안보 위협을 겪고 있다. 인도와 파키스탄 양국은 1998년 핵실험 이후에 핵무기 보유 국가의 지위를 획득했고 이후에도 핵무기 개발경쟁으로 상당 수준의 핵무기와 투발 수단을 보유하고 있다. 핵무기 외에도 인도와 파키스탄은 각각 120만(99만 예비군 미포함), 65만(50만 예비군 미포함)의 대규모 병력을 보유한 재래식 전력 규모에서도 군사강국들이라 할 수 있다.[3] 따라서 양국 모두 군조직의 규모도 크고 군부의 영향력도 적지 않다. 하지만 양국은 대단히 상반된 민군관계를 성립, 발전시켰다. 이렇게 상반된 민군관계는 핵무기 개발이나 억지력 확보 방안을 강구하는 핵전략, 독트린 입안에 많은 영향을 끼쳤다. 피터 피버(Peter Feaver)는 새로운 핵보유국의 핵 지휘통제(C&C: Command & Control)는 그 국가의 민군관계 특성과 핵무기 사용 결정까지의 시간 긴박성(time-urgency)에 좌우된다고 했다.[4] 민군관계 특성이 전략적 안정을 가져오는 방향으로의 핵전략 발전에 적합하지 않은 지휘통제 시스템을 생성시킬 수도 있는 것이다. 이 장에서는 먼저 각국의 민군관계 발전과 특성에 대해 간략히 살펴보겠다.

1) 인도의 민군관계 발전과 특징

1947년 인도가 기나긴 투쟁 끝에 마침내 영국으로부터 독립을 쟁취했을 때 인도가 물려받은 군대는 영국의 인도 통치를 위해 창설,

3 Kyle Mozokami, "India vs. Pakistan: Which Army Would Win?," *The National Interest*, May 20, 2017.

4 Peter Feaver, "Command and Control in Emerging Nuclear States," *International Security*, Vol.17, No.3 (Winter 1992/3), pp.160~187.

훈련되고 사용된 군대였다. 영국은 양차 대전을 비롯한 많은 군사분쟁에 인도군을 적극 활용했고 인도의 독립투쟁을 저지하는 데에도 이용했다. 이러한 경험 때문에 인도의 독립운동 지도자들은 1947년 영국으로부터 독립을 쟁취한 후에도 인도군을 영국 식민통치의 산물로 보고 정책결정 과정에서 군부의 영향력을 배제하고자 하려는 경향이 강했다. 독립운동 당시 비폭력 저항운동을 주도했던 간디에게 합법적 무력행사를 독점하는 기구인 군부에 대한 감정이 우호적이기는 힘들었고 이러한 시각은 이후 인도의 정치 지도자들에게 지속적으로 반영되었다. 인도의 민군관계 전통과 관련하여 간디와 함께 독립운동의 주역이자 독립 인도의 초대총리를 지낸 자와할랄 네루(Jawaharlal Nehru)의 접근법이 특히 중요한데, 독립 후 경제발전에 매진하고자 한 그는 군대를 불신하고 비우호적으로 바라보면서 안보, 국방 영역에서도 군부의 참여를 배제했다. 네루가 이렇게 군에 대한 민간의 확실한 우위라는 전통을 제도화한 데에는 인도와 적대하며 이미 전쟁까지 치렀던 이웃 파키스탄에서 군부가 압도적인 영향력을 행사하며 민주주의를 침해하는 것을 목도하고 인도에서는 이러한 군부의 영향력 성장을 미연에 방지하려는 목적도 컸다. 네루 총리와 함께 독립 초기 인도의 군에 대한 민간우위 전통을 확립하기 위해 노력한 인물은 1957년부터 1962년까지 국방장관을 지낸 크리슈나 메논(Krishna Menon)이었다. 네루와 메논은 군 경험이 일천함에도 불구하고 육군의 소규모 단위 작전까지 개입하여 당시 육군참모총장이 민간 지도자들의 육군에 대한 지나친 간섭과 통제의 문제점을 토로하면서 사임을 표명할 정도로 민군관계가 악화되었다. 민간의 지나친 간섭과 육군에 대한 불신 그리고 이러한 간섭으로 인한 육군 전문인력의 자체 작전 입안, 수행 능력의 부재와 같은 문제들이 총체적으로

드러난 것이 1962년 중국과의 국경전쟁이었다. 이 전쟁에서 혹독한 참패를 경험한 후 메논은 사임하고 네루의 명성도 크게 타격받았는데, 이러한 굴욕적 패배는 한편 실제 작전 수준에서의 계획은 육군에게 맡기는 민군관계의 전환이 일어나는 계기가 되었다.[5] 즉, 민간정부는 핵무기를 비롯한 주요 방위 전략 방향에 대해 확고한 통제를 유지하지만 훈련, 장비, 작전 등의 분야에서는 군이 점차 자율성을 누리게 되는 민군관계의 일대변화가 시작된 것이다.[6]

1967년 인디라 간디(Indira Gandhi)가 총리로 취임하면서(1967~1977년, 1980~1984년 총리 역임) 더 좋은 장비와 무기를 갖춘 잘 준비된 군대로 거듭나려는 노력이 본격적으로 시작되었다. 1962년 중국과, 1965년 파키스탄과 전쟁을 치르면서 인도군의 문제점이 속속들이 드러난 데다 중국과 파키스탄의 군사적 협력이 강화되면서 인도는 동부, 서부 양 전선에서 동시에 적군의 침공을 맞닥뜨릴 수도 있다는 절박한 현실에 직면했다. 이러한 군사적 위협에 대응하기 위해 간디 정부는 국방비를 증액하고 연구 개발에 투자를 증대하여 더 크고 강하고 현대적인 군대를 만들고자 노력했다.[7] 이러한 노력은 1971년 파키스탄과의 3차 전쟁에서 빛을 발했다. 그러나 인도군이 파키스탄군에게는 확실히 우위에 있다고 할 수 있으나 중국을 상대로는 역량이 아직 현저히 부족했다. 파키스탄과 중국 간의 긴밀한 군사적 협조 이외에 이

5 Harsh Pant, "India's Nuclear Doctrine and Command Structure: Implications for Civil-Military Relations in India," *Armed Forces & Society,* Vol.33, No.2 (Jan 2007), pp.242~243.

6 Anit Mukherjee, "Fighting Separately: Jointness and Civil-Military Relations in India," *The Journal of Strategic Studies*, Vol.40, No.1-2 (2017), p.17.

7 Rajat Ganguly, "India's Military: Evolution, Modernization, and Transformation," *India Quarterly*, Vol.71, No.3 (2015), p.191.

들 국가가 미국과도 우호적인 관계를 맺으며 파키스탄이 미국의 신예 군사무기를 제공받으면서 인도의 대외적 안보환경은 더욱 악화되었다. 이에 인도는 소련과의 협조 관계를 증대시키며 안보 우려에서 탈피하고자 했다.[8]

이러한 상황에서 인도의 민군관계에 다시금 큰 전환이 일어나는 단초가 된 이슈는 핵개발이었다. 인도가 1962년 중국과의 전쟁에서 패배, 그리고 1964년 중국의 핵실험에 자극받아 민간 관료와 과학자들을 중심으로 자체 핵기술 발전에 매진하여 1974년 '평화로운 핵폭발 실험(peaceful nuclear explosion)'으로 세계를 경악시켰는데 이러한 과정에서 군부의 영향력은 철저히 배제되었다. 놀랍게도 이 시기 인도의 핵개발은 원자에너지 부서와 과학자들이 주도하고 인도의 국방정책과는 완전히 분리된 채로 진행되었다. 당시 민간 지도자들은 핵무기를 정치적·경제적 관점에서만 접근하고 전략적 측면에서의 군사적 유용성은 고려하지 않았던 것이다. 민간 지도자들의 전략적 인식 부재와 함께 구식 조직 체계와 단순한 무기 운용에 익숙했던 인도군이 핵무기라는 최신 무기체계의 획득과 운용 가능성에 주저하면서 민간 지도자들에게 특별한 요구나 압력을 행사하지 않았던 것도

---

8 이러한 대내외적 어려움 속에서도 인도는 군에 대한 민간 통제, 민군관계에서 민간의 우위라는 민주적 전통을 잃지 않았다. 민간정부가 내부의 거센 반대에 직면하거나 정치, 경제, 사회적으로 통치에 큰 어려움을 겪는 경우 군부가 개입하는 사례가 많았으나 인도의 경우 1970년대 중반 인디라 간디 총리가 비상사태를 선포하여 2년간 반대파를 탄압하는 등 민주적인 절차를 억압하여 전국적으로 거센 반발에 직면한 상황에서도 인도군은 철저히 막사를 떠나지 않았다. 군에 대한 민간 통제와 민간우위의 규범, 그리고 정치에의 불개입 원칙이 철저하게 뿌리내린 사례라고 할 수 있다. Aqil Shah, "The Dog that Did Not Bark: the Army and the Emergency in India," *Commonwealth and Comparative Politics*, Vol.55 (2017).

1970년대 인도의 '비전략적' 핵개발의 이유라고 할 수 있겠다.[9]

1970년대 말부터 파키스탄의 핵무기 개발 노력이 인도를 자극하며 핵무기의 전략적 유용성에 대해 고민하게 되는 동기를 부여했다. 1965년 전쟁으로 재래식 전력의 열세를 절감한 파키스탄은 핵무기 개발에 관심을 가졌고 1971년 전쟁의 치욕적인 패배로 동파키스탄을 상실한 후 핵무기 개발에 본격적으로 매진했다. 1980년대 초에는 파키스탄의 핵무기 개발 프로그램에 대해 확실한 정보가 관련 국가에 이미 알려졌다. 1981년 인디라 간디 총리가 파키스탄의 핵무기 개발 능력 보유에 적극 대응하여야 한다고 천명하는 등 인도는 핵무기의 전략적 가치에 대해 심각하게 접근하기 시작했다. 1982년에는 인도 공군이 파키스탄의 핵시설에 대해 당시 갓 수입된 최신 전폭기를 사용하여 파괴하는 방안을 검토했다고 한다. 파키스탄의 보복 공격을 우려한 인디라 간디 총리가 이러한 예방적 타격에 반대하여 실행되지는 않았다.[10] 한편 인도의 핵무기 개발 능력을 과시한 1974년 핵실험 이후에도 핵개발과 관련한 후속 조치가 지지부진하자 1983년에 3군 참모총장들이 집단으로 당시 인디라 간디 총리에게 인도가 반드시 자체 핵무기 능력을 보유해야 한다는 서신을 전달했다. 이는 인도 역사상 처음으로 인도군이 핵정책에 대한 자신들의 견해를 명확히 밝힌 사례이다.[11] 1984년에는 인디라 간디 총리의 부인에도 불구하고 당시 파키스탄의 지도자 지아(Zia) 장군이 인도가 파키스탄의

---

9 Ayesha Ray, T*he Soldier and the State in India: Nuclear Weapons, Counter-insurgency and the Transformation of Indian Civil-Military Relations* (Sage, 2013), pp.68~72.

10 Ibid., pp.72~75.

11 Pant, "India's Nuclear Doctrine and Command Structure," p.243.

핵시설에 대해 이스라엘의 오시라크 공격을 모방한 공습을 계획하고 있다고 비난했다. 이렇게 양국 간 핵무기 개발을 둘러싼 공방이 치열해지고 양국 핵시설에 대한 선제공격 가능성이 고조되면서 국제 사회의 우려가 증대했고 미소 강대국의 관심도 고조되었다. 이러한 우려는 1985년 인도와 파키스탄 양국이 서로의 핵시설을 공격하지 않겠다고 약속한 협정에 서명함으로써 종식되는 듯했다.[12]

그러나 1986~1987년 양국 간에 다시금 위기 상황이 발생했다. 1980년대 중반 인도군의 핵개발에 대한 의지와 역할을 적극적으로 대변한 인물은 육군참모총장을 역임한 순다르지(Sundarj) 장군이었다. 그는 열정적으로 인도의 자체 핵무장을 역설했고 인도군이 신뢰적 최소억지 능력(credible minimum deterrence 또는 minimum credible deterrence)을 보유하기 위해 필요한 탄두 숫자까지 세밀하게 제시했다. 인도, 파키스탄 양국의 핵무기 개발경쟁이 공개적이지는 않았지만 공공연하게 진행되던 1986년 순다르지 장군은 새로운 안보환경 아래 인도군의 공세적 기동 능력을 시험하고 파키스탄에 (특히 핵시설) 대한 선제공격을 상정한 브라스탁스 작전(Operation Brasstacks)을 추진하여 결과적으로 양국 간의 위기를 고조시켰다.[13] 당시 인도 육군은 민간 지도자들에게 알리지 않고 파키스탄에 대한 예방전쟁 독트린을 연구하여 나중에 이를 발견한 라지브 간디(Rajiv Gandhi) 총리를 격노하게 하기도 했다. 1990년에는 1980년대 후반부터 시작된 카시미르 지역의 정치적 불안정이 파키스탄군의 적극적인 개입으로 고조되면서 양국 간의 새로운 위기가 발생했다. 당시에도 양국 간 핵전쟁 발발 위

12 Ray, *The Soldier and the State in India*, pp.75~76.

13 Pant, "India's Nuclear Doctrine and Command Structure," p.244.

험이 존재했고 국제 사회 또한 당시 상황을 크게 우려하여 적극적으로 개입, 중재했다.[14] 위기 종식 이후 라지브 간디 총리의 지시로 당시 국방장관이던 아룬 싱(Arun Singh)의 주도하에 인도의 핵능력과 핵관련 지휘통제 시스템에 대한 검토가 이루어졌다. 결론은 당시 과학자들과 군부 간에는 핵정책에 관하여 심각한 견해차가 존재하고 파키스탄의 핵능력에 대응하기 위한 지휘통제 시스템이 부재하다는 것이었다.

이렇게 1980년대에는 파키스탄의 핵개발 노력에 자극받아 핵무기를 전략적 측면에서 보려는 노력이 증대했고 이러한 노력을 군부가 주도하면서 인도의 전통적인 민군관계에도 변화가 발생했다. 군부 지도자들이 지속적으로 핵무기의 전략적 운용과 핵무기 개발에 따른 새로운 군사 독트린의 개발을 주도하고 민간 지도자들이 점차 이러한 군사 전문가들의 주장에 주목하게 되었던 것이다. 민간 지도자들은 핵무기라는 새롭고 강력한 무기체계가 군부에 의해 주도적으로 운용될 경우 군부의 힘이 과도해질 가능성을 우려하여 군부를 핵정책 결정 과정에서 지속적으로 배제했는데 파키스탄의 적극적 핵개발과 인도와 파키스탄 간의 1980년대 일련의 위기라는 외부로부터의 안보 위협 증대가 결국 변화를 추동했다. 또한 국내 정치에서도 인도군의 핵무장과 핵무기 운용에 대한 요구를 적극 반영하겠다고 공약한 보수적이고 민족주의적인 인도인민당(BJP)이 1989년 집권연정에 참여하며 핵전략에 관한 군부의 영향력은 좀 더 증대되었다. 1990년대 초에는 당시 국민회의당 라오(Rao) 총리가 육군에 프리스

14 당시 미국의 부시(George H. W. Bush) 대통령은 로버트 게이츠(Robert Gates) 국가안보 부보좌관을 양국에 특사로 보내서 위기 해소를 강력히 독려했다.

비-1(Prithvi-1) 미사일을 배정하면서 민간정부가 핵분야에서 군부에 특별한 역할을 부여하는 인도 민군관계에 획기적인 사건이 발생하기도 했다.[15] 그러나 이러한 변화와 순다르지 장군을 비롯한 많은 군부 지도자들의 노력에도 불구하고 핵무기 개발과 관련한 모든 정책결정 과정은 여전히 민간 지도자들이 확고하게 장악했고, 1998년 5월의 역사적인 핵실험도 인도군에 자문받지 않고 민간의 정치 지도자들이 독자적으로 내린 결정이라고 알려져 있다.[16]

2) 파키스탄의 민군관계 발전과 특징

파키스탄은 영국이 통치하던 인도 아대륙이 1947년 독립할 때 당시 인도 영토 서북부와 동북부의 무슬림이 다수였던 주들이 따로 분할(partition)독립하면서 탄생했다. 수년에 걸친 분할독립 과정은 매끄럽지 못했고 급기야 분할 직전에는 인도 여러 지역에서 힌두인들과 무슬림 간에 대규모 폭력 사태가 있었으며, 분할독립 과정에서 신생 독립국 인도에 거주하던 많은 무슬림과 신생 독립국 파키스탄에 거주하던 힌두인들이 각각 살던 곳을 떠나 생존을 위해 자신들의 종교가 특정하는 국가로 인류 역사상 최대 규모의 대이동을 해야 했다. 그 과정에서 수십만 명이 폭력, 기아, 질병으로 사망했다. 파키스탄의 탄생은 고통과 비극으로 점철되었던 것이다. 또한 단지 무슬림이라는 정체성에 기반한 두 민족 이론(two nations theory)을 근거로 탄생하

15 Ayesha Ray, "The Effects of Pakistan's Nuclear Weapons on Civil-Military Relations in India," *Strategic Studies Quarterly* (Summer 2009), pp.22~31.

16 Ibid., p.31; Pant, "India's Nuclear Doctrine and Command Structure," pp.243~244; Ganguly, "India's Military," pp.193~194.

여 인도를 사이에 두고 수천 킬로미터 넘게 국토가 서파키스탄과 동파키스탄으로 떨어져 있어야 했다. 이러한 험난하고 척박한 과정을 거쳐 탄생한 파키스탄의 미래는 대단히 불확실했고 국가 생존에 대한 확신도 불분명했다. 이렇게 신생국 안팎의 정세가 불안하고 주권 유지 여부가 의심받는 상황에서 내외부의 위협으로부터 안보와 생존을 보장할 군대의 역할과 영향력이 커질 수밖에 없었다.

독립국 출범 이후에는 종교 하나만을 공통점으로 하여 탄생한 국가라 초기부터 많은 갈등이 발생했다. 펀잡(Punjab)인들의 군, 권, 경 독점에 대한 신드(Sindh)인들과 발루치스탄(Baluchistan)인들의 반발이 지속되었고 인도 식민지 시절부터 불분명하던 아프가니스탄과의 국경선 때문에 졸지에 분단되어버린 파슈툰(Pashtun) 부족의 저항 등이 끊이지 않았는데, 민간과 군부가 교차하며 안정, 민주화, 통합 어느 하나도 제대로 이루지 못한 중앙 정부의 무능과 부패로 인해 갈등의 골은 깊어져만 갔다. 파키스탄이 내부적으로 국가건설, 국민건설(state-building & nation-building)에서 어려움을 겪는 가운데 미소 양 강대국 간의 냉전 대결은 소련, 남아시아, 중동을 연결하는 지정학적 요충에 자리 잡은 파키스탄에 강대국들이 지대한 관심을 갖게 했다. 특히 소련 봉쇄에 골몰하던 미국으로부터 경제적·군사적 지원이 쏟아지면서 큰 도움이 되기는 했으나 한편으로 내부 통합과 발전을 더디게 하고 군부의 영향력 급등을 야기했다. 1958년 첫 쿠데타로 권력을 장악한 군부는 이후 파키스탄 전체 사회를 주도하는 핵심 기관으로 자리 잡았으나 이러한 군부의 무능과 독단, 일부 그룹의 정치, 경제 권력 독점은 파키스탄 국가 내 분열과 저항을 끊임없이 야기했고 외부 위협에 적절히 대응하기 힘들게 했다.

독립 초기부터 인도와 치열한 경쟁을 벌일 수밖에 없었던 파키스탄은 카시미르의 지위를 둘러싸고 인도와 독립 직후 첫 전쟁을 치렀으며 이후에도 인도와 세 차례의 전쟁을 포함한 수많은 군사적 대결과 위기를 경험하게 된다. 재래식 전력에서 우위를 차지하는 존재론적 위협[17]인 인도에 대항하여 파키스탄의 군부는 국가의 주요 정책 결정에 압도적인 영향력을 행사했고, 특히 안보국방정책 결정에는 민간정부가 통치할 때에도 절대적인 권한을 누려왔다. 이러한 상황에서 파키스탄의 민군관계는 민간에 대한 군부의 압도적 우위, 군에 대한 민간 통제의 부재로 특징지을 수 있다.[18] 핵무기 관련 결정 과정도 예외는 아니다. 그러나 아이러니하게도 초기에는 군부가 아닌 민간 지도자들이 핵무기 개발에 더 큰 관심을 보였다.

1962년 중국과의 전쟁에서 굴욕적인 패배를 경험한 인도가 전쟁 패배 이후, 특히 중국의 1964년 핵실험 직후 핵개발에 나섰다는 보고가 파키스탄 정부를 자극했다. 만족스럽지 않게 종결된 1965년 인도와 파키스탄의 2차 전쟁 동안 파키스탄은 미국으로부터의 지원을 기대했으나 오히려 유엔 안보리의 무기 금수 제재를 당해야 했다. 또한 당시 IAEA 고위 관료였던 무니르 칸(Munir Khan)으로부터 인도의 핵무기 개발에 대한 추가 정보가 입수되었다. 이에 당시 외무장관이던 강경 민족주의자 줄피카르 부토(Zulfikar Bhutto, 인도가 원자폭탄을 보유

17 Aparna Pande, *Explaining Pakistan's Foreign Policy: Escaping India* (London: Routledge, 2011).

18 Christine Fair, *Fighting to the End: the Pakistani Army's Way of War* (Oxford University Press, 2014); T. V. Paul, *The Warrior State: Pakistan in the Contemporary World* (Oxford University Press, 2014); Francisco Aguilar, et al., "An Introduction to Pakistan's Military," Harvard Kennedy School Belfer Center, July 2011; Hussain Haqqani, *Pakistan: Between Mosque and Military* (Carnegie Endowment for International Peace, 2005).

한다면 파키스탄은 국민들이 풀을 먹더라도 반드시 자체 원자폭탄을 보유해야 한다고 주장함)가 파키스탄의 핵무기 개발을 강력히 제안했으나 당시 지도자였던 군 출신 아유브 칸(Ayub Khan)은 그 제안을 거부했다. 하지만 파키스탄에게 큰 실망을 안겨준 인도와의 1965년 전쟁은 인도군이 생각보다 훨씬 강하고 미국과의 동맹은 크게 신뢰할 수 없으며 파키스탄에 우호적이던 중국도 위기 시 의존하기는 힘들다는 교훈을 파키스탄 고위층에 심어주었다. 이후 인도의 핵개발 움직임 소식과 맞물려 이러한 난국을 타개하려면 파키스탄이 자체 핵무장을 해야만 한다는 핵무기 개발파와 핵무기 보유가 파키스탄 안보에 큰 도움이 되지 못할 것이라는 핵무기 개발 신중파 간의 대립과 논쟁이 한동안 지속되었다.[19]

그러나 인도와 파키스탄의 3차 전쟁(방글라데시 독립전쟁)에서 인도군에 참패한 후 동파키스탄까지 상실하면서 파키스탄 엘리트층에는 더 이상의 치욕을 막고 영토의 존엄성을 수호하기 위해서는 핵무기를 통한 인도군 억지 말고 다른 길이 없다는 공감대가 광범위하게 형성되었다. 당시 기대했던 미국, 중국으로부터의 원조는 철저히 무시되어 자체 핵무장이야말로 인도에 대한 유일한 억지 수단이라는 주장이 소수 의견에서 주류의 견해로 변화한 것이다. 이러한 분위기에서 전쟁 패배의 책임으로 실각한 야히야 칸(Yahya Khan) 장군의 뒤를 이어 총리가 된 부토가 1972년 핵무기 개발을 극비리에 지시하기에 이른다. 1974년 인도의 핵실험은 파키스탄의 핵개발 노력을 더욱 자

19 Feroz Hassan Khan, *Eating Grass: The Making of the Pakistani Bomb* (Stanford University Press, 2012), pp.59~67; Samina Ahmed, "Pakistan's Nuclear Weapons Program: Turning Points and Nuclear Choices," *International Security*, Vol.23, No.4 (1999), pp.182~183.

극했다. 1977년 쿠데타로 부토가 실각하고 지아 울 하크(Zia ul-Haq) 장군이 집권한 후에도 핵개발 노력은 국제 사회의 견제에도 불구하고 지속되었다. 민간정부에서 시작된 핵개발 노력이 군부정권에서 더욱 가속화된 것이다.

1979년 12월 소련의 아프가니스탄 침공 직후 파키스탄의 전략적 지위는 다시 한 번 급상승했다. 대소 강경파 로널드 레이건(Ronald Reagan) 대통령은 파키스탄에 수십억 달러의 경제, 군사 원조를 제공했다.[20] 레이건 행정부는 또한 30억 달러 상당의 원조를 소련군과 싸우고 있던 아프가니스탄 무자헤딘 저항군에 제공했는데 이 원조는 파키스탄의 정보기구(ISI)를 통해 전달되었다. 이렇게 1980년대 초반 미국은 핵 비확산 관련 엄격한 제재 조치들을 파키스탄에 한해 크게 완화해주었지만 아프가니스탄 주둔 소련군과 싸우기 위해 파키스탄의 ISI에 제공되었던 군사 원조의 반 이상은 파키스탄 핵개발을 위해 전용되었다고 알려진다.[21] 1980년대 중반 이후에는 소련군 철수와 함께 파키스탄의 전략적 중요성 또한 줄어들면서 미국의 비확산 압력이 한층 거세어졌다. 그러나 전술했듯이 1980년대 파키스탄의 핵능력은 급격히 향상되어 1980년대 후반까지는 이미 핵무기 개발이 가능하다고 간주된다. 지아 장군이 통치하던 이 시기에 파키스탄의 핵정책은 군부가 직접적으로 관할했고 이는 민간정부에 정치 권력이 이양된 뒤에도 변하지 않았다. 군부에 의한 핵정책의 독점은 1991년 당시 총리 베나지르 부토(Benazir Bhutto)가 자신이 총리임에도 핵관련

---

20 Janne Nolan, *Trappings of Power: Ballistic Missile in the Third World* (Washington, D. C.: Brookings Institution Press, 1991), p.194.

21 Lawrence Wright, "The Double Game: The Unintended Consequences of American Funding in Pakistan," *The New Yorker*, 16 May 2011.

주요 정보를 얻을 수 없다고 불평할 정도였다.[22]

이렇게 절대적 위협인 인도에게 계속 전쟁에 패하면서 파키스탄 군부는 인도군에 더욱 적절히 대항할 수 있는 재래식, 핵 전력을 향상시켜나갔다. 그런 과정에서 파키스탄 군부가 인도를 바라보는 시각도 점차 고정화하면서 몇 가지 특징을 보여준다. 첫 번째는 인도가 파키스탄의 정당한 주권적 권리를 거부하고 남아시아 전체에 헤게모니적 야욕을 추구하고 있는데 오직 파키스탄만이 이러한 탐욕을 저지할 수 있다는 것이다. 두 번째 특징은 인도인들의 힌두 성향을 강조하면서 인도인 전체를 불명예스럽고, 배신 잘하고 유약한 국민으로 묘사하여 파키스탄의 이슬람적 가치를 수호하기 위한 종교적 저항인 성전을 정당화하는 것이다. 세 번째 특징은 인도가 덩치만 큰 종이호랑이일 뿐 파키스탄 무슬림 무인들의 용맹함에 상대가 되지 않는다는 것이다. 마지막으로 인도가 외부적인 위협 요인일 뿐만 아니라 미국이나 서구의 조종을 받아 파키스탄 내부의 안정을 끊임없이 저해하는 불순한 세력이라는 것이다. 따라서 파키스탄 군부는 비대칭적으로 인도의 헤게모니 야욕에 지속적으로 저항하고 있다는 점을 강조하면서 전쟁에서의 패배를 결코 인정하지 않는다. 이런 어려운 환경에서 파키스탄군이야말로 인도의 대내외적 위협을 저지, 격퇴할 유일한 자산이라는 담론이 파키스탄 사회에서 계속 강조, 확대 재생산되면서 군부의 지위를 굳건히 하고 있다.[23] 이러한 파키스탄 군부의 근거 없는 선입견과 부풀려진 자만심은 인도와의 객관적 전력 차이에 대한 냉정한 평가와 판단보다는 인도와 모든 것을 대등하

---

22 Haqqani, *Pakistan: Between Mosque and Military*, p.263.

23 Fair, *Fighting to the End*, pp.154~173.

게 만들 수 있기에, 향후 공세적인 핵정책과 함께 무장세력의 지원을 통한 비대칭 투쟁을 조장하는 등 인도에 대한 출혈 작전(bleed-India-white)을 도저히 멈출 수 없게 하고 있다.

한편 파키스탄 군부는 1980년대 후반부터 파키스탄의 핵심적 국익 세 가지를 제시했는데 핵능력 확장, 인도를 카시미르에서 물러나게 하는 것, 그리고 아프가니스탄에서 전략적 종심을 확보하는 것이었다.[24] 이 중에서도 핵개발과 카시미르는 파키스탄군이 절대 양보할 수 없는 사안이었다. 이러한 목표의 수행을 위해 파키스탄군은 지아 장군 이래 핵개발에 대한 전권을 행사하고 있으며 인도에 대항하기 위해 군의 정체성과 존재 이유에 종교적 색채를 강하게 주입했다. 즉, 파키스탄군 조직이 급속히 이슬람화하면서 파키스탄 내 모든 정파, 지역, 계층 간 갈등을 초월하고 파키스탄의 이데올로기적 국경선(ideological frontier)의 수호자로서도 기능하게 된 것이다. 또한 파키스탄 군부는 강경 이슬람 그룹과의 긴밀한 협력을 통해 카시미르와 아프가니스탄에서의 목표를 위임, 달성하려고 했다. 따라서 국제 사회, 특히 미국과 인도의 강력한 비난에도 불구하고 각종 지하드 그룹에 훈련, 장비, 정보, 재정 등의 지원을 아낌없이 제공하고 있는 것이다.[25] 이러한 상황에서 인도가 1998년 5월 핵실험을 감행하자 파키스탄은 국제 사회의 경고와 경제 제재 위협에도 불구하고 3주 후 자체 핵실험을 강행하여 핵무기 보유국의 지위를 획득했다.

---

24 Haqqani, *Pakistan: Between Mosque and Military*, pp.262~263.

25 Ibid., pp.1~3, 287~288; Fair, *Fighting to the End*, Ch.4, 9.

2. 1998년 핵실험 이후 민군관계와 핵전략의 발전

1) 인도의 민군관계와 핵전략 발전

1998년 핵실험 이후 인도는 중국과 파키스탄을 겨냥하여 핵독트린과 핵전략을 발전시켰다. 공식적으로 인도의 핵독트린은 '신뢰적 최소억지'이며, 핵무기로 먼저 공격받지 않은 한 절대 핵무기를 먼저 사용하지 않겠다는 핵 선제 불사용 원칙(No-first-use)도 포함한다고 공표했다.[26] 인도는 핵전력 태세(nuclear posture)에 있어서도 많은 관심을 기울여왔다. 바이핀 나랑(Vipin Narang)에 의하면 핵전력 태세는 핵무기를 어떻게 사용할 것인가에 관한 것으로 핵능력, 교리, 지휘통제 등을 포함하는 개념인데 후원하는 강대국의 유무, 재래식 무장력이 우세한 경쟁국 유무, 민군관계의 위임형 유무, 자원 제약의 여부 등의 변수에 따라 촉매형(catalytic posture), 확증보복형(assured retaliation), 비대칭 확전형(asymmetric escalation posture)의 세 가지 태세가 있다고 한다.[27] 인도의 경우 핵보유 초기부터 확증보복형 핵전력 태세를 유지하고 있다. 인도는 이렇게 공개적 핵보유국 지위를 선언한 후 핵독트린과 핵태세를 발전시키며 중국과 파키스탄에 대한 확실한 억지력을 보유하고자 했다. 이렇게 핵전략을 정립, 발전시켜나가는 과정에

---

26 Rajesh Rajagopalan, "India's Nuclear Doctrine Debate," June 30, 2016 http://carnegieendowment.org/2016/06/30/india-s-nuclear-doctrine-debate-pub-63950 (검색일: 2018년 2월 8일); Rajesh Basrur, *Minimum Deterrence and India's Nuclear Security* (Stanford University Press, 2006).

27 Vipin Narang, *Nuclear Strategy in the Modern Era: Regional Powers and International Conflict* (Princeton University Press, 2014), p.4.

서 군부의 영향력이 점차적으로 증대했다. 군부의 핵무기 분야 전문성이 인정받고 반영되기 시작한 것이다. 이렇게 인도군이 핵무기의 전략적 사용 방안을 고민하고 진화시켜나갈 때 인도 핵실험 직후 핵실험을 감행하여 역시 핵무기 보유국 지위에 올라선 이웃 파키스탄의 도발이 큰 자극이 되었다. 핵무기 보유 이후 인도군에 대한 첫 도전은 핵무기 보유 직후인 1999년 카길(Kargil) 전쟁에서 시작되었다.

1999년 봄에 시작되어 두 달여간 카시미르의 험준한 산지에서 전개된 전투는 양국이 핵무기 보유 선언 직후에 발발하여 핵전쟁으로의 비화를 우려한 전 세계의 이목을 집중시켰다. 카길 지역에 침투하여 고지대 초소들을 장악한 파키스탄군을 격퇴시키기 위해 인도 육군과 공군이 많은 노력을 기울여야 했는데 그 과정에서 핵전쟁으로의 확전을 우려한 민간 지도자들이 정치적·전략적 결정을 담당하고, 인도 육군과 공군이 자율적으로 전술적 작전을 입안, 실행했다. 카길 전쟁은 민군 협력의 모범적인 사례이긴 했지만 핵무기가 존재하는 상황에서 어떠한 방위 체계를 수립해야 하는지의 근본적인 질문을 던졌다. 전후 카길평가위원회(Kargil Review Committee)가 즉각 설립되어 전쟁 과정에서의 문제점들을 분석했다. 보고서에서 군조직 개혁, 정보기구 역량 증대 등을 권고했는데 위원회가 가장 강조한 것 중 하나는 인도군에게 파키스탄군처럼 핵정책 관련 정보가 모두 제공되어야 하고 나아가 핵정책 입안 과정에 군부의 적극적 참여가 보장되어야 한다는 것이었다. 인도 군부는 지속적으로 라이벌 국가가 모두 핵무기로 무장한 상태에서 어떻게 핵무기를 전략적으로 사용할지의 방안을 강구해야 한다고 제안했다. 위에서 언급한 인도의 공식적인 핵독트린도 카길 전쟁 종식 직후에 발표되었는데 이는 군부의 제안에 대해 인도 정부가 심각하게 주의를 기울이기 시작했다는 반증이라

할 수 있다. 또한 인도 군부의 핵전략, 독트린 개발 노력은 오랫동안 명확한 방위 전략을 제시하지 않아 군부를 곤란하게 했던 민간정부의 전략적 공백(strategic vacuum) 상태에 대한 자체적인 대응으로 발전했다는 점도 주목할 만하다.[28]

2001년 12월 인도 국회의사당에 테러 공격이 감행되면서 인도군은 파라크람 작전(Operation Parakram)을 발동하여 거의 1년 동안 지속되었던 트윈 픽스(Twin Peaks) 위기가 시작되었다. 수십만 명의 군대가 양측에서 동원되어 국경을 마주하고 대치하는 가운데 파키스탄군은 중거리 미사일이 대기 상태라고 경고했고 인도군도 미사일 실험을 실시했다. 2002년 5월에는 카시미르의 칼루첵(Kaluchek) 육군 기지에 파키스탄군의 공격이 자행되어 민간인이 다수 사망하면서 위기는 극에 달했다. 수개월 간의 위기 상황에서 인도군은 정부가 불명확한 목표를 제시하고 지나치게 방어적인 태세를 적용하며 인도군의 느린 대응을 군대의 준비가 덜 된 탓이라고 비난하는 데 대해 실망감을 표출했다. 육군참모총장을 비롯하여 인도군의 고위 장성들은 정부 지도자들이 어떠한 군사적 옵션이 있는지 이해 못하고 파키스탄의 테러 공격에 어떻게 대응할 것인지 명확한 계획을 갖고 있지 않다고 비판했다. 인도군 또한 방어적·수세적 대응에서 탈피하여 보다 적극적이고 공격적으로 파키스탄의 비대칭 재래식 공격에 대응하기 위하여 새로운 군사 독트린이 필요하다는 데 공감했다. 이 위기를 기회로 핵무장한 파키스탄의 비대칭 재래식 공격에 어떻게 보다 공세적으로 대응할지 인도군이 새로운 군사 독트린을 입안하는 데 주도적인 역할을 담당하게 되었다.[29] 당시 파키스탄이 활발하게 핵능력

28 Ray, *The Soldier and the State in India*, p.83.

을 향상시키고 핵무기 투발 수단을 다양화하는 상황을 좌시할 수도 없었다.

이렇게 파라크람 작전이 수개월 동안의 군사력 동원과 대치에도 불구하고 큰 성과 없이 종료되자 파키스탄이 후원하는 무장세력에 의한 테러 공격 등의 도발에도 불구하고 파키스탄의 핵보복을 두려워하여 강경하게 대응하지 못하는 상황을 탈피하고자 인도 육군 중심으로 신속한 기동과 결정적 타격에 적합하지 않던 기존의 방어적 독트린을 대체하여 2004년 4월에 '차가운 시작(Cold Start)'이라는 새로운 군사 독트린을 발표했다. 새로운 독트린을 입안하면서 인도 육군은 왜 파라크람 작전이 실패했는지에 대한 면밀한 검토와 평가 후에 구식 독트린이 기본적으로 지나치게 방어적이면서 현대전에 걸맞은 신속하고 결정적인 동원과 작전에 필요한 장비나 조직이 결여되었다고 결론 내렸다. 따라서 인도군이 이 새로운 독트린을 통하여 얻으려는 군사적 목표는 국제 사회가 개입하기 전에 파키스탄군에 신속한 재래식 보복 공격을 가하여 상당한 타격을 입힐 수 있는 능력 보유와 함께 파키스탄이 핵무기 사용을 정당화할 수 없을 만큼 군사적 목표가 제한적이어야 한다는 것이다.[30] 이 독트린의 또 다른 목표는 파키스탄군을 상대로 한 전쟁에서 승리하기 위해 기존의 모 아니면 도 식의 협소한 선택지에서 벗어나 선제공격을 포함한 다양한 군사적 옵션을 제공하는 것이었다. 보다 공세적인 새로운 독트린의 도입은 인

---

29 Ray, "The Effects of Pakistan's Nuclear Weapons on Civil-Military Relations in India," pp.39~41.

30 Walter Ladwig III, "A Cold Start for Hot Wars?: The Indian Army's New Limited War Doctrine," *International Security*, Vol.32, No.3 (Winter 2007/08), p.164.

도 육군이 1990년대부터 주장하던 핵무기 환경에서 재래식 전쟁을 수행할 공간을 찾아야 한다는, 전략 분야에 군대의 전문성이 마침내 반영된 고무적인 사례라 볼 수 있다. 또한 핵무기라는 획기적인 무기체계의 도입에 따라 핵무기 사용 위협을 통해 상대방의 공격을 억지하려는 정치적·군사적 목표를 달성하기 위해서는 기존에 영역이 명확히 분리되었던 민군관계가 보다 수렴되고 협력이 강화되어야 한다는 당위성도 새로운 독트린에 투영되었다. '차가운 시작'의 실현을 위해서는 신속한 결정과 동원, 집행이 보장되어야 하는데 이를 위해서는 민과 군이 모두 포함되는 의사결정 기구가 필수적이라는 것도 입증되었다. 즉, 공세적인 새로운 독트린의 도입은 군부의 자율성을 최대한 보장해야 하기에 전통적인 민간 통제의 형식과 절차에도 변화가 있어야 한다는 것이 명백해졌다.[31]

이렇게 인도군의 새로운 군사적 접근은 인도군이 필요로 하던 혁신과 경량화, 그리고 21세기 전장에 맞는 기동성과 화력을 발전시킬 것으로 기대되었다. 그러나 이 독트린의 입안 단계부터 이러한 접근이 파키스탄의 핵사용 임계점(threshold)을 초과하여 오히려 지역의 전략적 안정을 저해할 수 있는 가능성이 적지 않다고 비판받았다.[32] 새로운 독트린에 대해서는 대체로 두 방향으로 비판이 집중되었는데 하나는 인도군이 어떻게 대응할지 의도적으로 모호하게 함으로써 이러한 불확실성 때문에 파키스탄 정부로 하여금 테러조직에 대한 지원을 자제하게 하려 했으나 실제 효과는 오히려 기대와는 반대였다

---

31 Ray, "The Effects of Pakistan's Nuclear Weapons on Civil-Military Relations in India," pp.41~45.

32 Ladwig III, "A Cold Start for Hot Wars?," pp.167~170.

는 것이다. 새로운 독트린도 2008년 뭄바이 공격을 방지하지 못했다. 더 심각한 문제는 인도의 새로운 군사 독트린이 파키스탄 정부가 소규모 인도군의 공격조차도 억지하기 위해 전술적 사용 목적의 저강도(lower-yield) 핵탄두를 포함하는 다양한 종류의 핵무기 투발 시스템의 다량 개발, 보유를 정당화할 수 있는 구실을 주었다는 것이다. 또 다른 비판은 인도군은 새로운 독트린 실행에 필요한 물질적 장비, 시설이나 조직 구조를 갖추지 못했다는 것이었다.[33]

파라크람 작전의 실망스러운 종료 후에 인도의 핵 지휘통제 분야에서도 더욱 견고한 조직화·제도화 노력이 있었다. 파라크람 종료 직후인 2002년 12월 파키스탄의 페르베즈 무샤라프(Pervez Musharraf) 대통령이 파키스탄의 유사시 비재래식 무기 사용 위협 덕분에 인도군의 전면적 재래식 전쟁수행을 예방할 수 있었다고 주장하여 인도 정부를 분개시켰다. 파키스탄이 공공연하게 핵무기의 1차 사용 가능성을 공표했다는 것이다. 이에 대한 대응과 기존의 핵무기 관련 준비태세와 문제점에 대한 분석과 평가를 바탕으로 인도 정부는 2003년 1월 더욱 정교해진 핵독트린을 발표했다. 신뢰적 최소억지와 핵 선제 불사용 원칙이 재차 강조되었고 상대방으로부터 핵공격을 받은 후에 응징보복 공격은 핵통수기구(NCA: Nuclear Command Authority)를 통해 민간의 정부 지도자가 결정한다고 공표했다. 인도 핵무기에 대한 궁극적인 통제권을 갖는 NCA는 총리를 의장으로 하는 정치위원회(Political Council)와 외교안보 보좌관을 의장으로 하는 집행위원회(Executive Council)로 구성되어 있다. 3군과 정보기구 지도자들로 주로

33 Walter Ladwig III and Vipin Narang, "Taking 'Cold Start' out of the Freezer?," *The Hindu*, January 11, 2017.

구성된 집행위원회는 정치위원회에 의견을 전달하고 정치위원회의 결정을 수행한다. 핵무기 관련 최종 결정은 주로 민간 관료들로 구성된 정치위원회의 의장인 총리가 갖고 있다. 이러한 핵무기 관련 지휘 통솔 시스템은 민군관계에서 군에 대한 민간 통제의 전통이 잘 반영되어 있고 핵무기 분야에서도 최종 결정권은 민간 지도자들이 갖고 있어야 한다는 의지가 구현된 지휘통제 체계이다.[34]

한편 파키스탄은 인도군의 '차가운 시작' 독트린에 대항하여 핵무기 사용 임계점을 하향 조정하겠다고 공표하고 전술핵무기와 다른 핵무기 투발 수단을 다양화하는 노력을 진행했다. 이에 대응하여 인도군은 탄도 미사일 시험발사를 계속하고 공군과 잠수함 선단도 개선시켜나가고 있다. 또한 인도는 2017년 2월 프리스비 방어 미사일 시험발사에 성공하는 등 1999년부터 파키스탄에 대응하여 건설하고 있는 탄도 미사일 방어(MD) 시스템을 개선하고 있다. 2018년 1월에는 사정거리 5500~5800km에 달하는 현재까지 최고 수준의 아그니-V(Agni-V) ICBM 미사일을 시험발사했다. 사정거리 1만 킬로미터가 넘는 미사일 개발도 지속하는 등 중국에 대한 신뢰억지 능력을 거의 보유했다는 평가이다. 그러나 파키스탄이 이를 이유로 자신들의 핵탄두 숫자를 늘리고 투발 수단을 다양화하고 있기에 양국 간의 전략적 균형과 관련하여 그 실효성에 대해서는 논란이 지속되고 있다.[35] 이런 우려에 더하여 인도의 전 국가안보 보좌관 시브샨카르 메논(Shivshankar

---

34 Pant, "India's Nuclear Doctrine and Command Structure," pp.248~250.

35 Franz-Stefan Gady, "India Tests Most Advanced Nuclear-Capable ICBM," *The Diplomat*, January 18, 2018; Franz-Stefan Gady, "India Successfully Tests Prithvi Defense Vehicle, A New Missile Killer System," *The Diplomat*, February 15, 2017.

Menon)의 2016년 자서전 분석에 의하면 인도는 핵무기 선제 불사용 원칙에 '유연성'을 가미하여 핵무기 사용 임계점을 상황에 따라 낮추어 파키스탄에 대하여 선제 핵공격을 감행할 수도 있다고 한다. 파키스탄의 경우 인도의 핵 선제 불사용을 애초에 신뢰하지 않고 자신들의 핵전력 태세를 발전시켜나가고 있기에 이 분석이 사실이라면 양국 중 어느 쪽도 위기 상황에서 핵무기를 선제 사용할 수 있다는 것이고 이는 이미 상당히 불안정한 남아시아의 전략적 균형을 더욱 악화시킬 수 있다 하겠다.[36] 이런 경향은 또한 핵무기 지휘통제 분야에서 군의 역할과 책임을 더욱 증대시켜 기존 민군관계에 변화를 가져올 수 있다.

인도군은 1999년 카길 전쟁과 2001~2002년, 2008년의 위기를 비롯하여 파키스탄군에 의한 여러 차례의 소규모 도발을 지속적으로 경험하며 핵무기를 보유한 파키스탄에 대한 적절한 군사적 대응책 마련에 부심했다. 핵무기를 보유한 파키스탄이 핵전쟁으로의 확전을 우려한 인도의 적극적인 군사적 대응 자제 경향에 마음 놓고 테러조직, 무장조직을 지원하여 카시미르와 인도에 대한 대리 전쟁을 지속했던 상황을 어떻게든 바꾸고자 노력한 것이다. 2004년 발표된 '차가운 시작'도 이러한 고심과 노력의 산물이다. 그러나 이후에도 '차가운 시작'의 군사적 효용성과 파키스탄의 비대칭 재래식 도발에 대한 억지 능력에 대한 비판과 회의가 끊이지 않았다. 파키스탄은 '차가운

36 Ankit Panda, "Nuclear South Asia and Coming to Terms with 'No-First-Use' with Indian Characteristics," *The Diplomat*, March 28, 2017. 이렇게 양국 간 작용/반작용의 핵무기 개발경쟁과 양국 모두 선제 핵공격을 불사하겠다고 호언하는 상황에 대해 많은 국가들이 우려하고 있다. Saeed Shah, "India and Pakistan Escalates Nuclear Arms Race," *Wall Street Journal*, March 31, 2017.

시작'에 대한 대응책으로 2013년 전술핵무기의 적극적 배치를 포함한 전방위억지(full-spectrum deterrence)로의 전환을 발표하며 '차가운 시작'의 실행을 방지하고자 했다.[37] 이렇게 파키스탄이 자신의 비대칭 도발에 대한 인도군의 '차가운 시작' 실현을 무력화하고자 시도하면서 인도군은 다시금 단호하면서도 적절한 대응책을 찾아야 했다. 군사적으로 강력하게 응징하면서도 파키스탄이 의도적으로 낮게 설정해놓은 핵무기 사용 임계점을 넘지 않는 균형점을 찾아야 하는 것이다.

파키스탄의 군사적 도발에 대한 적절한 균형점 대응이 과연 어떻게 입안되고 시행되어야 하는지 논란이 지속되는 가운데 2016년 9월 22일 카시미르의 우리(Uri)에 위치한 인도 육군여단 본부에 파키스탄의 지원을 등에 업은 지역 테러조직의 공격으로 인도군 19명이 사망하는 사건이 발생했다. 이에 대한 대응으로 인도군은 9월 29일 새벽 기습적인 국부공격(surgical strike)을 감행했다. 인도 육군 특수부대가 통제선(Line of Control)을 넘어 파키스탄 측 영토를 상당히 침투하여 테러조직의 훈련장 여러 곳을 기습공격한 후 철수했다고 인도 육군의 군사작전국장(Director General of Military Operations) 란비르 싱(Ranbir Singh) 장군이 공식 발표했다. 이러한 발표에 대해 파키스탄은 그러한 공격은 전혀 없었고 인도군의 통제선 위반 행위로 2명의 파키스탄 국경수비대가 사망했을 뿐이라고 거세게 반박했다. 발표 직후 인도 내에서도 무인 항공기, 정밀타격 능력, 정확한 정보와 감시가 필수적으로 요구되는 국부공격 능력을 과연 인도군이 보유하고 있는지에

37 Arka Biswas, "Surgical Strikes and Deterrence-Stability in South Asia," Observer Research Foundation(ORF) Occasional Paper #115, June 2017, p.2, pp.5~6.

대한 논란이 있었다.[38] 그러나 대부분의 인도 언론과 대중은 인도군의 발표를 신뢰했고 주요 외국 관리들도 이러한 국부공격의 실체를 인정했다. 이 국부공격은 인도군이 파키스탄의 비대칭 재래식 도발에 어떠한 임계점을 설정하고 비례적인 맞춤형 대응을 할 것인지 잘 보여주는 사례로 주목받았다. 우리 공격 전에도 카시미르 접경 편잡주에서 2015년 7월 구르다스푸르(Gurdaspur) 경찰서와 2016년 1월 파싼코트(Pathankot) 공군기지에 대한 유사한 공격으로 각각 7명의 사망자가 발생했다. 이에 모디 정부는 향후 이러한 공격에 대한 단호한 대응을 다짐했고 우리 공격 발생 후 실행에 옮긴 것이다. 이미 모디 정부는 2015년 6월 미얀마 접경 지역에서 실시된 특수부대 작전을 통해 응징공격의 억지효과 가치를 발견했다고 전해진다.[39]

2016년 9월의 국부공격은 세 가지 목표를 달성하고자 했다. 첫 번째이자 가장 중요한 목표는 테러조직의 공격을 미연에 방지하는 것이었고 따라서 이 공격은 다분히 선제공격의 성격을 띠었다. 인도 특수부대는 최대 2km까지 통제선 안으로 침투하여 7곳의 테러조직 출발 거점을 공격했고 38명의 테러리스트와 2명의 파키스탄군을 사살했다고 전해진다. 이러한 성과에 비추어볼 때 첫 번째 목표는 단기간이라도 달성한 것으로 본다. 두 번째 목표는 인도를 공격하는 테러조직을 끊임없이 지원, 후원하는 파키스탄군을 응징하는 것이다. 이 공격으로 파키스탄 측에 발생한 사상자는 전체적인 카시미르 분쟁과 인도와 파키스탄 충돌의 역사를 고려할 때 그렇게 큰 피해를 입힌 것

---

38 Shawn Snow, "Is India Capable of a Surgical Strike in Pakistan Controlled Kashmir?," *The Diplomat*, September 30, 2016.

39 Ankit Panda, "Lessons from India's 'Surgical Strike,' One Year Later," *The Diplomat*, September 29, 2017.

이라고 하기는 힘들지만 이제까지 무기력한 대응에 실망한 인도 대중의 분노를 잠재우는 데는 크게 성공했다. 외국의 반응도 인도의 대응에 대한 이해와 파키스탄의 행동에 대한 비난이 주를 이루며 파키스탄의 국제적 위신과 명성에 타격을 주는 데 성공했다고 볼 수 있다. 세 번째이자 가장 야심찬 목표인 파키스탄이 자행하는 낮은 수준의 재래식 도발(sub-conventioanl war)에 대한 억지가 성공했는지 판단하기는 쉽지 않다. 이번 국부공격은 '차가운 시작'에서 상정하는 신속하고 강력한 재래식 공격의 규모에도 한참 미치지 못하는 소규모 정밀공격이었다. 따라서 인도의 '차가운 시작' 실행에 전술핵무기 선제 사용을 불사하겠다는 파키스탄의 전방위억지 전략의 신뢰성에 타격을 가한 것이라고 보기는 힘들다. 그러나 파키스탄의 전술핵무기 사용 위협이 이러한 소규모 특수부대 공격에는 무용지물이 되면서 핵무기 사용으로의 확전 가능성을 애초에 차단하는 데 성공했다고 볼 수 있다. 따라서 이번 공격은 파키스탄이 의도적으로 낮춰놓은 핵무기 사용 임계점을 넘지 않으면서 낮은 수준의 재래식 도발에 대하여 적절하게 대응하는 공간을 인도군이 찾은 것이라고 볼 수 있으며, 따라서 전반적으로 양국 간의 억지안정에 어느 정도 공헌한 군사적 방식이라고 볼 수 있다.

그러나 이러한 식의 공격 방법이 인도군의 공식적인 작전 방식(modus operandi)이 될지는 아직 지켜봐야 한다. 또한 파키스탄군이 어떠한 대응 방식을 마련할 것인지도 주목해야 한다.[40] 사실 이 공격 이후에 무장조직에 의한 침투가 급증했다는 보고도 있고, 통제선 주변에서의 소규모 충돌이 지속되면서 여전히 많은 사상자가 발생하고

40 Biswas, "Surgical Strikes and Deterrence-Stability in South Asia," pp.8~18.

있다.[41] 또한 인도군의 전반적인 '전략적 자제(strategic restraint)' 태세가 근본적으로 변화했다고 보기도 힘들다.[42] 그러나 우리 공격 직후 나렌드라 모디(Narendra Modi) 총리가 모든 군사적 방안을 강구해보라고 지시한 뒤 불과 며칠 뒤에 감행된 것으로 볼 때 인도 육군이 이미 이러한 계획을 입안하고 있었던 것으로 보인다.[43] 또한 이 국부공격은 인도군이 군사적 대응 방안 입안에서의 영향력 증대, 군사적 대응 능력 향상, 더 나아가 파키스탄의 전방위억지 전략에 대응하는 억지안정책 고안에 대한 책임과 역할 증대라는 현 추세를 잘 보여준다고 할 수 있다. 이렇게 인도군은 파키스탄에 대한 여러 형태의 군사적 옵션을 개발하고 있으며 '차가운 시작'의 실제적 실행은 최후의 수단일 가능성이 많다. 최근에는 육군참모총장 비핀 라왓(Bipin Rawat) 장군이 '차가운 시작'의 존재를 인정하면서 이를 실현하기 위한 조직 개편을 단행해 50~80km 정도의 영토를 신속하게 돌파하기 위한 보병, 포병, 기갑, 공정 부대로 구성된 8000~1만 명 규모의 IBG(integrated battle group)를 편성하겠다고 했다. 하지만 이러한 조직 개편의 유용성과 실행 등의 문제를 포함하여 '차가운 시작'을 둘러싼 논쟁과 비판은 계속되고 있다.[44]

---

41 Riyaz Wani, "Kashmir: Killing Militants Won't Kill Militancy," *The Diplomat*, May 31, 2018.

42 Panda, "Lessons from India's 'Surgical Strike,' One Year Later".

43 Ben Barry, "Pakistan' Tactical Nuclear Weapons: Practical Drawbacks and Opportunity Costs," *Survival*, Vol.60, No.1 (February-March, 2018), p.76.

44 Franz-Stefan Gady, "Is the Indian Military Capable of Executing the Cold Start Doctrine?," *The Diplomat*, January 29, 2019. 비판은 장비와 인원의 부족과 육군-공군과의 통합작전 능력 부족에 집중된다. 인도 육군은 현재 7300명 이상의 훈련된 장교가 부족하고, 주력전차, 자주포, 이동식 방공 시스템, 탄약

이렇게 인도군은 파키스탄의 비대칭 도발에 대응하기 위하여 핵 전략을 포함하여 군사작전 입안 전반에 점차 영향력을 행사해나아갔고 민간 지도자들도 핵무기 등 군사작전 분야에서 군부의 전문성을 인정하고 용인하는 분위기로 점차 변화하고 있는 중이다. 그러나 인도의 민군관계에는 여전히 모호하고 불명확한 요소들이 많이 남아 있고 긴장과 알력이 존재하는 것도 사실이다. 인도의 민군관계의 변화, 발전과 관련하여 최근의 인도군 합동성(jointness) 논란 사례가 인도 민군관계의 현주소를 어느 정도 대변해준다. 다른 국가들과 마찬가지로 인도군도 21세기 현대전에 필수적인 요구 사항인 3군 간의 합동성에 대해 많이 고민해왔다. 대체로 합동성 문제는 군부에게만 맡겨둘 경우 3군 간 라이벌 경쟁과 세력 다툼을 극복하지 못하고 각 군의 자율성이 상당히 보장되는 조정(coordination) 수준에만 머무는 경우가 많기에 민간정부의 개입과 중재가 필수적인 영역이다. 인도군의 경우도 1980년대 후반 스리랑카 내전 군사 개입이나 1999년 카길 전쟁에서 합동성 문제로 큰 어려움을 겪은 후 이 문제를 극복하고자 고심했다. 카길평가위원회의 조언 중 하나도 합동성 문제 극복을 위해 1960년대 초부터 지속적으로 제기되어온 국방참모총장(Chief of Defense Staff) 직을 창설하여 합동성을 강화시키는 것이었다. 그러나 수많은 논쟁을 거치고도 이전 수십 년과 마찬가지로 이러한 직위의

등이 현저히 모자라 전격전(Blitakrieg) 식의 제한적이지만 압도적인 공격을 수행할 역량이 안 되는 데다 작전의 성공에 필수적인 육군-공군의 합동작전 능력도 상당히 떨어진다는 것이다. 게다가 인도군의 '차가운 시작'에 대응하여 파키스탄이 전술핵무기 분야 능력도 형상시켜왔지만 재래식 능력도 상당히 증대시켜서 분쟁 발생 시 파키스탄의 동원 능력이 더 빠를 것이라는 회의도 존재하는 실정이다.

창설에 실패했다. 3군 간 이견을 좁히지 못하기도 했지만 민간정부가 이러한 조직 개편에 큰 필요성을 느끼지 못한 탓이 크다. 1960년 당시 네루 총리가 걱정했던 것처럼 군 지휘통솔 체계의 집중화가 군부의 영향력 증대와 민간 통제 약화로 이어질 수 있다는 우려를 여전히 극복하지 못한 것이다. 이 에피소드는 외부로부터의 안보 위협이 극심하지 않은 한 합동성 향상 등 군사혁신을 위한 민간 개입은 한계가 있다는 것을 보여준 사례라 할 수 있다.[45] 군 현대화와 관련하여 군부의 민간정부에 대한 불만도 증대하고 있다. 군 장비 보급은 여전히 부족하고 장비의 상태도 좋지 않다. 장교는 재가된 숫자보다 1만 명 가까이 부족하고 군 사기 저하로 인한 자살률 증가도 큰 문제로 받아들여지고 있다. 전반적인 인도군 상황이 합격점을 주기에는 부족한 것이다.[46] 최근 방위 분야의 많은 문제점들을 민간정부의 무능함 탓으로 돌리는 경향이 군부에 팽배한데 이러한 추세는 건전한 민군관계와 민주주의의 근간을 위해서도 바람직하지 않다.[47]

2) 파키스탄의 민군관계와 핵전략 발전

핵실험 후 재래식 전력에서 열세인 파키스탄의 군부 중심 엘리트

---

45 Pant, "India's Nuclear Doctrine and Command Structure," p.259; Mukherjee, "Fighting Separately". 합동성은 군에 대한 민간 통제가 확고하지 않은 국가에서는 큰 이슈가 아니다. 따라서 파키스탄처럼 군이 확고한 우위를 점하는 국가에서는 합동성에 대한 논쟁이 거의 존재하지 않는다. Ibid., p.13.

46 Dinesh Kumar, "The Army's Changing Face and Role," *The Tribune*, January 15, 2016.

47 Harsh Pant, "The Soldier, the State, and the Society in India: A Precarious Balance," *Maritime Affairs*, Vol.10, No.1 (August 2014).

들은 카시미르 지역 등에서의 공세와 도발에도 불구하고 인도가 대규모 반격을 하지 못하게 방지하는 확실한 방안을 마련하는 데 많은 노력을 기울였다. 파키스탄 핵독트린의 목표는 인도의 대 파키스탄 공격을 억지(deterrence)하고, 만약 억지가 실패하여 전쟁이 발발했을 시에는 인도군의 승리를 방지하는 것이다. 1998년 핵실험 이후 비록 파키스탄은 공식적인 핵독트린이 무엇인지 발표하지 않았지만 여러 채널을 통해서 파키스탄의 핵독트린은 '신뢰적 최소억지'라는 것을 암시했다.[48] 또한 파키스탄은 '핵 선제 불사용 원칙'의 승인을 거부하고, 상대적으로 전력이 열세인 국가로서 핵독트린 관련하여 의도적인 전략적 모호성(ambiguity)을 유지하고 있다. 이렇게 핵보유 초기부터 파키스탄의 원칙은 인도와는 달리 일단 핵 선제 불사용(no-first use)을 거부하는 것이었는데 이는 인도와의 재래식 전력에서의 격차를 만회하기 위해 목적의식적으로 모든 핵옵션을 열어놓고 핵전략을 의도적으로 모호하게 한 것이다.

하나의 핵태세를 계속 유지하는 인도와 달리 파키스탄의 핵전력 태세는 상당한 변화를 겪었다. 1980년대 후반 핵무기를 겨우 보유하게 된 초기 파키스탄의 핵전력 태세는 (인도와의) 재래식 분쟁에서의 열세 시 강대국 동맹국(미국)의 연루를 보장하게 함으로써 위기를 극복하고자 했던 촉매형이었다.[49] 1990년 카시미르 위기 당시 파키스

---

48 Sadia Tasleem, "Pakistan's Nuclear Use Doctrine," June 30 2016 http://carnegieendowment.org/2016/06/30/pakistan-s-nuclear-use-doctrine-pub-63913 (검색일: 2018년 2월 8일); Zafar Khan, *Pakistan's Nuclear Policy: A Minimum Credible Deterrence* (Routledge, 2014). 파키스탄이 신뢰적 최소억지 독트린을 채택한 이유는 먼저 파키스탄의 제한된 자원과 재정, 인도에 더 유리할 수밖에 없는 핵군비경쟁의 회피, 그리고 지휘통제 시스템을 더 쉽게 구축할 수 있다는 점이었다. Ibid., pp.38~53.

탄 정부는 1차 공격 옵션을 열어놓고 전투기 등을 즉시 출격 준비 상태로 대기시켜 이러한 움직임과 그 잠재적 위험성을 미국이 감지하고 개입하여 인도를 자제시켜줄 것으로 기대하고 행동한 바 있다. 미국의 부시 대통령은 백악관 고위 관료를 특사로 파견하여 양국 간의 위기 해소에 관여하게 했다.[50] 그러나 파키스탄은 미국이 촉매형 핵전력 태세를 추진하게 할 만큼 믿을 만한 동맹국이 아니라는 것을 깨달은 후로 초기의 촉매형 태세를 폐기하고 1998년 핵실험 이후에는 더욱 공세적인 비대칭 확전형 태세로 전환했다. 즉, 인도와의 분쟁 시 위기가 발생할 경우 핵 선제공격도 불사하겠다고 위협함으로써 재래식 분쟁의 상황 악화를 방지하려는 억지 전략을 추진하게 된 것이다.[51] 실제로 1999년 카길 전쟁 당시 파키스탄 관계자들의 부인에도 불구하고 미국은 파키스탄군이 핵무기 배치를 준비하고 있다는 믿을 만한 정보를 얻었다고 밝혔다.[52] 또한 성공적인 비대칭 확전형 태세를 유지하기 위해서는 인도에게 파키스탄의 핵능력을 확실히 보

---

49 카푸르(Kapur) 또한 영토 획득에 목적이 있는 상대적으로 약소한 현상타파 국가(revisionist state)인 파키스탄의 경우 위기 상황에서 제3의 국가가 외교적으로 개입하기를 바랄 수밖에 없다고 했다. *Dangerous Deterrent*, p.178.

50 Feroz Khan, *Eating Grass*, pp.229~233.

51 이 핵전력 태세는 냉전 당시 재래식 전력에서 바르샤바 조약군에 열세라고 알려진 북대서양조약기구(NATO)에서 유사시 핵공격을 불사하겠다고 공언했던 사례에서 유래했다. Narang, *Nuclear Strategy in the Modern Era*, pp.80~81. 차이가 있다면 냉전기 동안에는 북대서양조약기구가 재래식 전력에서 열세였던 현상유지 국가(들)이었던 데 반해 현재의 남아시아에서는 파키스탄이 재래식 전력에서 열세인 현상타파 국가라는 점이다. 이미 서구 국가들이 이러한 전략을 과거에 사용한 경험이 있기 때문에 유사한 핵전략을 채택한 파키스탄에 대한 서구 국가들의 비판을 파키스탄 엘리트들은 대단히 불쾌하게 받아들였다. Lieven, Pakistan, p.199.

52 Cloughly, *War, Coups, and Terror*, p.172.

여줘야 하기에 다양한 종류의 핵무기와 투발 수단을 보유하고 지속적으로 핵무기를 현대화하려는 노력을 경주하여야 함은 물론이다.[53]

파키스탄은 핵무기의 지휘통제 시스템도 군 중심으로 구축했다. 파키스탄의 핵능력이 향상되면서 최적의 핵무기 운용 방안에 대한 고민도 깊어졌고 동시에 핵무기와 핵시설의 안전, 핵확산 우려에 관한 논의도 치열해졌다. 파키스탄의 핵 지휘통제 능력 향상에 대한 본격적인 접근은 1998년 핵실험 전에 평가와 연구를 위한 팀을 구성하면서 시작되었다. 이 팀은 실무를 담당할 사무국(secretariat)의 보조를 받아 각 군의 전략군 사령부(Strategic Forces Command)를 관장하면서 핵무기에 관한 모든 권한을 결정, 집행할 수 있는 국가통수기구(NCA: National Command Authority)의 창설을 권고했다. 이 제안은 2000년 들어 무샤라프 대통령에 의해 현실화되었다. NCA는 민간, 군부 지도자들이 모두 참여하고 의장은 무샤라프 대통령이었다. 2008년 의장 직위는 총리가 맡기로 법이 바뀌었으나 군부의 막강한 영향력은 여전히 지속되고 있다. NCA의 사무국 역할을 하는 전략계획국(SPD: Strategic Plans Division)은 육군 3성 장군이 국장을 맡고 핵능력 개발, 관리와 함께 파키스탄 핵무기, 시설의 안전도 책임진다.[54] 이러한 군부 중심의 지휘통제 체계 구축에도 불구하고 핵무기의 안전과 극단세력의 탈취 가능성에 대한 서방의 우려와 의구심은 지속되고 있다. 이에 파키스탄군의 많은 장교들은 미국이 기회가 된다면 군사적·종교적 이유로 파키스탄의 핵무기, 시설을 접수하려 한다는 의심이 커지고

---

53 Narang, *Nuclear Strategy in the Modern Era*, pp.55~93. 이러한 핵태세 전환은 카길 전쟁 이후 더욱 촉진되었다.

54 Aguilar et al., "An Introduction to Pakistan's Military," pp.35~36; Fair, *Fighting to the End*, p.211, 218.

있는 상황이다.[55]

한편 인도군이 파키스탄의 이러한 노력과 카길 전쟁, 파라크람 작전 등의 어려움을 겪으면서 2004년 '차가운 시작'이라는 새로운 독트린을 발표하자 이에 대한 대응으로 인도 일각에서 우려했던 것처럼 파키스탄은 핵사용 임계점을 즉각 하향 조정했다. 언제 파키스탄군이 핵무기를 사용해야 할 것인가 하는 문제와 관련하여 파키스탄 정부의 책임 있는 인사들은 억지가 실패한다면 인도에 대한 핵무기 사용을 주저하지 않을 것이라고 공언하면서 "억지의 실패"를 다음 네 가지 경우로 예시했다. 첫째 파키스탄군이 상당한 타격을 입은 경우(military threshold), 둘째 인도군이 파키스탄이 받아들일 수 없을 만큼 국경선 내로 깊숙이 침투한 경우(territorial threshold), 셋째 파키스탄의 정치적 안정과 정권 생존이 크게 위협받는 경우(political threshold), 넷째 인도의 압박과 포위로 파키스탄의 경제가 고사 위기에 있는 경우(economic threshold) 등에는 핵무기 사용을 주저하지 않겠다고 공언했다. 따라서 파키스탄의 핵무기 사용 '레드라인' 또는 '임계점'은 의도적으로 모호하지만 명확하게 낮아짐으로써 인도군이 새로운 독트린대로 군사력을 운용하는 것을 다시 생각하지 않을 수 없게끔 한 것이다.[56] 파키스탄의 외무장관도 인도의 '차가운 시작' 독트린 입안은 파키스탄에 전술핵무기를 포함한 모든 종류의 무기 사용을 가능하게 만든 충분한 사유가 된다고 주장했다.[57]

---

55 Aguilar et al., "An Introduction to Pakistan's Military," p.37; Cloughly, *War, Coups, and Terror*, p.173.

56 Narang, *Nuclear Strategy in the Modern Era*, p.80.

57 Ankit Panda, "Pakistan Pledges a Hot Finish for 'Cold Start'," *The Diplomat*, January 22, 2017.

파키스탄은 억지 전략도 기존의 전략적 억지(strategic deterrence)에서 다양한 투발 수단으로 유연하고(flexible) 점증적으로 대응하는(graduated response) 전범위 억지(full-spectrum deterrence)로 전환했는데 이는 재래식 전쟁을 방지하는 가장 확실한 방법이 전진하는 인도 지상군에 전술핵무기 사용을 위협하여 비대칭적으로 위기 상황을 고조시키는 것이라고 믿기 때문이다.[58] 즉, 전술핵무기 사용 위협을 통해 상황을 진정시키는 의도적인 확전(escalate to de-escalate)이라고 할 수 있다. 따라서 인도 정부의 '차가운 시작' 독트린에 대한 공식 입장이 무엇이건, 이 독트린이 실제로 어떻게 실행될 것인지에 상관없이 파키스탄 정부는 이를 인도의 공식 군사계획이라고 간주하고 인도의 무기 현대화에 따른 대응을 공격적으로 추진하고 있는 것이다. 실제로 파키스탄은 2011년에 사정거리 60km에 소형 핵탄두를 전술적 환경에서 투발할 수 있는 나스르(Nasr) 단거리 미사일을 시험발사하며 상황에 따라 전술핵무기 선제 사용을 주저하지 않을 것이라고 공언했다. 즉, 파키스탄은 핵무기 선제 사용을 공언하는 핵전략을 통해 인도가 재래식 전력에서의 우위를 사용하여 파키스탄을 압박하는 상황을 미연에 억지하고자 했다.

그러나 이러한 전술핵 의존 증가 경향이 양국 간의 전략적 불안정성을 대단히 증가시키고 저강도 분쟁 발발 시 상황 악화(확전)의 통

58 Sajid Farid Shapoo, "The Dangers of Pakistan's Tactical Nuclear Weapons," *The Diplomat*, February 1, 2017. 파키스탄에게 전범위 억지는 인도군이 '차가운 시작'에 의거, 국제 사회의 압력이나 파키스탄군이 적절히 대응하기 전인 공격 개시 72시간 내에 신속한 재래식 전력의 기동으로 군사적 목표를 달성하려는 시도를 선제 타격으로 좌절시키는 것을 의미한다. "Full Spectrum Doctrine: Pakistan-Test-Fires Nasr Missiles," *The Express Tribune*, September 27, 2014.

제(escalation control) 가능성을 현저히 저하시킬 것이라는 우려가 증대하고 있다.[59] 파키스탄도 냉전 당시 전술핵무기 운용을 둘러싸고 미국이 겪었던 것과 거의 유사한 어려움과 난관에 부딪힐 가능성이 농후하다. 전술핵무기는 억지에 거의 도움이 되지 않으며, 오히려 위험할 수 있다. 예를 들어, 전술핵무기는 상대방의 선제공격 충동을 야기하며, C3(command, control, communication)에 혼란을 초래할 수 있고, 실전 배치되었을 때 안전을 확보하기 어렵다는 등의 문제점이 존재한다. 즉, 전술핵무기 배치로 인하여 핵무기 사용의 임계점이 상당히 낮아질 수 있으며, 이 임계점을 넘어갈 경우 상황이 통제 불가로 확전될 가능성도 대단히 높아진다.[60] 위기 안정(crisis stability), 확전 통제

---

59 냉전 시기 전술핵무기(TNW: tactical nuclear weapons) 관련 혹독한 경험을 한 서구의 안보 전문가들은 파키스탄도 미국이 경험한 어려움과 유사한 난관에 직면할 것이라고 경고한다. 냉전 당시 전술핵무기를 유용하게 사용하기 위해서는, 즉 대규모로 전진하는 바르샤바 조약군의 기갑부대를 저지하기 위해서는, 미국의 전투계획이 군단사령관에게 최대한의 유연성을 보장해야 했으나 동시에 확전의 통제와 위기 관리를 위해 정치, 군사 결정 기구에서의 최대한의 중앙집중적 통제가 필수적인 해결 불가능한 딜레마에 봉착했다. Jeffrey McCausland, "Pakistan's Tactical Nuclear Weapons: Operational Myths and Realities," in Michael Krepon, Joshua White, Julia Thompson and Shane Mason (Eds.), *Deterrence Instability and Nuclear Weapons in South Asia* (Stimson Center, April 2015), p.162. 미군은 15년 이상 치열하고 꼼꼼하게 고심했음에도 불구하고 전술핵무기 사용과 관련하여 일관성 있는 독트린을 개발하지도 못했고 실현 가능한 군 구조 건설에도 실패할 수밖에 없었다. David Smith, "The US Experience with Tactical Nuclear Weapons: Lessons for South Asia," in Michael Krepon and Julia Thompson (Eds.), *Deterrence Stability and Escalation Control in South Asia* (Stimson Center, 2013), p.75.

60 Ibid., pp.76~78, pp.80~87. Also see Gaurav Kampari and Bharath Gopalawamy, "How to Normalize Pakistan's Nuclear Program," *Foreign Affairs*, June 16, 2017; Michael Krepon, Ziad Haider, and Charles Thornton, "Are Tactical Nuclear Weapons Needed in South Asia?," in Micheal Krepon,

(escalation control)와 관련하여 위급 상황에서 핵무기 사용 결정과 미사일 발사에 걸리는 시간을 줄이기 위하여 전구사령관에게 지휘통제 권한을 미리 위임하는 경향은 특히 위험할 수 있다.[61] 불확실하고 급박한 상황에서 핵무기 사용 결정이 더욱 용이해져서 오히려 전략적 상황이 걷잡을 수 없이 악화될 가능성이 큰 것이다. 비록 파키스탄군은 전술핵 역량이 진군하는 인도 지상군에 제한적이나 확실한 위협을 가함으로써 인도군을 억지하고 전략적 균형을 회복한다고 믿고 있으나 실제 상황에서 그렇게 기능할지는 대단히 회의적인 것이다.[62]

파키스탄은 전술핵무기 배치 외에도 불안정성을 가중시킬 수 있는 일련의 무기체계를 발전시키고 있다. 파키스탄은 인도의 핵관련 기술, 장비 투자에 대응하여 신뢰성 있는 억지력을 유지하기 위하여 2015년 초에 이미 인도 전역을 타격할 수 있는 샤힌-III(Shaheen-III) 탄도 미사일을 시험발사했다. 이에 더해 2017년 1월 파키스탄은 다핵탄두(MIRV: Multiple Independently Targetable Re-entry Vehicle) 장착이 가능한 중거리 탄도 미사일(MRBM) 아바벨(Ababeel)과 함께 바부르-3(Babur-3) 잠수함 발사 순항 미사일(SLCM)을 시험발사했다. 파키스탄이 이러한 미사일 시스템을 발전시키는 것은 인도의 탄도 미사일 방어(BMD) 체제를 무력화하기 위한 것이다. 이러한 무기체계가 파키스탄의 전략적 보복자산의 생존성을 확실히 해줄 것으로 믿기 때문에 파키스탄은 위기 상황에서 전략적 무기 사용 수준으로의 확전을 걱정하지 않

Rodney Jones, and Ziad Haider (Eds.), *Escalation Control and the Nuclear Option in South Asia* (Stimson Center, 2004), pp.126~133.

61 Shapoo, "The Dangers of Pakistan's Tactical Nuclear Weapons"; Narang, *Nuclear Strategy in the Modern Era*, pp.82~90.

62 Barry, "Pakistan's Tacticla Nuclear Weapons," p.80.

고 전장에서 전술핵무기 사용을 위협할 수 있다. 이렇게 파키스탄의 최근 노력은 전술핵탄두, MIRV, SLCM 개발과 실전 배치를 통하여 2차(3차) 공격 능력을 확보하려는 것으로 보인다.[63] 그러나 전술핵무기의 경우처럼 이러한 MIRV 등 무기체계들의 개발, 배치가 양국 간의 전략적 안정에 공헌하리라고 보기는 힘들다. 예를 들면 파키스탄이 개발 중인 SLCM 역시 지휘통제의 어려움과 인도에 의한 선제공격 유발, 테러리스트들로부터의 안전 여부 등으로 인해 오히려 전략적 불안정성을 증대시킬 가능성이 크다.[64] 따라서 현재 파키스탄군의 핵독트린은 신뢰적 최소억지에서 최소(minimum) 능력보다는 위협의 신뢰성(credibility)을 더욱 강조하는 것으로 보인다.[65]

파키스탄의 맹렬한 핵개발과 공세적인 핵전략이 더욱 위험한 이유는 핵무기 획득이 파키스탄 엘리트들의 – 특히 군부의 – 영원한 수정주의적·현상타파적(revisionist) 희망 사항인 카시미르를 인도로부터 되찾아 오려는 시도를 부추기고 있다는 것이다. 북부 인도와 파키스탄 (그리고 중국) 사이에 위치한 전략적 요충지로 파키스탄의 수도인 이슬라마바드에서도 멀지 않은 곳에 위치한 카시미르 지역은 파키스탄인들이 당연히 파키스탄에 귀속되어야 한다고 확고하게 믿는 곳으

63 Ankit Panda, "Why Pakistan's Newly Flight-Tested Multiple Nuclear Warhead-Capable Missile Really Matters," *The Diplomat*, January 25, 2017; Khan, Feroz and Mansoor Ahmed. "Pakistan, MIRVs, and Counterforce Targeting," in Michael Krepon, Travis Wheeler and Shane Mason (Eds.), *The Lure & Pitfalls of MIRVs: From the First to the Second Nuclear Age* (Stimson Center, 2016).

64 Christopher Clary and Ankit Panda, "Safer at Sea? Pakistan's Sea-Based Deterrent and Nuclear Weapons Security," *The Washington Quarterly*, 40(3), 2017, pp.149~168.

65 Zafar Khan, *Pakistan's Nuclear Policy*, p.5.

로 전쟁도 불사하게 만든 곳이다. 이러한 카시미르의 상황은 긴장 상태가 지속되다가 1980년대부터 급속히 악화되었다. 1987년 인도 통제하의 자무-카시미르(Jammu & Kashmir) 지역에서 부정선거 파문으로 발생한 정치적 불안정이 1990년에는 카시미르 전역에 걸친 반란으로 확대되어 전술했던 카시미르 위기가 발생했고 당시 갓 핵무기 능력을 확보한 파키스탄군은 이러한 상황을 절호의 기회로 인식했다. 이후 파키스탄군, 특히 파키스탄의 정보국인 ISI가 카시미르 내의 반군들을 적극 지원하면서 인도에 대한 비대칭 투쟁을 조장했다.

파키스탄의 핵보유는 파키스탄군이 인도로부터의 강력한 보복대응을 두려워하지 않고 공세적인 정책을 추진하게 만드는 기폭제가 되었다. 이렇게 카시미르 지역에서 비정규군을 동원하여 재래식 전력에서 훨씬 우월한 인도를 상대로 비대칭 전략의 추구를 가능하게 했다는 점에서 파키스탄의 핵보유는 안정/불안정 역설(stability/instability paradox)과 직접 연관이 있는 것이다.[66] 전 총리였던 베나지르 부

66 Micheal Krepon, "The Stability/Instability Paradox, Misperception, and Escalation Control in South Asia," in Michael Krepon, Rodney Jones, and Ziad Haider (Eds.), *Escalation Control and the Nuclear Option in South Asia* (Stimson Center, 2004), p.2. 안정/불안정 역설이란 라이벌 관계의 양국이 모두 핵무기를 획득한 후, 양국 간에는 핵전쟁으로의 비화를 우려하여 높은 수준(전략적 수준)에서 대규모 분쟁이 일어날 가능성은 현저히 줄어들지만 낮은 수준에서의 재래식 전쟁 발발 가능성은 오히려 늘어나는 상황을 일컫는다. Lowell Dittmer, "South Asia's Security Dilemma," *Asian Survey*, Vol.41, No.6 (Nov/Dec 2001), p.903. 그러므로 이러한 일련의 위기 상황에서 양국 정부 모두 상대방에 대한 공격을 감행하고자 하는 충분한 명분이나 이유가 있었으나 핵무기 사용 불가피 상황까지의 상황 악화를 우려하여 더 이상의 공세를 자제했다고 할 수 있다. Ganguly and Hagerty, *Fearful Symmetry*, p.9. 즉, 핵무기 보유가 높은 수준에서의 전략적 안정에 기여했다고 볼 수 있는 것이다. 그러나 위에서 묘사된 것처럼 수차례의 위기 상황에도 불구하고 양국 간에 핵무기를 교환해야

토는 카시미르 지역에 대한 파키스탄의 도발에 인도가 대규모 재래식 반격을 하지 못할 것이라 단언하기도 했다.[67] 파키스탄 육군도 카시미르 지역에서의 반군 활동이 다른 유용한 지역에 배치될 수도 있는 상당 규모의 인도군을 잡아두는 효과를 거두면서 자신들의 예산과 지위 정당화를 위해 카시미르 지역에 더욱 공격적인 투자와 지원을 해야 하는 조직적 이해를 갖고 있다.[68] 많은 군 지도자들과 특히 ISI의 경우에는 아프가니스탄에서 그들의 무자헤딘 지원이 소련이라는 강대한 적군을 격퇴하는 데 혁혁한 공을 세웠다고 믿고 있기에 카시미르의 반군 지원이 인도에 대해서도 같은 효과를 거둘 것이라고 보고 지원을 강화하고 있는 실정이다.[69]

했던 사례는 없었다는 사실이 인도와 파키스탄의 관계가 안정적이고 평화로웠다는 이야기는 결코 아니다. 사실, 양 국가는 핵무기 보유 이후에 더욱 대결과 분쟁 상황이 빈번하게 발생했다고 보아야 할 것이다. 카푸르에 의하면 비핵 시기였던 1972년부터 1989년까지 83%의 기간(months)이 평화로웠던 반면, 핵보유 시기인 1990년부터 2002년까지는 오직 17%의 기간(months)만이 군사적 대치 없이 평화로웠다고 한다. 즉, 비핵화 시기에 비해 핵보유 시기에 양국 간의 군사적 대치 상황이 4배 가까이나 급증한 것이다. Kapur, *Dangerous Deterrent*, p.27. 토머스 린치(Thomas Lynch)도 유사한 주장을 한다. "Crisis Stability and Nuclear Exchange Risks on the Subcontinent: Major Trends and the Iran Factor," Strategic Perspectives 14, Institute for National Strategic Studies(INSS) at National Defense University (Nov 2013), p.27. 그러므로 남아시아 지역은 1990년 이후부터 전형적인 안정/불안정 역설 상황의 사례를 잘 보여주고 있다. 대부분의 대치나 위기 상황이 파키스탄에 의해 촉발되었는데 핵무기 보유가 아니라면 애초에 그러한 시도 자체가 없었을지도 모르는 것이다.

67 Paul Kapur, "4. Peace and Conflict in the Indo-Pakistan Rivalry: Domestic and Strategic Causes," in Sumit Ganguly and William Thompson (Eds.), *Asian Rivalries: Conflict, Escalation, and Limitation on Two-Level Games* (Stanford University Press, 2011), p.75.

68 Scott Sagan, "Introduction," in Scott Sagan (Ed.), *Inside Nuclear South Asia*, p.15.

따라서 파키스탄 정부의, 특히 파키스탄군의 카시미르에 대한 집착이 곧 완화되리라고 기대하기 힘들다. 핵무기 능력 보유와 카시미르 획득으로 민족 정체성 면에서 민족국가 건설을 완수하려는 갈망이 결합하여 파키스탄 정부로 하여금 보복을 두려워하지 않고 카시미르 지역에서 인도에 대해 더욱 공세적이고 모험주의적인 정책을 추구하게 만드는 것이다. 파키스탄의 기습공격에 의해 발발한 카길 전쟁이 그 대표적인 사례라 할 수 있겠다.[70] 이후 파키스탄 정부의 공식적인 부인에도 불구하고, 2001년 인도 의사당 습격이나 2008년 뭄바이 테러 공격 등을 자행한 테러 그룹들이 파키스탄군 정보기구 ISI의 직간접적인 지원을 받았다는 주장이 우연이라고 볼 수 없는 것이다. 이렇듯 인도와 파키스탄 간에 카시미르를 둘러싼 치열한 공방이 계속되고 각국에게 민감한 지역을 타깃으로 한 외교 전쟁이 전방위적으로 확산되는 가운데 카시미르 지역에서의 불안정 상황은 여전히 지속되고 있다. 2016년 9월 인도의 국부공격에도 불구하고 소규모 공격과 충돌은 지속되어 2017년에는 최근 10년 동안 가장 많은 사상자가 발생하기도 했다. 2018년에도 카시미르의 통제선을 사이에 두고 양국 군대 간에 소규모 총격전이 일상화되어 매달 적지 않은 군인, 민간인 사상자가 발생하는 등 양측 모두 피해를 입고 있는 상황이다.[71] 2019년 1월 현재도 양측 간의 대치는 지역 주민들 일상생활의 행복과 안전을 크게 위협하면서 많은 희생을 강요하고 있다.[72]

---

69 Anatol Lieven, *Pakistan: A Hard Country* (PublicAffairs, 2011), p.189.

70 Saira Khan, "Nuclear Weapons and the Prolongation of the India-Pakistan Rivalry," p.166.

71 "India to Resume Strikes on Militants in Held Kashmir," *Dawn*, June 17, 2018.

72 Um-Roommana and Suhail Bhat, "Kashmir's Teenage Militants," *The Diplo-*

3. 결론

인도와 파키스탄은 각기 다른 민군관계를 발전시켜왔고 양국의 민군관계는 외부 위협 요인의 변화와 작용하면서 각국의 안보전략, 특히 핵전략에 많은 영향을 끼쳤다. 군부에 대한 민간 통제가 확실한 인도는 군부를 오랫동안 핵관련 정책에서 철저히 배제했으나 일련의 전쟁에서 얻은 교훈과 1980년대 이웃 파키스탄의 핵개발 노력에 자극받아 전문성을 갖춘 군부가 핵전략 수립, 발전에 점차 영향력을 늘려나가는 방향으로 민군관계가 변화했다. 파키스탄의 경우는 독립 초기부터 막강했던 군부가 수차례의 쿠데타를 통해 여러 번 집권하면서 핵정책을 포함해 국가 전반의 주요 정책에 무소불위의 영향력을 행사해왔다. 이러한 추세는 현재도 지속되고 있다. 양국 간의 핵개발, 핵전략 수립에 군부의 영향력이 증대되는 것과 함께 서로의 행동에 대한 대응이 상호작용하면서 각국의 핵전략, 독트린, 신무기 개발이 점차 공세적이고 비타협적으로 진행되고 있다. 특히 파키스탄군의 경우 이러한 공격적인 경향이 두드러진다.

파키스탄 군부는 여전히 압도적으로 강력한 지위를 누리고 있고 외교안보정책 결정 과정도 대단히 군사화되어 있다. 파키스탄 군부는 대치하는 국가(인도)에 대하여, 특히 핵무기 관련하여 더욱더 강경하고 비타협적인 정책을 구사하고 있다. 군부정권에서 흔히 찾아볼 수 있는 군 중심의 편향(bias)과 조직적 병리 현상이 잘 나타나고 있는 것이다.[73] 파키스탄에서는 인도와의 관계 개선이나, 미국과의 긴밀한

---

mat, December 27, 2018.

73 Scott Sagan, *Inside Nuclear South Asia*, p.4.

협조, 아프가니스탄에 대한 불개입을 주장하는 인사들을 'ghadar(배신자)'라고 낙인찍을 정도로 강경하고 비타협적인 조직문화가 막강한 군부를 중심으로 널리 퍼져 있는 상황이다. 현재 민간정부가 들어서서 통치하고 있으나 여전히 군부의 영향력은 파키스탄 내에서 전방위적으로 막강하다. 2017년 여름 당시 샤리프(Sharif) 총리를 퇴임하게 만든 부패 스캔들의 배후에 군부가 있을 것이라고 전문가들은 보고 있다.[74] 최근 과격 이슬람 집단이 주류 정치에 진입한다는 우려도 증대되고 있으며 군부를 견제하려는 현 집권당(PML-N: Pakistan Muslim League-Nawaz)도 군부의 전방위적 압력으로 어려움을 겪고 있는 상황이다.[75] 또한 파키스탄 군부는 핵무기 포함 군사안보 정책뿐만 아니라 2008년 무샤라프 퇴임 후 민간정부가 수복된 후에도 여전히 국내 정치 전반에 걸쳐 무소불위의 영향력을 행사하고 있다. 2018년 3월 상원의원 선거 후 상원의장 선출 과정에서도 군부를 견제하는 PML-N에 대항하는 후보의 선출에 군부가 깊숙이 개입한 것으로 알려져 있다. 또한 파키스탄 대법원이 합당한 이유 없이 외교장관이자 현 집권당 중진인 아시프(Asif)의 자격을 무효화한다는 판결을 내려 집권당에 큰

---

74 Daud Khattak, "Sharif Disqualification to Worsen Civil-Military Relations in Pakistan," *The Diplomat*, July 28, 2017.

75 최근 카시미르와 인도에 대해 수차례 공격을 감행하여 오랫동안 테러조직으로 지정된 LeT(Lashkar-e-Taliba)의 정당조직인 밀리 무슬림 리그(Milli Muslim League)가 쿠데타를 통해 집권하여 1999년부터 2008년까지 파키스탄을 통치했던 전 대통령 무샤라프의 PAI(Pakistan Awami Ittihad)에 합류한다고 하여 인도를 경악시켰다. 지속적인 군부의 비호 아래 인도에 대한 대리전을 수행해오면서 국가 정책의 도구로 기능했던 과격 지하드 테러 그룹이 파키스탄 주류 정치에 합류한다는 사실에서 과연 파키스탄의 책임 있는 핵무기 관리가 가능할지 의문이 들 수밖에 없다는 것이다. Vijay Shankar, "No Responsible Stewardship of Nuclear Weapons," IPC articles # 5413, January 1, 2018.

타격을 주었다. 파키스탄 법원은 의회 지도자들과는 달리 군부가 연관된 사건은 관할이 아니라는 이유로 회피하는 등 군부의 이해에 최대한 복무하는 기관이라는 비판을 받고 있다. 군부는 외교안보 분야 정책결정에서 군부의 독주에 제동을 걸려는 현 집권당의 영향력을 최소화하기 위하여 노력하는 것이다.[76] 이렇게 군부가 조종하는 정치단체들을 동원하여 거리 시위를 조직하고 사법부를 동원하여 전임 샤리프 총리와 그 외의 민간 지도자 수뇌부를 무력화하는 데 성공하면서 현 육군참모총장 카마르 바즈와(Qamar Bajwa)의 지도 아래 민군관계에서의 군부우위는 더욱 확고해졌다.[77]

따라서 국제 사회의 비난과 견제가 강화되고 있으며, 무장단체의 일부는 현재 파키스탄 군 및 정부를 공격하는 상황이다. 하지만 파키스탄은 자신이 공들여 육성한 이슬람 무장단체에 대한 지원을 중지하지 않을 것이며, 동시에 이슬람 무장단체를 통해 인도를 공격하는 비대칭 재래식 도발을 멈추지 않을 가능성이 높다. 이는 핵무기의 존재와 더불어 지역 안정에 상당한 우려를 하지 않을 수 없게 한다. 파키스탄의 핵독트린은 여전히 선제 사용 불사인데 많은 전문가들이 전범위 핵억지 전략, 전술핵무기의 도입 등과 함께 이러한 공격적인 핵독트린도 지역 억지안정에 저해된다고 평가한다. 이러한 공세적인 핵독트린을 보다 안정적으로 전환하는 길은 군부의 정치 개입이 더 이상 걱정 없는 보다 강력한 민간통치와 핵정책 결정 과정에서의 민

---

76 Umar Jamal, "How the Pakistani Military Establishment Is Localizing Its Political Influence," *The Diplomat*, March 14, 2018; Umar Jamal, "Democracy and Judicial Activism in Pakistan," *The Diplomat*, May 1, 2018.

77 Mohammad Taqi, "A Creeping Coup d'Etat in Pakistan," *The Diplomat*, November 1, 2018.

간우위를 확립하는 것일 수 있다는 주장이 많다.[78] 그러나 파키스탄의 민주화와 군에 대한 민간 통제의 전망은 대단히 어두운 것이 사실이다. 또한 인도와 파키스탄 양국 간의 관계를 정상화하고 진정한 화해를 불러올 수 있는 카시미르 문제의 평화적 해결도 군부의 속성상 여전히 요원하다. 따라서 핵무기 보유로 강화된 파키스탄의 카시미르 지역에서의 대 인도 공세 정책도 지속될 가능성이 높다 하겠다.

인도의 민주 제도와 민간우위 민군관계 전통은 끊임없는 군부 쿠데타와 군의 민간정부 압도, 주요 정책에 대한 군부의 절대적 영향력 행사가 특징인 이웃 파키스탄이나 다른 개발도상국들과 비교하여 더욱 칭찬할 만하다. 하지만 인도의 민군관계도 전환기에 있으며 여전히 두 조직 간의 긴장과 수많은 문제점들이 존재한다. 이웃 파키스탄의 공세적 핵전략과 무기체계 개발, 배치에 대응하여 인도군도 '차가운 시작'을 비롯하여 적절하면서도 단호한 방위 전략을 찾기 위해 노력하고 있다. 인도군 보유 핵탄두가 늘어나고 핵무기 투발 수단이 다양해지고 대 파키스탄 군사옵션이 늘어날수록 민간정부의 핵무기 지휘통제권도 점차 군에게 이양되고 군의 참여와 역할이 늘어날 수밖에 없다. 이러한 추세가 적절히 조정, 제어되지 않는다면 인도의 민군관계 안정성이 더욱 침해될 수 있다. 지속적으로 변화, 수정되는 양국의 군사 독트린과 핵전력 태세는 양국 간의 핵군비경쟁 심화를 불가피하게 했다. 이 같은 추세는 – 특히 파키스탄의 투발 수단 다양화 등 유연한 대응 능력 확충 노력은 – 지역의 전략적 불안정성을 증대시키고 위기 관리를 대단히 힘들게 하며 소규모 분쟁 가능성과 이러한 분쟁의

78 Zafar Khan, "Pakistan's Nuclear First-Use Doctrine: Obsessions and Obstacles," *Journal of Contemporary Security Policy*, Vol.36, No.1 (2015).

확전 가능성도 높이고 있다.

이렇듯 남아시아에서의 위기 안정과 확전 통제는 대단히 심각한 문제이다. 하지만 당분간 그 해답을 찾기는 쉽지 않다. 파키스탄의 민주화와 민군관계 변화, 양국 간의 불신과 적대감 종식, 전략적 안정 상태 합의 후 군비통제 시작, 핵독트린, 무기체계 등의 분야에서 서로 간에 투명성 보장 등 어느 하나 쉬운 영역이 없는 것이다. 비록 인도와 파키스탄이 지리적으로 떨어져 있기는 하나 우리의 이해와 무관하지 않은 곳이다. 최근 미국은 인도-태평양 전략을 추진하면서 인도가 주요 파트너로 부상하고 있고, 한국 정부도 신남방 정책을 의욕적으로 추진하면서 인도 등 남아시아에 대한 관심이 고조되고 있다. 남아시아에서의 인도와 파키스탄 간 분쟁, 핵무기 개발경쟁, 민군관계 변화 등을 반면교사로 삼아 동북아에서의 긴장 완화와 한반도의 비핵화를 위해 노력해야 할 것이다.

제2장

북한 핵위협과 냉전의 경험

이동 발사대 추적 가능성을 중심으로

브렌단 그린 *Brendann R. Green*

현재 한반도 제1의 군사문제는 북한 핵위협이다. 많은 사람들은 북한이 "핵무력을 완성"했기 때문에, 이제 국제 사회가 기대할 수 있는 최선은 북한 핵프로그램의 확산 결과들을 관리하는 것뿐이라고 주장한다. 또한 한미연합군이 북한의 핵심 목표물을 너무나도 빨리 공격하면서, 자포자기한 북한이 핵무기를 사용하지 않도록 연합군의 군사적 효율성을 "관리"할 필요성을 제시하는 경우도 있다.[1] 북한이 지속적으로 도발하지만 핵전쟁 위험 때문에 한미동맹이 북한을 적절하게 응징하지 못하게 될 우려도 존재한다. 이러한 가능성은 파키스탄의 도발을 계속 용인하는 인도의 상황이 한반도에서 반복되는 것이지만, 동시에 어느 누구도 의도하지 않은 위기 고조(inadvertent es-

---

1 Keir A. Lieber & Daryl G. Press, "The Next Korean War," *Foreign Affairs* Online, April 1, 2013.

calation)를 예방한다는 긍정적인 효과도 있다.[2]

이러한 주장에 따르면, 한미동맹은 재래식 전력의 우월성에도 불구하고 북한 핵무기에 의해 정치적으로 코너에 몰리게 된다. 북한 핵전력을 직접 위협할 수 없기 때문에, 한미동맹이 가지고 있는 재래식 전력의 우월성은 무력화된다는 주장이다. 즉, 북한 핵전력을 정확하게 제거하는 것은 거의 불가능하고 무모하며, 북한이 추구하고 있는 이동식 플랫폼은 핵무기 생존성을 비약적으로 향상시킨다는 것이다. 이러한 주장에 따르면 북한이 핵전력을 이동식으로 만들면서, 한미동맹은 정치/군사적 "외통수(checkmate)"에 몰린다고 한다. 즉, 북한이 "게임 체인저"를 보유한다는 주장이다.

하지만 본인은 이러한 주장이 과장되었다고 본다. 본인은 이미 냉전 후반기의 미국과 소련의 경쟁에 대해 연구 성과를 배출했으며, 이러한 연구에 기초하여 북한의 소규모 이동식 플랫폼의 생존성 문제를 분석하려고 한다.[3] 현재 북한은 극소수의 핵무기와 운반 수단을 보유하고 있다. 반면 냉전 시기 소련은 수만 개의 핵무기 및 운반 수단을 보유했다. 만약 안정적인 핵전력이 어디에서나 세력 균형을 교착 상태로 만든다면, 냉전 시기 소련의 핵전력은 미국과의 경쟁에

---

2 Vipin Narang, "Posturing for Peace? Pakistan's Nuclear Postures and South Asian Stability," *International Security* 34, No.3 (January 1, 2010): pp.38~78.

3 이번 발표에 나오는 연구는 오스틴 롱(Austin Long)과 함께 한 냉전 시기 핵경쟁 양상에 관한 연구 결과에서 직접 인용했다. 특히 다음 논문들을 참고하기 바란다. Austin Long and Brendan Rittenhouse Green, "Stalking the Secure Second Strike: Intelligence, Counterforce, and Nuclear Strategy," *Journal of Strategic Studies* 38, No.1~2 (February 2015): pp.46~54, 60~64; Brendan Rittenhouse Green and Austin Long, "The MAD Who Wasn't There: Soviet Reactions to the Late Cold War Nuclear Balance," *Security Studies* 26, No.4 (October 2, 2017): pp.619~620, 637~639.

서 효과적인 수단이 되었어야 한다. 그러나 다음에서 설명하듯이, 미국은 잠수함 및 이동식 미사일과 같이 탐지/추적하기 매우 어려운 표적들을 포함하여 소련의 핵전력 전체를 위협하기 위해 대단히 노력했고, 동시에 성공했다. 반면 소련은 미국의 노력에 대해 우려하여 대응했으나 생존성을 높이는 데 실패했다.

냉전 시기 소련과 미국 간의 핵경쟁 양상을 고려한다면, 북한의 핵능력은 한미동맹을 "외통수"에 몰아넣기에는 너무나도 부족하다. 즉, "게임 체인저"란 존재하지 않는다. 전쟁 상황이든 평화 시 경쟁에서든, 한미연합군은 북한의 전략무기에 상당한 군사적 압박을 행사할 수 있다. 냉전 시기 미국과 소련은 기술/군사적 우위를 점하기 위해 엄청난 자원을 투입했으며, 장기적 경쟁에서 이러한 경향성은 한반도 군사력 균형에서도 나타날 것이다. 물론 냉전 시기의 경험에 근거하여 한국과 미국이 안주해서는 안 된다. 하지만 느닷없이 패닉에 빠져 북한을 공격해서도 안 된다. 냉전 경험을 잘 분석한 경우 우리가 도달할 수 있는 결론은 한미동맹이 생각보다는 훨씬 많은 행동의 자유를 가지며, 따라서 자포자기할 필요는 없다는 사실이다.

이 글에서 본인은 2018년 비전문가 사이에서 팽배한 비관론을 요약하면서 냉전 시기 '이동식 핵표적에 대한 공격' 문제를 설명하고자 한다. 특히 냉전 시기 미국이 소련의 이동식 대륙간 탄도 미사일(ICBM)과 전략 잠수함 발사 탄도 미사일(SLBM) "위협"을 해결하기 위해 취했던 기술적 개발 및 전술 개발을 살펴보겠다. 이어 소련이 이와 같은 미국의 노력을 어떻게 평가했는가에 대해 서술할 것이다. 그리고 이동 표적을 추적하는 미국의 능력이 냉전 이후에 얼마나 발전했는가를 설명할 것이다. 마지막에는 이러한 냉전의 경험이 현재 한반도 상황에서 가지는 의미를 논하고자 한다.

1. 냉전 시기 이동식 표적의 도전

소련의 핵전력 전체를 억지하기 위해서 미국은 지극히 어려운 두 가지 과제를 해결해야 했다. 첫 번째 과제는 소련의 탄도 미사일 탑재 원자력 잠수함(SSBN) 전력을 탐지/추적하여 표적화하는 방법을 찾는 것이었다. 냉전 기간, 대부분의 민간 전문가들은 전략 잠수함을 추적하는 것이 불가능하다고 보았다. 헨리 키신저는 잠수함은 그 특유의 은밀성 때문에 "군사사(軍事史)상 최초로 무기의 수량 및 기술에서 미국이 달성한 절대적 우위에 대한 전략적 교착 상태를 가져올 것"이라고 예상했다.[4] 카를 라우텐슐레이저는 억지의 불안정성 문제가 본격적으로 부각되는 상황에서 소련 SSBN의 등장 덕분에 안정적인 억지력을 구축하는 것이 가능해졌다고 지적했다. 이러한 맥락에서 "대잠수함전(ASW: Anti-submarine warfare) 기술상의 발전이 근시일 내에는 탄도 미사일 잠수함의 생존 가능성을 위협하지 못할 것으로" 전망했다.[5] 리처드 가윈은 SSBN은 "취약성이 없는 무기체계"라고 주장하면서, 라우텐슐레이저의 주장에 동의했다. "함대 차원의 은밀한 추적 작전은 장기간 지속될 수 없으며", 일부 잠수함들을 포착/추적할 수 있지만 대잠수함전 차원의 대응 방안은 기술 자체의 "필연성과 유효성" 때문에 "미국과 소련은 상대방 잠수함대의 대부분을 구축할 수 없다"고 전망했다.[6]

---

4 Henry A. Kissinger, "Military Policy and Defense of the Grey Areas," *Foreign Affairs* 33 (April 1955), p.418.

5 Karl Lautenschläger, "The Submarine in Naval Warfare, 1901-2001," *International Security* 11, No.3 (Winter 1986), pp.130~132.

6 Richard L. Garwin, "Will Strategic Submarines Be Vulnerable?," *Internatio-*

냉전 기간 소련은 이동식 ICBM 전력을 실전 배치하지는 못했지만, 이것이 실전 배치되는 경우에 대비하여 이동식 ICBM을 추적하여 표적화하는 것이 필요했다. 이것이 미국이 수행해야 했던 두 번째 과제였다. 냉전 시기 전문가들은 소련이 강력한 대공 방어망을 구축하고 방공망 뒤에 이동식 ICBM을 전개하는 상황을 상정했다. 예를 들어, 마이클 브로워는 소련의 이동식 ICBM은 미국의 영상정보 수집 수단의 능력을 초과해 "철도 및 도로망을 따라 광범위하게 분산"될 수 있으며, 이동식 ICBM 전력은 "만약 가능하다면 전파 신호를 거의 방출하지 않았을 것이고 결과적으로 이동식 ICBM들을 탐지하는 것은 훨씬 더 어려웠을 것이다". 다시 말해서 "소련의 이동식 핵전력을 위협하려는 노력은… 대응하기 힘들 것처럼 보이는 수많은 도전에 직면한다"고 주장했다.[7] 유사한 맥락에서, 냉전 말기의 한 연구는 미국은 군사기술의 발전을 통해 소련의 고정 사일로(silo) 기반 핵전력을 파괴할 능력을 보유했지만, "소련 SLBM, 이동식 ICBM, 또는 폭격기에 위협이 되지 못한다"라고 기술했다. 즉, 소련은 SLBM 또는 이동식 ICBM 전력을 확대시킴으로써 핵전력의 생존성을 향상시키고, 이를 통해 미국의 선제공격 능력 및 효과를 제한할 수 있다는 주장이다.[8]

---

nal Security 8, No.2 (1983), pp.55~ 56. 각 페이지에는 가윈이 수동 및 능동 수중 음파 탐지기 추적을 비판하는 내용이 포함되어 있다.

7 Michael Brower, "Targeting Soviet Mobile Missiles: Prospects and Implications," *Survival* 31, No.5 (1989), pp.433~434, 438~439, 441.

8 Michael Salman, Kevin Sullivan, and Stephen Van Evera, "Analysis or Propaganda? Measuring American Strategic Nuclear Capability, 1969-1988," in Lynn Eden and Steven Miller, *Nuclear Arguments: The Major Debates On Strategic Nuclear Weapons And Arms Control* (Ithaca, NY: Cornell Univer-

이러한 비관론은 존재했지만, 미국은 소련의 SSBN 및 이동식 ICBM 전력을 표적화하기 위해 많은 노력을 기울였다. 그리고 SSBN과 이동식 ICBM을 추적하고 표적화하는 데, 미국은 놀라울 정도로 성공했다.

2. 냉전 시기 미국의 전략적 대잠수함전

일반적으로 대잠수함전은 다음과 같은 세 가지 측면에서 매우 어렵다고 평가된다. 첫째, 전자기 파장은 몇 백 피트 이하의 수심에서 물을 통과하지 못하기 때문에 잠수함을 탐지하기 위해서는 음향 탐지기만을 사용할 수 있다. 하지만 그 신뢰도는 여러 가지 요인에 의해 달라진다. 음향의 선명도는 조류, 수심, 수온, 해류의 염분, 기상, 기타 선박 및 해양 생명체에서 발생하는 배경 소음에 따라 달라지며, 따라서 잠수함 탐지는 더욱 어려워진다. 즉, 잠수함 탐지는 통제할 수 없는 "음향 지리(acoustic geography)"에 달려 있다는 것이다.

둘째, 바다는 매우 넓다. 어떤 지역으로 단순히 나가서 잠수함을 찾는다는 것은 모래사장에서 바늘을 찾는 것과 같다. 때문에 대잠수함전 플랫폼은 잠수함을 탐지/추적하기 위해 다른 정보수집 수단을 사용한다. 셋째, 대부분의 경우, 공격 잠수함을 사용하여 소련 SSBN을 격침시키는 것이 가장 효과적이지만, 공격 잠수함이 SSBN을 공격하는 경우 미국 공격 잠수함 자체가 거꾸로 피탐될 수 있다. 그러므로 잠수함들은 전략적 대잠수함전 임무를 효과적으로 수행하기 위

sity Press, 1989), p.237.

해 피탐 문제에 대한 기술적·전술적 해결책을 필요로 한다.

냉전 초반, 미국은 해양 지리를 이용하고 동시에 기술 혁신을 통해 난관을 극복했다. 그 결과, 미국의 대잠수함전 전력은 원거리에서 소련의 SSBN을 탐지하고, 음향 여건이 유리한 지역에서 대잠수함전에 주력하며, 보다 뛰어난 장비들을 투입해 작전을 수행할 수 있었다.

소련 SLBM의 사정거리가 매우 제한되었고 소련 잠수함대의 기지가 무르만스크(Murmansk) 지역에 위치하고 있었기 때문에 미국은 지리적으로 유리했다. 짧은 사정거리 때문에 소련 SSBN들은 그린란드(Greenland)-아이슬란드(Iceland)-영국(United Kingdom) 사이의 지역을 통과해 대서양을 횡단해야만 미국 대도시와 같은 목표를 공격할 수 있었다. 이 지역은 이후 GIUK Gap이라고 불렸고, 대잠수함전 노력이 집중되는 천연의 요충지가 되었다.

음향 탐지 분야의 기술 진보 덕분에, 미국은 지리적 이점을 더욱 효과적으로 이용할 수 있었다. 기술 진보는 해양에서 발생하는 특이한 음향 전파를 이용하는 해저 수중 청음 네트워크인 SOSUS(Sound Surveillance System)에서 구현되었다. 많은 실험을 거치면서 미국 공학자들은 해저의 소리가 극히 먼 거리에서도 선명도가 거의 손실되지 않은 채 전달되는 "심해 음향 통로(deep sound channel)"를 찾아냈고, 소음을 제거하는 대대적인 신호 처리 과정을 통해 수백 마일을 가로질러 잠수함을 탐지할 수 있는 수중 청음 기술이 등장했다.[9]

SOSUS 기술 자체는 한계를 가지고 있었다. 일단 SOSUS 단독으로는 소련의 잠수함 위치를 정확하게 탐지할 수 없지만, 다른 정보수

---

9 Owen Coté, *The Third Battle: Innovation in the U.S. Navy's Silent Cold War Struggle with Soviet Submarines* (Newport, RI: Naval War College, 2003), pp.16~17.

집 수단들과 결합하는 경우에는 소련 잠수함을 그럭저럭 탐지했으며, 무엇보다 "어디를 수색해야 하는가"의 문제를 개략적으로 해결해 주었다. 미국 해군은 소련 잠수함이 위치한 것으로 추정되는 해역을 SOSUS를 통해 개략적으로 파악하고, 이후 추가 정보자산을 집중 운용했다. 이러한 정보자산들은 수동 소나(passive sonar)를 장비한 공격 잠수함과 대잠 항공기(VP: land-based patrol aircraft)들이었으며, 이러한 플랫폼들은 소련의 탄도 미사일 잠수함에 맞서 매우 효과적이었다. 오웬 코트는 1960년대 후반~1970년대 미국 대잠수함전 능력을 다음과 같이 기술했다.

> 잠수함대 또한 개별 해역에서 소련 잠수함들을 은밀하게 추적할 수 있었고, 때문에 소련 SSBN들에 대응하는 전략적 대잠수함전 임무에 동원되었다. 소련의 호텔급 및 양키급 SSBN은 미국 본토에 위치한 표적을 공격하기 위해서 북대서양조약기구 해군의 장벽(GIUK Gap)을 통과해야 했다. 하지만 소련 잠수함들이 GIUK Gap을 통과하게 되면 SOSUS 체계가 미국 잠수함들에게 탐지 방향을 알려줄 수 있었다. 그러면 미국의 잠수함은 소련 잠수함과의 지속적인 접촉을 유지했고, 경우에 따라서는 소련 SSBN의 순찰 기간 내내 접촉을 유지했다. 또한 해저에서 소련 잠수함을 추적하는 미국 공격 잠수함과 고정된 SOSUS, 그리고 해당 해역 상공에서 작전하는 대잠 항공기(VP) 팀 간에는 강력한 시너지가 존재했다. 미국 잠수함과 목표물 간의 접촉이 단절되었을 때에도 SOSUS 또는 VP는 종종 단시간 내에 표적과의 접촉을 재개하여 잠수함에 임무를 인계했고, 임무를 인수받은 미국 잠수함은 소련 잠수함을 다시 추적할 수 있었다.[10]

미국 작전 역사는 이 기간에 대해 "소련의 미사일 잠수함을 추적하는 것은 곧 해군의 가장 중대한 임무"가 되었다고 서술한다. 추적은 매우 빈번히 이루어져 1970년 한 해에만 미국 잠수함이 추적 중이던 소련 잠수함과 충돌한 사건이 적어도 3회 이상 발생했다.[11] 소련의 호텔급 및 양키급 잠수함들에 맞선 미국 대잠 전력의 우세는 매우 대단하여 1960년대 후반~1970년대 전반기는 미국 잠수함 전력의 "즐거운 나날(Happy Times)"이라고 불렸는데, 마치 제2차 세계대전 초기 독일 유보트(U-Boat) 지휘관들이 향유했던 "황금기"에 비견될 수 있었다.[12]

그러나 1970년대 들어오면서 소련은 SLBM 사정거리를 증가시키는 데 성공했고, 이에 델타급 전략 잠수함들이 출현했으며, 이후 소련의 델타급 잠수함은 GIUK Gap을 통과하지 않고 소련 근해에서 미국 본토를 공격할 수 있었다. 게다가 델타급 잠수함이 소련 연근해에서 작전하면서 소련 해군 및 공군의 지원을 받을 수 있었고, 때문에 소련 잠수함들에 대항한 미국 대잠수함전은 더욱 어려워졌다.[13] 모항 가까이에서 자국 전략 잠수함을 보호하는 소련의 '보루(bastion)' 전략이 등장하면서, 미국은 소련 잠수함을 표적화하는 과제에 있어 이전과는 다른 방안을 모색했다. 이제까지 소련 잠수함들은 공격 거

10 Coté, *The Third Battle*, p.52.

11 Sherry Sontag and Christopher Drew, *'Blind Man's Bluff:' The Untold Story of American Submarine Espionage* (New York: Public Affairs, 1998), pp.140~141, 특히 p.140에서 인용.

12 Coté, *The Third Battle*, chapter 4 is titled 'ASW and the Happy Time, 1960-1980.'

13 Ibid., pp.63~67.

리에 들어가기 위해 GIUK Gap을 돌파하여 대서양을 횡단했고 미국 공격 잠수함들은 잠복한 상태에서 소련 잠수함을 포착할 수 있었다면, 이제 미국 공격 잠수함들이 북극 부근에서 움직이지 않는 소련 잠수함들을 찾기 위해 소련 영해로 잠입해야만 했다. 문제는 북극에 가까운 소련 영해는 너무 얕아서 심해 음향 통로를 이용할 수 없었고 심지어 상대적으로 큰 소음을 발생시키는 델타급 잠수함들마저도 SOSUS에 취약하지 않았다는 사실이다.[14]

따라서 당시 민간 전문가들은 소련 해군 및 해군 항공대가 구축한 '보루' 내부로 진입하여 소련 전략 잠수함들을 탐지하겠다는 1980년대 미국 해군의 "해양 전략(Maritime Strategy)"을 회의적으로 바라보았다.[15] 그러나 오웬 코트의 서술에 따르면, 소련은 미국 해군 내부에서 간첩망을 운영해 정보를 획득했고, 때문에 소련 해군은 미국 공격 잠수함 위협을 심각하게 인식했다. 또한 코트에 따르면, 미국은 여전히 소련 잠수함들을 음향적으로 탐지할 수 있었다. 예를 들어, 만약 소련 델타급 잠수함이 출항할 때 우연히 미국 해군 잠수함이 소련 전략 잠수함을 발견했다면, 미국 해군 잠수함은 소련 잠수함의 작전 기간 전체 동안 델타급 잠수함을 완전하게 추적할 수 있었다.[16]

동시에 미국 해군은 소련 잠수함들을 탐지하기 위한 수단들에 대한 투자를 계속했고, 해양 감시용 선배열 음향 시스템(SURTASS: Sur-

---

14 Ibid., p.66. 코트는 바렌츠 해가 비록 수심은 얕지만 전반적으로 좋은 수중 음파 탐지 환경을 갖고 있다고 기술한다. Ibid., p.73.

15 민간 전문가들은 소련 잠수함을 수색하는 어려움을 포함하여 수많은 이유를 가지고 해양 전략을 반대했다. 예를 들면, John Mearsheimer, "A Strategic Misstep: The Maritime Strategy and Deterrence in Europe," *International Security*, Vol.11, No.2 (Fall 1986).

16 Coté, *The Third Battle*, p.73.

veillance Towed Array Sensor System)으로 알려진 매우 길고 고성능의 수동 소나를 개발하여 이를 선박에 장착하는 데 성공했다. SURTASS 선박들은 기존의 SOSUS 기지들보다 소련의 "보루"에 훨씬 더 가까운 매우 강력한 수중 음파 탐지를 제공했고, 새롭게 진수된 미국의 로스앤젤레스급 잠수함들 또한 강력한 예인 배열을 수반할 수 있었다. 또 다른 기술 진보는 보루 내부 및 주변에 신속하게 전개할 수 있는 신속 전개 정찰 조직(RDSS: Rapidly Deployable Surveillance System)의 배치였다. 이 팀들은 충분한 예고 없이 임시의 "소규모 SOSUS 기지(mini-SOSUS beds)"를 만들기 위해 네트워크로 연결되었다.[17]

미국은 소련 해군 통신망을 도청하는 데 성공했고, 덕분에 소련 전략 잠수함을 봉쇄하려는 대잠수함전 또한 그 효율성이 제고되었다. 미국은 오호츠크 해에 위치한 소련 태평양 함대의 잠수함 기지 통신케이블을 도청하는 데 성공했고, 이어 노르웨이 인근 북극해의 일부인 바렌츠 해에서도 소련 잠수함대의 통신케이블을 도청하는 데 성공했다.[18] 암호 해독에 성공한 상태에서 소련 해군 통신망을 도청함으로써, 미국 해군 정보국은 소련 잠수함대의 매우 정밀한 움직임까지 파악할 수 있었다. 일부에서는 소련 잠수함 전개에 관한 일일 보고를 "지역/지방에서의 잠수함 작전과… 소련 잠수함의 준비 태세"로 대체하는 것이 가능했다.[19] 해당 정보는 또한 "소련 리더십 내

17 Christopher Ford and David Rosenberg, *The Admirals' Advantage: U.S. Navy Operational Intelligence in World War II and the Cold War* (Annapolis, MD: Naval Institute Press, 2005), p.103.

18 통신케이블 도청 작전에 대해서는 다음의 책을 참고. Sherry Sontag and Christopher Drew, *Blind Man's Bluff: The Untold Story of American Submarine Espionage* (New York: Harper-Collins, 1998), chaps. pp.10~11.

19 Christopher Ford and David Rosenberg, *The Admirals' Advantage: U.S. Navy*

고위층에 대한 일부 매우 중요한 인간정보(HUMINT: human intelligence)의 돌파" 덕분에 더욱 정확해졌다.[20]

영상정보를 포함한 이 같은 다양한 정보들은 정보 융합실에서 종합되어, SSBN을 포함한 소련 잠수함들의 위치 및 상태에 관한 일일 보고를 생산했다.[21] 그 결과, 미국 해군은 소련 SSBN의 상당 부분을 표적화할 수 있었다. 데이비드 제레미아 제독은 이러한 능력을 다음과 같이 과시했다. 미국 해군은 "소련 잠수함의 식별 번호로 개별 잠수함을 확인할 수 있었고 거의 점호하는 수준으로 – 항구에서든 바다에서든 – 위치를 파악할 수 있었다. 만약 소련 잠수함들이 출항했다면, N3(작전지휘관)는 공격 잠수함을 소련 전략 잠수함에 배당했고, 항상 추적할 수 있었다. 그래서 우리는 거의 어떠한 상황에서라도 긴급한 통보만으로도 소련 SSBN 전력을 대상으로 꽤 심각한 무언가를 할 수 있는 능력을 가지고 있었다. 그리고 이러한 미국의 능력에 대해 나 자신은 안도감을 느꼈다". 이와 유사하게 토머스 윌슨 부제독은 "소련은 우리 미국이 [작전정보] 임무에 매우 능숙했고 따라서 대잠수함전, 항공모함 보호, 전투력 투사 등 해전의 기본 작전에 탁월했다는 사실을 알고 있었다 … [결국] 소련 해군은 미국 해군이 자신들을 정확하게 포착하며 필요하다면 소련 해군을 공격하여 파괴할 수 있다는 사실을 인식하고 있었다"고 회고했다.[22]

Operational Intelligence in World War II and the Cold War (Annapolis, MD: Naval Institute Press, 2005), p.99, 101.

20 Ibid., p.80~81.

21 Ford and Rosenberg, *The Admirals' Advantage*, p.99.

22 Ford and Rosenberg, *The Admirals' Advantage*, pp.105~107.

3. 냉전 기간 소련의 이동식 ICBM에 대한 미국의 추적

이동식 ICBM을 목표로 포착하는 것은 다음 두 가지 측면에서 쉽지 않다. 첫째, 이동식 ICBM들은 일반적으로 해당 국가에 전개되기 때문에, 이것을 지속적으로 감시하는 것은 매우 어렵다. 때문에 위성자산을 동원하는 것이 필수적이다. 둘째, 우주 기반의 정보자산들은 몇 가지 한계가 있다. 영상정보는 야간에는 소용이 없다. 합성 개구레이더(SAR: Synthetic Aperture Radar)는 오랜 기간 동안 이동 표적을 추적하는 것이 불가능했고, 한편 이동 표적 지시기(MTI: Moving target indicator) 레이더는 인공위성에 탑재 및 유지하기에는 엄청난 비용이 소요되었다. 셋째, 우주 기반의 정보자산들은 단편적인 정보만을 제공하는데, 인공위성의 경우 지평선 아래로 넘어간 이후에는 감시가 불가능하여 이동식 ICBM들은 이 틈을 타 비밀리에 기동한다. 이동식 ICBM들은 이동성을 발휘해 국토 전역으로 분산함으로써 인공위성이 차후에 감시할 때 포착할 수 없도록 자신들의 위치를 은폐한다.

이런 한계를 극복하기 위해 미국은 위성 기반의 신호정보(SIGINT)의 두 가지 방식에 집중했으며, 상당한 성과를 거두었다. 덕분에 미국은 소련 이동식 ICBM의 배치 상태를 좌표화하고 감시하는 한편 전시에는 그것들을 추적해 공격하는 것이 가능했다.

냉전 시기 이동식 표적을 공격하려는 미국의 노력은 공개되지 않고 있지만, 추론은 가능하다. 우주에 기반한 SIGINT는 이동식 미사일이 상급 제대와 통신 활동을 하는 과정에서 방출되는 전파를 감청, 도청하는 데 집중했다. 게다가 이동식 ICBM들은 이동 발사대(TELs: transporter-erector-launchers) 단독으로 운용되지 않는다. 이동식 ICBM의 대형에는 이동식 지휘소, 운용요원들을 위한 취사용 시설 및 군수

물자가 탑재된 지원 차량, 대규모 유조차, 적어도 한 대 이상의 경계 차량이 추가된다. 이 차량들 간에 이루어지는 통신 활동 또한 잠재적으로는 감청에 취약하다.

이 신호들은 최소한 두 가지 방식으로 이동식 표적을 추적하는 데 사용될 수 있다. 첫 번째 방법은 이동식 ICBM 대형에서 방출되는 전파를 탐지하는 것이다. 동일한 신호를 여러 번 탐지함으로써 미국은 소련 이동식 ICBM 대형의 위치를 파악할 수 있었으며, 지리/기하학적으로 분리되어 있는 지역에서 동일 신호를 포착하고 포착한 정보를 실시간으로 공유할 수 있다면, 소련군 이동 플랫폼을 탐지하는 것은 매우 효과적으로 진행될 수 있었다.[23] 미국 해군은 이 기술을 사용하는 선박들의 위치를 파악하기 위해 저고도 지구 궤도 위성군을 운용하는 것으로 알려져 있다.[24] 그러나 이 기술은 전파 간섭이 오직 위성 시스템만을 이용할 때 한계를 가진다. 미국 해군 조직에서 발간된 보고서들은 전파 발사 장비의 위치가 단지 수 킬로미터 범위 내로 좁혀질 수 있다고 언급한다.[25]

지리적 위치를 군사 좌표화하는 방식(geolocation)은 평화 시 배치

---

23 방출되는 전파 신호의 위치를 탐지하는 다양한 방식에 대해서는 다음 책을 참고하기 바란다. Richard A. Poisel, *Electronic Warfare Target Location Methods*, 2nd ed. (Boston: Artech House, 2012).

24 A. Andronov, Allen Thomson (trans.) "Kosmicheskaya Sistema Radiotekhnicheskoy Razvedki VMS SShA 'Uayt Klaud' (The U.S. Navy's 'White Cloud' Spaceborne ELINT System)," *Zarubezhnoye Voyennoye Obozreniye* (*Foreign Military Review*), No.7 (1993); Norman Friedman, *Seapower and Space: From the Dawn of the Missile Age to Net-centric Warfare* (Annapolis: Naval Institute Press, 2000).

25 이와 같은 시스템 또한 레이더 체계와 같은 지속적인 전파 송신기보다는 이동식 미사일의 통신 체계와 같이 간헐적인 전파 송신기에 의해 제한될 것이었다.

유형을 지도 상에 좌표화하는 것과 아울러 목표물을 명중시키는 데 도움이 되었을 것이다. 이동식 ICBM은 거대한 규모 탓에(소련의 SS-25 미사일의 무게는 100톤 이상이다) 일부 도로들과 지역들만이 순찰에 적합해서 위치가 탐지되기 더 쉽다. 따라서 이동식 미사일 기지를 둘러싸고 있는 지역에 대한 영상을 촬영하는 방식은 표적과 관련 없는 지역을 제외시키는 데 도움이 될 수 있다. 이러한 영상정보는 또한 이동식 미사일이 이동할 수 있거나 또는 이동할 수 없는 방향을 알려줄 수 있다. 예를 들면 어느 도로 상에서 확인된 소련의 SS-25 미사일은 도로 상의 양 방향 중 한 방향으로 이동할 가능성이 높지만 도로를 벗어나서 방향을 바꿀 가능성은 상당히 낮다(그렇게 했다면 훨씬 더 느리게 이동할 것이었다). 만약 그 도로 주변 지형이 매우 거칠었다면 그 미사일은 대단히 쉽게 표적화되면서 도로를 벗어나지 못한다. 따라서 수 킬로미터 단위로라도 이동식 ICBM 위치를 좁힐 수 있다면, 명중확률에 기초하여 표적화 작업을 진행하는 미국 입장에서는 명중률을 제고하는 데 압도적으로 유리했다.

특정 지역에 대한 집중 핵공격의 경우에도 좌표화 작업은 매우 중요하다.[26] 사령부와의 교신이 감청된다면, 이동식 ICBM이 이동하기 전에 신속한 핵공격이 필요하며, 따라서 미국은 ICBM 공격 목표를 신속하게 변경할 수 있는 능력을 보유하는 데 많은 노력을 기울였다. 1988년 미국 공군은 미니트맨 ICBM 목표 설정을 신속하게 변경하는 방안에 대한 많은 연구를 발주했으며, 그 결과 목표 설정 변경 시간이 12분 이하로 줄어들었으며 해당 방식은 해군 소속의 SLBM에

---

26 Office of Technology Assessment, *MX Missile Basing* (Washington DC, 1981), pp.258~265.

도 적용되기 시작했다.[27]

이동식 ICBM을 추적했던 두 번째 SIGINT 사용 기법은 소련군 통신 감청 및 해독을 통해 위치를 파악하는 것이다. 이동식 플랫폼은 — 잠수함이든 ICBM이든 — 정기적으로 자신의 위치를 상급 사령부에 보고했으며, 미국은 이러한 교신을 감청하여 해당 이동식 ICBM의 상대적으로 정확한 위치를 포착했다. 이동식 ICBM은 단독으로 구성되지 않았으며, 상당 숫자의 차량 행렬이었기 때문에, 부대 내부의 차량 교신은 불가피했고 이것은 감청 가능성에 노출되어 있었다. 예를 들어, 미국은 소련군 호위 차량이 도로 사정 및 위협을 무선으로 보고하고 ICBM 부대의 이동에 필요한 급유 및 보급을 위한 무선 교신 내용을 축적했고, 이에 기초하여 소련군의 이동식 ICBM의 운용 방식을 파악했다.

미국이 소련군 암호 통신을 어느 정도까지 해독했는가에 대해서는 아직까지 공개되지 않았다. 하지만 여러 정황으로 살펴볼 때, 냉전 후반 미국은 소련군 암호를 해독하는 데 상당한 성공을 거두었던 것으로 보인다. 최근 기밀 해제된 NSA 자료에 따르면, 1970년대 후반 들어서면서 "암호 해독은 제2차 세계대전 이후 최고의 성공을 거두었으며, 1989년 시점에서 암호 해독에 사용될 많은 기술이 개발되어 획기적인 성과를 확보"했다.[28]

---

27 Douglas Hill, 'Minuteman Rapid Retargeting,' Air Command and Staff College Student Report, 1988 and Amy Woolf, *Strategic Nuclear Forces: Background, Development, Issues* (Washington, DC: Congressional Research Service, 2009), p.13; William Arkin, 'The Six-Hundred Million Dollar Mouse,' *Bulletin of the Atomic Scientists* (November/December 1996).

28 Johnson, American Cryptology, v.3, vii-viii and Matthew Aid, *The Secret Sentry: The Untold History of the National Security Agency* (New York:

동시에 미국은 소련 통신망 감청/도청을 통해 소련 핵전력 지휘통제 체계의 취약성을 찾아냈고, 이를 사용하여 "소련군 지휘부가 하급 제대에 내린 핵무기 사용 명령이 전달되지 않도록 할 수 있었다". 어느 시점에서 소련은 이러한 문제점을 교정했지만, 미국은 소련 지휘통제 체계를 분석하는 데 많은 노력을 기울였으며 최종적으로 소련/바르샤바 조약군의 지휘망을 교란시킬 능력을 보유했다. 예를 들어, 미국은 소련 공군 지상 관제관의 목소리를 녹음하여 가지고 있다가 전시에 이것을 대규모로 방출하여 소련 공군 작전을 마비시키려고 했다. 이러한 사례에서도 나타나듯이, 미국의 SIGINT는 막강했고 동일 기법이 이동식 ICBM에 대해서 사용되었다면 소련군 지휘 체계에 매우 심각한 혼란을 야기했을 것이다.[29]

미국 NSA가 소련군 이동식 ICBM에 대해 어떠한 작전을 구상했는지는 알 수 없다. 하지만 공개된 자료를 통해 그 일부를 살펴볼 수 있다. NSA 공식 역사는 두 페이지에 걸쳐 이동식 ICBM에 대한 작전을 설명하고 있지만, 비밀 해제 과정에서 해당 부분은 모두 삭제되었다. 또한 소련군은 미국이 고고도 위성 등을 통해 상당히 위협적인 SIGINT를 수집했다고 평가했다.

> 위성 정찰 결과는 대부분 공개되지 않았지만, 극히 일부는, 특히 열차로 이동하는 SS-24에 대한 추적 결과는 서방 측 언론에 공개되었다. 이것은 열차 이동식 ICBM과 지휘소의 교신을 감청한 것이었다.[30]

Bloomsbury, 2009), pp.164~165.

29 See Benjamin Fischer, "CANOPY WING: The U.S. War Plan That Gave the East Germans Goose Bumps," *International Journal of Intelligence and Counterintelligence* v.27 n.3 (2014) quotation on 439.

매튜 에이드의 주장에 따르면, NSA는 SS-24 교신 내용을 감청하는 데 성공했고, 동시에 SS-20 교신까지도 감청했다. 그리고 동일한 기술을 통해 도로 이동식 ICBM인 SS-25의 교신 내용을 감청할 수 있었을 것이다.[31]

1) 소련의 평가

소련은 자신의 이동식 ICBM을 추적하려는 미국의 노력을 매우 위협적으로 평가했다. 소련군 장성들과 정치 지도자들은 미국의 추적 능력에서 드러나는 압박을 우려했으며, 동시에 미국과의 군비경쟁으로 소련이 치러야 하는 정치/경제적 부담을 심각하게 인식했다.

2) 군사적 압력

냉전 직후 미국은 전역한 소련군 지휘관들을 면담하면서 소련군의 경험 및 회고담을 수집했고, 이후 그 내용을 공개했다. 이에 따르면, 소련 지휘부는 미국의 압력 때문에 소련 잠수함대의 상황이 "끔찍(dire)"했다고 회고한다. 안드리안 다닐레비츠(Andrian Danilevich) 중장은 "미국 대잠 전력이 너무나도 앞서 있었기 때문에, 소련 잠수함들은 심각할 정도로 취약"했으며 "미국/북대서양조약기구가 구축한

---

30 A. Andronov, Allen Thomson (trans.), "Amerikanskiye Sputniki Radioelektronnoy Razvedki na Geosynchronnykh Orbitakh (American Signals Intelligence Satellites in Geosynchronous Orbit)", *Zarubezhnoye Voyennoye Obozreniye* (*Foreign Military Review*), n.12 (1993), p.42

31 Aid, *The Secret Sentry*, p.183.

해저 장벽(GIUK Gap)으로 인하여 소련 해군은 대양으로 진출하는 것이 거의 불가능"에 가까웠다고 증언했다. 또한 "미국의 음향 탐지 기술이 너무나도 발전했기 때문에, 미국 대잠 전력은 소련 잠수함을 탐지하지만, 소련 잠수함은 미국 잠수함을 탐지할 수 없었다." SLBM의 존재 가치가 해양에 배치해서 핵전력의 생존성을 높인다는 것이었음에도 불구하고, 소련은 "SLBM의 존재 가치 자체를 부정하며 항구에 정박한 상태에서 SLBM을 발사하는 방안까지 고려"했다.[32] 1990년 작성되어 최근 공개된 보고서에 따르면, "소련군은 항행 중인 잠수함의 생존성을 심각하게 우려하고 있으며, 때문에 최근 발생한 스파이 사건(Walker-Whitworth Espionage Ring)을 통해 소련은 매우 많은 교훈을 얻었다"고 한다.[33]

또한 마크무트 가레프(Makhmut Gareev) 장군은 "전략 잠수함과의 교신은 매우 어려웠으며, 따라서 보복 공격을 해야 하는 상황에서 지휘통제선이 손상된다면 소련은 SLBM을 사용하지 못할 가능성도 상당히 존재"했다고 회고했다.[34] 미사일 전문가인 알렉세이 칼라슈니코프(Aleksei Kalashnikov)는 소련 잠수함대의 취약성을 시인했다. "소련 잠수함이 대양으로 나가는 순간 미국 공격 잠수함이 따라잡았고 바로 추적이 시작되었다." 위성 전문가인 브루스니친(N. A. Brusnitsyn)

---

32 Danilevich interview, September 24, 1992 in John G. Hines, Ellis M. Mishulovich, and John F. Shull, "Soviet Intentions 1965-1985: Volume 2, Soviet Post-Cold War Testimonial Evidence," September 22, 1995, 46, available online at http://nsarchive.gwu.edu/nukevault/ebb285/

33 President's Foreign Intelligence Advisory Board, "The Soviet War Scare," February 15, 1990, 43.

34 Hines interview with Gen. Makhmut A. Gareev, June 20, 1993, in Hines, Mishulovich, and Shull, "Soviet Intentions 1965-1985, Vol.2," 75.

은 "미국은 15개의 저고도 위성을 궤도에 올리고 이를 이용하여 대양 전체를 수색했으며, 때문에 소련 전략 잠수함의 위치는 모두 노출되었으며, 상업용 선박의 움직임까지 모두 추적했다"고 토로했다.[35] 즉, 소련은 전략 잠수함의 취약성을 명확하게 인식하고 있었다.

이동식 ICBM과 SLBM이 늦게 배치되면서 냉전 기간에 소련 전략무기의 생존성을 감소시키는 데 큰 도움이 되지는 않았다. 하지만 일단 배치된 이후에도 취약성 문제는 새로운 형태로 등장했다. 소련 공산당 국방위원회 보좌관이었던 비탈리 카타에프(Vitalii Kataev)에 따르면, 이동식 ICBM이 도입된 이후에도 소련의 보복 능력은 여전히 심각한 위협에 직면했다고 한다. "현재 전략 로켓군은 보복 공격을 통해 80개 목표물을 파괴할 수 있으며, 1995년에 가서야 100개 목표물을, 그리고 2000년에 가서야 150개 목표물을 타격할 수 있었다. 보복 공격이 효과를 발휘하기 위해서는 최소 200개의 목표물을 파괴해야 했지만, 이것은 기술적으로 가능하지 않았다."[36] 이는 매우 이례적이었다. 상호확증파괴를 위해 소련은 미국의 선제공격 후 생존한 핵전력으로 최소 200개의 목표물을 파괴할 수 있는 보복 공격 능력을 가지고 있어야 했으며, 이것이 소련 전략군의 핵전쟁 계획이었다. 하지만 이것은 가능하지 않았다는 것이다. 냉전 종식 시점에서 소련이 보유한 전략 핵탄두는 수천 개였지만, 대부분의 핵전력은 매우 취약했

---

35 N. A. Brusnitsyn, "Monitoring and Intelligence". 특히 위협적이었던 것은 미국 해군이 보유한 전자정보 위성(White Cloud)이었다. 하지만 이와 같은 미국 정찰위성에 대한 소련의 "공포심"은 과장된 부분이 있다.

36 Vitalii Kataev, "Mobile Missile Basing," (translated from Russian by Austin Long), Vitalii Leonidovich Kataev Papers, Hoover Institution Archive, Stanford University. 해당 자료가 정확하게 언제 작성되었는지는 알 수 없다. 하지만 전체적인 맥락에서 볼 때, 1980년대 후반 또는 1990년대 초로 추정된다.

고 생존성이 매우 낮았다. 만약 미국이 소련을 선제 핵공격했다면, 소련은 대부분의 핵전력을 상실했을 것이며, 생존한 핵전력으로 보복했을 때 실제 파괴할 수 있는 목표물은 80개에 지나지 않았을 것이라는 판단이다. 즉, 소련의 보복 공격 능력은 상호확증파괴를 유지하기 위해 필요한 최소 기준을 충족시키지 못했다.

카타에프는 작전 능력의 향상 및 기술 개발을 통해 이동 플랫폼의 생존성을 제고할 수 있지만, 동시에 소련의 이동 플랫폼을 추적하기 위한 미국의 노력 또한 엄청나다고 인정했다. "미국이 위성 정찰을 통해 이동 목표를 파괴할 능력을 향상시키고 있으며, 따라서 소련의 이동 플랫폼의 생존성과 전투력이 심각하게 저해될 수 있다"고 지적했다. 당시 소련은 미국이 개발하고 있는 추적 능력을 개략적으로 파악하고 있었다. 카타에프는 미국의 라크로스 레이더 위성(Lacrosse Radar Satellite)과 KH-12 정찰위성을 집중적으로 거론했다.[37]

브루스니친 또한 미국의 SIGINT에 대한 공포심을 토로했다. "미국은 샬레(Chalet)와 라이오라이트(Rhyolite)와 같은 인공위성 8개를 지구 정지 궤도에 올렸고, 이를 통해 소련 무선 통신망을 감청"했다. 동시에 "더욱 발전된 위성(aquacade/magnum)을 추가로 정지 궤도에 쏘아 올리면서 더욱 넓은 주파수대를 감시하게 되었으며, 특히 아쿠아케이드 위성을 통해 이동식 플랫폼이 교신하는 경우에 그 위치를 매우 정확하게 파악하기 시작했다."[38]

---

37 Ibid.

38 N. A. Brusnitsyn, "Monitoring and Intelligence," (translated from Russian by Austin Long), Vitalii Leonidovich Kataev Papers, box 12, folder 16 Hoover Institution Archive, Stanford University. 해당 문서의 정확한 날짜는 알 수 없지만, 맥락에서 볼 때 1980년대인 것으로 추정된다.

미국의 위성 능력에 대해 브루스니친은 두 가지 결론을 도출했다. 첫째, "악천후이거나 야간에도 미국은 우주에서 대규모 군부대뿐 아니라 특정 군사장비까지 추적"할 수 있었다. 둘째, "여러 장소에 배치된 수신기는 다양한 신호를 조합하여 이동 목표물이 지상에서 움직이는 이동식 ICBM이든 우주에서 움직이는 미사일이나 핵탄두이든 그 위치를 완전하게 포착"했다.[39] 간단하게 말하면, 이동 플랫폼을 추적/포착하는 것은 어렵지 않았다.

3) 정치/경제적 압박

소련 지도자들은 미국의 핵무기 증강을 따라잡아야 한다는 압박에 시달렸지만, 과연 경쟁이 가능한가에 대해 매우 회의적이었다. 미사일 개발 및 탄두 실험을 총괄했던 칼라슈니코프는 "미국의 목표는 소련이 핵전력을 포함하여 군사력 증강에 막대한 자원을 사용하도록 강요하여 소련 경제를 파괴하는 것"이라고 주장했다.[40] 소련군 정보국(GRU) 보고서에 따르면, 소련군 참모본부는 "미국이 군비경쟁을 통해 간접적으로 소련 경제를 파국으로 몰고 가려고 한다"고 인식했다.[41] 또한 "미국과 소련의 기술력이 점차 벌어지고 있으며, 소련군 또한 이러한 격차가 점차 증가하고 있다는 사실을 인식하고 있으며 그 심각성을 우려"하고 있었다.[42]

---

39 Ibid.

40 Hines interview with Aleksei S. Kalishnikov, April, 1993, in Hines, Mishulovich, and Shull, "Soviet Intentions 1965-1985, Vol.2," p.92.

41 Hines interview with Dr. Vitalli Tsygichko, December 20, 1990, in Ibid., p.145.

미국 정보기관은 소련의 이러한 상황을 인식하고 있었다. 1986년 소련군 참모본부가 정치국에 보낸 보고서에서, 예산 문제를 토로했다. 이에 따르면, "소련 북부 함대와 항공대가 북극해 인근 해역을 방어하고 콜라 반도(Kola Peninsula)와 백해(White Sea) 지역에 배치된 핵자산을 보호하려면 현재의 국방 예산이 해당 지역 방어를 위해서만 3배로 증가"한다고 했다. 결국 소련은 자원 부족으로 미국과의 타협을 추구했고 개혁/개방의 길로 들어섰다. 이에 미국 해군제독 중 한 명은 미국은 해양 전략을 통해 소련이 직면한 난관이 "도저히 대응할 수 없을 정도로 크다"는 사실을 깨우쳐주고, "미국 경제가 개선되는 상황에서 소련으로는 대응할 수 없다는 냉혹한 현실을 보여주려고 했다"고 지적했다. 소련이 기진맥진할 동안 미국은 숨이 차지도 않은 정도이며, 이러한 경쟁은 앞으로 지속될 것이라는 사실을 보여주었다는 것이다.[43]

소련 지도부는 동일한 현실을 명확하게 인식하고 있었다. 1984년 소련군은 공산당 정치국원들에게 미국 군사력의 발전 상황을 보고했다. 외교관 출신으로 미하일 고르바초프(Mikhail Gorbachev)의 열렬한 지지자였던 아나톨리 체르니아에프(Anatoly Chernyaev)는 "항공모함과 잠수함대의 위용"에 감탄했고 2500km를 비행하여 10m 이내에 명중하는 미사일에 환호했다. 하지만 "현대 기술의 마법은 도저히 감당할 수 없을 정도로 자원을 소진"시켰다고 토로했다.[44]

---

42 Kjell Inge Bjerga, "Politico-Military Assessments on the Northern Flank 1975-1990: Report from the IFS/PHP Bodø Conference of 20-21 August 2007," Conference Report (Zurich: Parallel History Project, August 20, 2007), p.5.

43 Conversation with former highly placed Naval official, August 8, 2016.

소련 지도부는 자신들의 정치 체제가 그러한 경쟁에서 경쟁력을 확보하지 못한 것이라는 사실을 인식하고 있었다. 이러한 인식은 다음에서 가장 잘 드러난다. 미국이 전략방위구상(SDI)을 발표한 직후, 소련의 니콜라이 오르가코프(Nicholai Orgakov) 장군은 레슬리 겔브(Leslie Gelb)에게 고백했다. "우리 소련은 군비경쟁에서 미국을 따라잡을 수 없다. 이것은 한 세대 또는 두 세대가 지난다고 해도 달라지지 않을 것이다. 현대 군사력은 기술에 기반하고 있으며, 현대 기술의 핵심은 컴퓨터이다. 미국에서는 어린아이들도 컴퓨터를 가지고 놀지만, 여기 소련에서는 국방부에서도 컴퓨터를 사용하지 않는다. 당신이 잘 아는 이유 때문에 우리 소련은 컴퓨터를 널리 보급할 수 없다. 우리는 미국을 따라잡지 못할 것이다. 미국을 따라잡기 위해서는 경제 혁명이 있어야 하지만, 과연 우리 소련이 정치적 변화 없이 경제 혁명을 완수할 수 있을 것인가? 이것은 매우 민감하지만 가장 중요한 질문이다."[45] 더 과격한 입장도 존재했다. "우리 소련이 미국과의 경쟁에서 패배했다는 사실을 인정할 수 있다. 그 경우에 소련 경제는 어느 누구도 상상하지 못했던 그리고 상상하고 싶지 않은 급격한 변화에 빨려 들어갈 것이다."[46] 실제 역사에서 이러한 경제적 변화는 정치적 변화로 이어졌다.

---

44 Quoted in David E. Hoffman, *The Dead Hand: The Untold Story of the Cold War Arms Race and Its Dangerous Legacy* (New York: Anchor, 2010), p.158.

45 Benjamin B. Fischer, *A Cold War Conundrum: The 1983 Soviet War Scare* (Washington, D.C.: Central Intelligence Agency, September 1997), p.18.

46 Hines interview with Dr. Vitalli Tsygichko, December 13, 1990, in Hines, Mishulovich, and Shull, "Soviet Intentions 1965-1985, Vol.2," p.138.

4. 이동 플랫폼에 대한 최근의 공격 능력

이동 플랫폼에 대한 미국의 공격 능력은 냉전 종식 이후에도 계속 진화했다. 9/11 테러 이후 이러한 능력은 폭발적으로 발전했고, 이러한 능력은 북한의 이동식 ICBM을 추적하는 데 다음과 같은 함의를 가진다.[47]

첫째, 무인기(UAV) 기술을 통해 이동식 ICBM에 대한 항공 정찰이 가능하다. UAV에 스텔스 기능이 추가되거나 아니면 다른 자산과 협력한다면, 북한 영공을 뚫고 들어갈 수 있으며 이 경우 한미연합군은 실시간으로 북한 이동식 ICBM을 관찰할 수 있다. 이를 통해 이동식 ICBM의 배치와 발사장 등에 대한 매우 효과적인 정보를 축적할 수 있다.

특히 2009년 공개된 RQ-170 스텔스 무인기는 화상 센서와 SIGINT 센서를 탑재했기 때문에 매우 유용하다.[48] 미국은 RQ-170을 이용하여 이란과 파키스탄을 자유롭게 정찰했지만 전혀 포착되지 않았다. 하지만 2011년 12월 RQ-170이 이란 영공에서 추락했다.[49] 현재 미국은 더욱 강력한 스텔스 무인기 개발에 집중하고 있다. RQ-180이

---

47 북한 잠수함 능력이 매우 제한적이기 때문에, 이 글에서는 지상 이동식 ICBM의 추적에 집중한다.

48 David Fulghum, 'Stealth Over Afghanistan,' *Aviation Week and Space Technology*, December 14, 2009. RQ-170의 비행 모습이 처음 확인된 것은 2007년 아프가니스탄에서이지만, 그 존재 자체는 2009년에서야 공식 인정되었다.

49 Scott Shane and David Sanger, "Drone Crash in Iran Reveals Secret U.S. Surveillance Effort," *New York Times*, December 7, 2011 and Greg Miller, "CIA Flew Stealth Drones into Pakistan to Monitor bin Laden House," *Washington Post*, May 17, 2011.

라고 불리는 기체는 이전 모형인 RQ-170보다 대형이고 항속거리 또한 더욱 연장되었으며 스텔스 기능 또한 더욱 강화되었다. 때문에 더욱 많은 목표물을 더욱 오랜 시간 동안 감시할 수 있으며, 더욱 많은 센서를 통해 더욱 많은 SIGINT를 확보할 수 있다.[50]

1991년 이후 미국 공군은 시니어 수터(Senior Suter)와 같은 컴퓨터 프로그램 공격을 통해 적국 방공망과 레이더를 회피하면서 침투하는 능력을 획기적으로 개선했다. 특히 미국은 시니어 수터와 NCCT(Network Centric Collaborative Targeting)를 중심으로 가상 적국의 레이더를 마비시키고 컴퓨터 바이러스 공격을 통해 방공망을 마비시키는 능력을 구축했다. 이를 위해 적국 방공망에 의도적으로 오류를 유도하고 데이터를 조작하거나 잘못된 데이터를 주입하고, 가능하다면 방공망 전체를 하이제킹하려고 시도했다. 이러한 공격 방식은 전통적인 전자전과는 차원이 다를 정도로 은밀하며, 실제 공격이 이루어진 경우에도 공격 자체를 인지하지 못할 정도였다. 2007년 이스라엘은 이러한 방법으로 시리아 방공망을 무력화하고 RQ-170을 사용하여 시리아 전역에 대한 항공 정찰을 감행했다.[51]

둘째, 레이더 위성 기술이 발전하면서 이동 목표물을 추적하는 문제의 많은 부분이 해결되었다. 지금까지 합성 개구 레이더(SAR)는 정지 이미지만을 생산할 수 있었고, 때문에 이동 목표물을 탐지하고 추적하는 데 도움이 되지 않았다. 하지만 데이터 처리 기술이 발전하

---

50 Amy Butler and Bill Sweetman, "Secret New UAS Shows Stealth, Efficiency Advances," *Aviation Week*, December 6, 2013.

51 Richard Gasparre, "The Israeli 'E-tack' on Syria—Part I," March 10, 2008 and "The Israeli 'E-tack' on Syria—Part II," March 11, 2008, both online at www.airforce-technology.com

면서, 이제는 SAR 이미지를 가지고 트럭 사이즈의 이동 물체를 구분하는 것이 가능해졌다. 또한 SAR 위성이 촬영할 수 있는 지역이 점차 넓어지고 있으며, 군사적 효용성이 증가했다. SAR 위성으로 특정 지역을 지속적으로 감시하지 않는다 해도 심각한 문제는 발생하지 않으며, 이동 목표물을 추적하는 데 큰 문제는 발생하지 않는다.[52]

키어 리버(Keir Lieber)와 다릴 프레스(Daryl Press)의 연구는 북한을 정찰하는 문제에 있어 드론과 SAR 위성이 가져올 수 있는 혁명적인 변화를 잘 분석했다. 이에 따르면, 평균적인 저고도 레이더 위성은 북한 도로망의 90%를 커버하면서 하루에 2.5회 북한을 가로지를 수 있다. 미국과 주요 동맹국의 레이더 위성 자산을 총동원한다면, 북한을 24분마다 한 번씩 촬영할 수 있으며, 때문에 북한 이동식 ICBM은 24분마다 한 번씩 자신의 존재를 숨기기 위해 은닉 조치를 취해야 한다. 여기에 북한 외곽에 고정된 무인기를 중심으로 드론으로 북한 영공에 침투한다면, 한미연합군은 북한 도로망의 97%를 촬영할 수 있다고 한다.[53]

9/11 이후 미국은 지리 좌표 정교화와 SIGINT 능력 향상을 위해 엄청난 자원을 투입했고, 그 결과 이동 플랫폼을 추적하는 능력이 또 다시 획기적으로 강화되었다. 이것이 세 번째 사항이다. 이 가운데 하나가 Real time Regional Gateway로 다양한 플랫폼이 입수한 데이터를 이용하여 지리 좌표를 실시간으로 생산하는 능력이다. 현재까지 정확한 능력은 공개되지 않고 있지만, 해당 시스템을 개발하는

---

52 Keir A. Lieber and Daryl G. Press, "The New Era of Counterforce: Technological Change and the Future of Nuclear Deterrence," *International Security* 41, No.4 (Spring 2017), pp.38~39.

53 Ibid., pp.40~45.

데 관여했던 피트 러스탄(Pete Rustan)은 다음과 같이 설명했다.

> 자, 당신이 이라크에 있고 저항세력이 전화를 걸고 있는 순간을 포착했다고 가정합시다. 미군은 지상에서 핸드폰 신호를 감청할 수 있고, 동시에 핸드폰 신호를 항공기와 위성에서도 포착할 것입니다. 이러한 핸드폰 데이터를 실시간으로 통합할 수 있다면, 우리는 실시간으로 목표물의 좌표를 획득할 수 있습니다. 이것이 바로 Real Time Regional Gateway입니다.[54]

이러한 능력은 이동식 플랫폼과 관련하여 수집된 SIGINT에 대해서도 동일하게 사용될 수 있다.

넷째, 지상배치 센서가 발전하고 네트워크로 연결되면서 그 효용성은 지난 30년 동안 획기적으로 발전했다. 지상배치 무인 센서(UGS: Unattended Ground Sensors)를 통해 차량에서 나오는 다양한 신호정보를 포착하고 이를 사용해서 차량 자체를 탐지할 수 있다.

본래 베트남전에서 개발되었던 UGS는 이후에도 지속적으로 발전했고, 1980년대 미군은 REMBASS(Remote Battlefield Sensor System)를 배치하고 개량에 많은 노력을 기울였다. 현재 UGS는 병력이 침투할 수 없는 지역에 배치되어 진동/음향/적외선/자성 센서를 동원하여 차량을 포착하고 추적한다.[55] 최근 들어 UGS는 소형화되고 에너지 효용성이 높아지고 있으며, 때문에 장기간 동안 적국의 차량 이동을

---

54 Interview with Pete Rustan, *C4ISR Journal*, October 8, 2010. Lieber and Press, "The New Era of Counterforce," pp.38~39.

55 L3 Communications, Remotely Monitored Battlefield Sensor System-II Product Description, 2004.

감시하는 데 사용될 수 있다. 특히 바위 등으로 위장된 UGS는 특수부대 또는 항공기 투하 등의 방식으로 배치되며, 교신 방식도 신호를 저장했다가 위성으로 분출(burst)하는 방식이기 때문에 감청 자체가 쉽지 않다.[56]

UGS와 더불어 TTL(tag, track, & locate) 기술 또한 빠른 속도로 발전했다. 목표물 추적을 위해 표식(beacon) 기술을 사용하여 꼬리표를 붙이는 것은 새롭지 않지만, 지난 20년 동안 표지 기술을 실현하는 데 소요되는 비용은 획기적으로 감소했다. GPS 기술 덕분에 우리는 전자적 표식/꼬리표를 매우 작고, 값싸고, 그리고 정확하게 사용할 수 있게 되었다. 현재 뉴욕 경찰청은 약국을 터는 도둑들을 체포하기 위해 소형 GPS를 가짜 약병에 넣어 약국에 진열한다.[57] 미군 특수부대는 이러한 표식/꼬리표 기술을 광범위하게 이용하고 있다. 여전히 "은폐가 제일 중요"하지만, 특수부대에서 사용할 제품들에 대한 기술 전람회에는 "핵심 목표물 포착/추적/좌표 획득에 필요한 TTL 기술"이 항상 등장한다.[58]

미국 정보기관들이 적국의 이동식 플랫폼에 표식/꼬리표를 부착할 가능성이 크지는 않지만, 그 가능성을 배제할 수 없다. 정보원을 통해 이란 핵시설에 잠입하여 스턱스넷(Stuxnet) 바이러스를 주입했던

---

56 Noah Shachtman, "This Rock Could Spy on You for Decades," *Wired*, May 29, 2012. 예를 들어, 다음과 같은 시스템이 존재한다. Northrup Grumman SCORPION II Unattended Target Recognition Systems Product Description, 2011.

57 Joseph Goldstein, "Police to Use Fake Pill Bottles to Track Drugstore Thieves," *New York Times*, January 15, 2013.

58 Charles Arant, "Special Operations Surveillance and Exploitation," Briefing at the Special Operations Forces Industry Conference, n.d.

사례에서도 나타나듯이, 현재 시점에서도 충분히 가능할 수 있다.[59]

마지막으로 이러한 기술 발전은 상호 그 효과를 증폭시키며 시너지를 가져오면서 이동식 플랫폼을 더욱 효과적으로 추적하도록 작동한다. RQ-170 또는 다른 스텔스 UAV를 동원하여 이동식 ICBM이 기동할 지역에 UGS 또는 TTL을 살포하고, Real Time Regional Gateway를 이용하여 위성/무인기/UGS에서 포착한 정보를 하나로 통합할 수 있다. 이러한 방식으로 축적된 정보를 통해, 우리는 적국 이동식 플랫폼에 대해 매우 상세한 그림을 그릴 수 있게 되며, 미사일 실험과 기동로 등을 파악하고 이것을 실시간으로 업데이트할 수 있다.

5. 한반도에 대한 함의

그렇다면, 미국과 소련의 냉전 경험이 2018년 한반도 상황에 대해 가지는 함의는 무엇인가? 과거 냉전 시기 미국과 소련은 핵무기 개발 및 배치를 둘러싸고 치열하게 경쟁했는데, 그러한 경험에 비추어볼 때, 현재 북핵문제는 어떻게 이해할 수 있는가?

우선 명심해야 하는 사항은 냉전 시기 많은 사람들이 소련의 전략 잠수함과 이동식 ICBM을 추적하는 것이 불가능하다고 보았지만, 미국은 이러한 임무를 매우 성공적으로 완수했다는 사실이다. 그리고 미국이 상대했던 국가는 북한보다 더욱 많은 자원과 더욱 결연한 의지를 가진, 그리고 기술 수준에서도 더욱 진보했던 소련이었다. 하

59 Jon Lindsay, "Stuxnet and the Limits of Cyber Warfare," *Security Studies* v.22, n.3 (2013).

지만 미국은 소련을 압도했다. 조금 강하게 말하자면, 위기가 발생하거나 전쟁이 발발했을 때, 북한은 한미연합군이 공포에 질려서 마비될 것이라고 기대할 수 없다. 반대로 위기/전쟁 상황에서 오히려 북한이 자신의 핵전력의 생존성을 심각하게 우려하게 될 것이며, 이러한 측면에서 한미동맹은 북한을 더욱 압박하고 협상에서 더욱 많은 것을 요구할 수 있다.

둘째, 냉전 기간 소련은 미국의 능력을 과대평가했고 때문에 미국의 상황 인식에 비해 소련의 자체 상황 인식이 더욱 "끔찍"했다. 즉, 소련 지휘부는 – 소련군 장성들이나 정치국원들은 – 핵전력을 근대화하기 위해 엄청난 자원을 투입했지만 성과는 거의 없으며, 이동식 플랫폼을 보호하기 위해 많은 예산을 투입했지만 핵전력의 생존성 자체는 거의 개선되지 않는다는 사실을 잘 인식하고 있었다. 즉, 소련이 아무리 노력해도 미국과의 작전/전략적 차원의 균형 자체는 거의 변화하지 않았고, 이와 같이 "끔찍한 상황"에 소련은 절망했다.

게다가 미국을 "따라잡기 위해서" 엄청난 자원을 소모하면서, 소련은 자체 발전을 위해 사용할 수 있는 자원이 부족해졌고 결국 재정/군사/정치적 차원에서 심각한 딜레마에 봉착했다. 즉, 냉전 기간 미국은 소련을 압도했다. 미국은 경쟁의 속도를 통제했고 군사행동의 방향까지 설정했다. 무엇보다 미국은 소련이라는 경쟁 상대에게 엄청난 압박을 가할 수 있었다. 만약 이러한 경쟁이 다시 시작된다면, 그리고 이러한 경쟁에서 상대방이 상당한 자원을 통제하고 잘 구축된 핵전력을 가진 강대국이 아니라 북한과 같이 유치한 수준의 핵전력만을 겨우 보유한 작고 가난하며 통치자가 국민을 착취하는 국가라면, 그 경쟁의 압박은 더욱 근본적인 차원에서 보다 강력하게 작동할 것이다.

마지막으로 냉전 이후의 기술 발전 덕분에, 한미연합군은 이동식 ICBM을 더욱 수월하게 추적할 수 있다는 사실을 명심해야 한다. 때문에 북한은 전쟁/위기 상황에서 자신의 핵전력이 생존할 것인가에 대해 공포심을 가지게 된다. 평화 시에 한국과 미국은 주기적인 정찰과 위성을 동원한 SIGINT 수집을 통해 많은 정보를 축적하고 분석해야 한다. 북한의 이동식 ICBM 플랫폼 및 지원 시설을 식별 및 좌표화하며, 다른 핵기지를 파악하고, 북한군의 핵전력 운용 방식을 관찰해야 한다. 만약 전쟁이 발발하는 경우, 북한은 한미연합군이 추가 동원한 정찰 및 타격 자산의 위협에 직면할 것이다. UGS는 집중적으로 사용되면서 대량의 신호정보를 생산할 것이며, 이동식 ICBM을 포착/추적할 UAV는 북한 영공에 대거 살포되고, 이러한 자산에서 생산된 SIGINT를 실시간으로 통합할 정보처리 체계가 도입된다. 이것은 북한에게는 악몽이다.

군사적 측면이나 정치적 측면에서 북한 핵전력은 중요한 사안이다. 그리고 이동식 ICBM을 추적하는 것 자체는 쉽지 않으며, 간단하게 완수할 사항은 아니다. 하지만 북한의 핵전력으로 한미동맹이 궁지에 몰리지는 않는다. 즉, 북한의 "핵무력 완성"이 평화 시에나 전시에 "게임 체인저"는 아니다. 한미연합군은 북한 핵전력을 평화 시에 추적할 기술을 가지고 있으며, 냉전 시기의 경험을 가지고 있다. 이를 통해 이미 가용자원이 고갈된 북한에게 더욱 강력한 압박을 가할 수 있다. 만약 억지가 실패하고 전쟁이 벌어진다면, 한미연합군은 다양한 옵션을 가지게 될 것이며, 이를 통해 전장에서 주도권을 행사할 수 있다. 냉전 시기 미국은 소련 이동식 ICBM을 추적했다. 이러한 사실은 변화하지 않는다. 유치한 수준의 핵전력을 보유했다고 북한이 "게임 체인저"를 확보한 것은 아니다.

제3장

한반도 안정화로의 길

사찰/검증의 중요성, 어려움, 그리고 도전

이근욱

6500만 년 전 지름 10km 정도의 소행성이 현재의 멕시코 유카탄 반도에 충돌했고, 충돌에서 뿜어져 나온 에너지로 대부분의 공룡이 멸종했다. 이것으로 지구의 환경 자체가 변화했고 중생대 백악기와 신생대 제3기의 경계가 만들어졌기에, 그 경계를 백악기의 독일어인 'Kreidezeit'와 신생대 제3기를 뜻하는 'Tertiary'의 첫 글자를 따서 보통 K/T 경계라고 부른다. 그리고 이러한 경계를 가져온 충돌을 K/T 충격(K/T Impact)이라고 부른다.[1]

지난 6월 12일 싱가포르 정상회담은 한반도 정치/전략환경을 변화시킬 수 있는 또 다른 K/T 충격으로 예측되었다. 미국과 북한의 최고 지도자들이 처음으로 한자리에서 비핵화와 체제 보장을 교환하

1 최근 제3기(Tertiary)라는 표현 대신 팔레오기(Paleogene)라는 표현이 더욱 보편화되면서 K/T 충돌은 K/Pg 충돌이라는 용어로 대체되는 경향이다.

면서 한반도 문제의 핵심을 해결할 것이라는 언론 보도가 있었다. 최종 결과는 그와 같은 기대에는 미치지 못했지만 – 특히 사찰/검증에 대한 합의가 부족했지만 – 그 나름대로 중요성을 가진다고 평가할 수 있다. 기대했던 K/T 충격은 없었다. 하지만 변화 자체는 시작되었다.

6500만 년 전 K/T 충돌은 대부분의 공룡을 멸종시키고 포유류의 시대를 열었지만, 기본적인 변화 자체는 충돌 이전부터 진행되었던 진화에서 비롯되었다. 한반도에서도 이러한 변화를 거부할 수 없을 것이며, 우리는 이러한 변화 자체를 한국에게 유리한 방향으로 유도해야 한다. 이를 위해서는 현재 CVID를 통한 비핵화에 집중하는 것도 중요하지만, 변화 자체를 가속화하기 위해 한국에 대한 또 다른 위협인 북한의 재래식 전력을 – 특히 북한 지상군 병력을 – 감축하도록 유도해야 한다. CVID 문제로 비핵화에 대한 모호성이 증가한 상황에서 이를 보완하고 대화의 모멘텀을 유지하면서 군사적 긴장을 완화하기 위해서는 북한군의 병력 감축이 매우 유용하다. 병진노선에서 탈피하여 경제건설을 강조하는 김정은 정권 입장에서 병력 감축을 통한 재정 절감 및 노동력 동원 등은 핵심적인 사안이다. 무엇보다 병력 감축은 사찰/검증의 측면에서 상대적으로 수월하며, 긴장 완화의 효과는 비등하다.

그렇다면, 이러한 효과를 어떻게 달성할 수 있는가? 6500만 년 전 K/T 충격의 파괴적인 결과 없이 어떻게 한반도 정치/전략환경을 변화시키고 이를 통해 한반도 전체 상황의 진화를 이루어낼 수 있는가? 그리고 이 과정에서 사찰/검증은 어떻게 작동하며, 그 중요성과 어려움은 무엇인가? 이러한 것이 이 글이 던지는 핵심 질문이다.

1. 정상회담의 시대

2018년 6월 12일 북미정상회담에서 미국과 북한은 비핵화에 합의했다. 이에 대해서는 다양한 평가가 교차하고 있다. 일부에서는 6/12 합의를 통해 장기적으로는 북한 비핵화와 한반도 안정화 등이 가능할 것이라고 보며, 미국과 북한 최고 지도자가 만났다는 사실 자체를 중요시한다. 이러한 관점에서 완전한 비핵화(Complete Denuclearization) 원칙에 대한 합의는 단계적으로 갈 수밖에 없는 현실에서 충분한 합의라는 것이다. 일차적으로는 정상회담 등을 통해 전쟁 및 우발적 충돌 가능성을 해소하고, 시간을 가지면서 비핵화를 추진한다는 주장이다. 기술적 이유에서 즉각적인 비핵화 자체가 가능하지 않기 때문에, 미국 국무장관의 표현과 같이 "향후 2년 6개월" 동안 단계별 비핵화를 추진하며 신뢰구축을 통해 한반도 안정화를 달성할 수 있다는 평가이다.[2]

하지만 다른 시각에서는 6/12 합의의 문제점을 지적하면서, 특히 비핵화에 대한 구체적인 방법이 합의되지 않았다는 측면에서 비판하기도 한다. "완전하고 검증 가능하며 비가역적인 비핵화(CVID: Complete, Verifyable, Irreversible Denuclearization)" 방법론이 명시적으로 합의되지 않았다는 것이 비판의 핵심이다. 즉, CVID에서 사찰/검증을 규정하는 V와 향후 미래에 핵무기를 만들지 않겠다는 것을 보장하는 I가 없다는 지적이다. 이와 같은 견해는 근본적으로 북한이 비핵화 의지를 가지고 있는가에 대한 의심에서 출발하며, 비핵화 의지 자체가 없다

---

2 정상회담 직후 마이크 폼페이오(Mike Pompeo) 국무장관은 한국과 미국에서 핵심 시설의 비핵화와 관련하여 "2년 반" 또는 "트럼프 임기 내" 등의 시한을 제시했으며, "비핵화 전에 제재 해제는 없다"고 선언했다.

고 추정되는 북한이 CVID 원칙에 대해 명시적으로 합의하지 않은 상황에서 비핵화를 실행할 가능성은 더욱 낮다는 것이다. 심지어 미국 중앙정보국(CIA) 또한 "북한이 핵무기를 포기하지 않을 것이라는 사실은 모두가 알고 있다"는 회의론이 지배적이며, 북한이 "비핵화를 수용하지 않을 것"이라고 평가했다고 한다.[3]

그렇다면, 과연 사찰/검증은 어떠한 측면에서 의미를 가지는가? 현재 CVID 원칙이 명시되지 않은 상황에서 비핵화 방법론에 대한 정교한 논의 자체는 쉽지 않다. 하지만 비핵화 방법론은 오히려 부차적인 부분일 수 있다. 논리적으로 본다면, 북한이 비핵화를 하지 않을 것이라고 평가하는 경우에 비핵화 방법론 및 사찰/검증의 중요성은 줄어들게 된다. "어차피 북한이 핵무기를 포기하지 않을 것"이라면, CVID 원칙이 명시되었는가 등은 중요한 사항이 아니며 어떠한 방식으로 비핵화를 달성할 것인가에 대한 논의 자체는 무의미하다. 이 경우에 사찰/검증은 북한이 비핵화를 이행하지 않는 결정적인 증거를 찾아내는 수단으로 작용하며, "만약 북한이 비핵화를 이행하지 않는다면, 한국이 더 큰 피해를 입기 전에 빠져나올 수" 있도록 보장하는 안전 장치로 작동한다.

하지만 사찰/검증이 진정 중요해지는 것은 북한이 비핵화에 대한 의지가 – 설사 제한된다고 해도 – 어느 정도는 있다고 보는 경우이다. "북한이 핵무기를 포기하지 않을 것이라는 사실은 모두가 알고 있다"는 회의론에도 불구하고, 전쟁이 아니라 경제 제재 및 압박 그리고 외교적 수단으로 북한을 비핵화할 수 있다고 보면서 이 과정을 투명

3 Jennifer Rubin, "Trump is wrong about North Korea, says the CIA," *The Washington Post*, May 30, 2018.

성 있게 보장하기 위해 사찰/검증을 동원하는 것이다. 이 경우에 사찰/검증은 단순히 상대방의 위반 행위를 적발하는 것을 넘어서 상호 신뢰구축을 가능하게 하며, 나아가서는 정치/전략환경의 변화를 유도하는 수단으로 작동할 수 있다.

또 다른 측면에서는 6/12 합의에서 사찰/검증에 대한 명시적인 논의가 없기 때문에, 사찰/검증의 관점에서 이번 합의를 평가하는 것은 쉽지 않다. 분명한 사실은 6/12 합의 자체는 부족한 부분이 존재하며, 때문에 향후 보완이 필요하다는 것이다. 때문에 오히려 중요한 사항은 한국 입장에서 6/12 합의 이후에 무엇을 해야 하는가? 6/12 합의를 평가하기 위해서 중요한 사항이 "비핵화가 이행된다면 한국의 안보 상황이 개선될 것인가?" 그리고 "만약 북한이 비핵화를 이행하지 않는다면 한국/미국은 더 큰 피해를 입기 전에 빠져나올 수 있는가?"라는 두 가지 질문이다. 6/12 합의 이후의 상황에 대해서도 우리는 다양한 가능성을 검토할 필요가 있다. 그리고 이러한 관점에서 사찰/검증의 중요성과 어려움을 살펴보아야 한다.

일반적인 경우에서라도 사찰/검증은 항상 도전적이다. 하지만 한반도 상황에서와 같이 상호 불신과 적대감이 존재하는 상황에서는 더욱 도전적이며, 실행되기 어렵다. 북한의 "과거 경력"은 당연히 의구심을 자아낸다. 1953년 이후 지금까지 너무나도 많은 약속과 합의를 무시했고, 이번 6/12 합의 또한 그 예외는 아닐 수 있다. 때문에 많은 경우에 북한의 비핵화 의지 자체에 대한 회의론이 존재하며, 따라서 이 부분에 대한 보다 논리적인 이해가 중요하다.

2. 6/12 합의를 어떻게 이해할 것인가?

이번 싱가포르 정상회담은 여러 가지 측면에서 특이하며, 이러한 특이성은 6/12 합의가 이루어지기 이전부터 많은 사람들이 인식하고 있었다. 때문에 합의 자체에 대한 회의적인 견해가 팽배했고, 북한의 비핵화 의지에 대한 많은 의구심이 – 합의를 일방적으로 파기했었던 북한의 과거 경력 때문에 더욱 강화되면서 – 합의가 이루어진 현재 시점까지도 존재한다.

1) 교환의 비대칭성

전통적으로 모든 합의는 – 그것이 개인들 사이의 상업 계약이든 국가들 사이의 조약이든 – 동질적인 사항을 교환하는 것이다. 하지만 이번 6/12 합의는 특이하며, 이러한 특성을 이해하는 방식은 몇 가지가 있다. 첫째, 6/12 합의의 대상을 시간적 관점에서 파악하는 것이다. 북한은 자신이 지금까지 구축했던 핵능력(nuclear capabilities)을 포기하는 것이며, 여기서 북한이 포기하게 되는 것은 북한의 과거와 현재이다. 반면 미국은 북한 정권의 미래를 보장하며, 정권 교체를 시도하지 않겠다고 약속한다. 이것은 미국의 과거 또는 현재에 대한 약속이 아니라 미래의 행동에 대한 것이다. 두 번째 방식은 협상의 대상 측면에서 6/12 합의의 특징이 "의지와 능력의 교환"이라는 사실이다. 즉, 북한은 자신이 과거에 구축하여 현재 보유하고 있는 핵능력을 포기하며, 대신 미국은 북한 정권의 미래 안전을 보장하며 이를 위해 북한을 침공하지 않겠다는 의지(non-aggression resolve)를 제시하는 것이다.[4]

이와 같은 측면에서 볼 때, 6/12 합의는 대칭적이지 않다. 그리고 이러한 비대칭성 때문에 합의 자체에 대해서 많은 회의론이 존재하며, 이러한 회의론은 상당한 설득력을 가진다. 우선 시간의 측면에서 북한은 과거와 현재를 양보하고 미래에서 미국의 양보를 요구하며, 미국은 북한 정권의 미래를 보장하며 대신 북한의 과거와 현재를 포기하라고 요구한다. 결국 북한은 자신의 미래를 보장받을 수 있는 수단을 포기하고 미국의 선의(善意)를 믿고 의존해야 하지만, 북한 입장에서는 미국의 선의에만 의존할 수 없다. 오바마 행정부는 이란 핵문제를 해결하기 위해 2015년 7월 포괄적 공동 행동 계획(JCPOA: Joint Comprehensive Plan of Action)을 체결했지만, 트럼프 행정부는 2018년 5월 이를 파기했다.[5] 미국이 선의를 포기하는 경우에 대비하여 북한은 자신의 미래를 보장할 수단이 필요하며 핵능력은 바로 이런 수단이다. 미국이 미래를 보장하지 않는다면, 북한은 미래를 스스로 보장해야 한다. 미래를 보장하기 위한 최후의 수단으로, 북한은 핵무기를 포기하지 않을 것이다. 여기서 6/12 합의에 대한 회의론이 성립한다.

둘째, 능력과 의지의 교환은 많은 부분에서 문제를 야기한다. 미국이 제공하는 것은 정권 교체를 시도하지 않겠다는 의지이며 동시에 북한 정권의 미래에 대한 보장이다. 하지만 의지와 보장은 언제든

---

4 약속 이행의 문제에 대한 이론적 분석은 다음이 유명하다. James D. Fearon, "Rationalist Explanations for War," *International Organization*, Vol.49, No.3 (Summer 1995), pp.379~414; Robert Powell, "War as a Commitment Problem," *International Organization*, Vol.60, No.1 (Winter 2006), pp.169~203.

5 물론 오바마 행정부에서도 미국 국무부는 JCPOA가 "정치적 다짐(political commitment)이며, 조약(treaty)이 아니며 행정부의 대표가 서명한 문서(signed document)도 아니다"라고 규정했다. 이러한 측면에서 트럼프 행정부는 과거의 정치적 다짐을 어기기는 했지만, 국제적 합의를 파기한 것은 아니라고 강변할 수 있다. 하지만 JCPOA의 당사자인 유럽 국가들과 또 다른 당사국인 이란은 미국의 행동을 조약 파기로 규정하고 비난하고 있다.

지 변할 수 있으며, 따라서 불확실하다. 트럼프 행정부에서는 이러한 의지와 보장이 유지된다고 해도, 이후 다른 행정부에서는 이와 같은 의지와 보장이 변할 수 있다. 때문에 북한 입장에서 6/12 합의는 위험하다. 언제든 달라질 수 있는 의지와 보장을 믿고 자신이 확실하게 보유하고 있는 능력을 포기해야 한다. 능력은 일단 포기하면 완전히 사라지는 것이며, 이러한 능력을 재건하기 위해서는 상당한 시간이 필요하다. 때문에 능력을 포기한 상태에서 미국이 정권 교체를 시도한다면, 북한으로는 생존의 위협에 처하게 된다. 결국 북한은 생존을 위해서는 핵능력을 포기하지 않아야 하며, 이와 같은 추론은 북한이 핵무기를 포기하지 않을 것이라는, 그래서 6/12 합의가 실행되기 어려울 것이라는 회의론의 근간을 이룬다.

이러한 측면에서 북한이 최근까지 고수했던 요구 조건은 상대적으로 납득할 수 있었다. 오랜 기간 동안 북한은 능력과 능력의 교환을 요구했다. 즉, 북한 비핵화를 위해서는 북한 정권을 위협하고 있는 "한국과 미국의 군사력이 해체"되어야 한다고 주장하면서, 주한미군의 철수와 한국에 대한 미국 핵우산/확장 억제력의 철거 그리고 더 나아가 동아시아에 배치되어 있는 미국 군사력의 해체 등을 요구했다. 이것은 기본적으로 능력과 능력의 교환이며, 미래와 미래의 거래이다. 북한의 관점에서 이러한 교환/거래는 "지극히 논리적이다". 하지만 이러한 "교환"은 한국과 미국 입장에서는 절대 수용할 수 없는 요구이며, 따라서 합의가 불가능했으며 여러 협상은 공전했다.

더 나아가 북한은 평화협정 체결을 통해 "적대관계 해소"를 달성하고 주한미군 철수와 한미동맹 해체를 최근까지 요구했다. 때문에 평화협정 체결 자체는 그 정치적 필요성에도 불구하고 지금까지 본격적으로 거론되지 않았으며, 이에 대한 논의는 순수하게 학술적인 차원에서만 이루어졌다. 하지만 최근 판문점선언에서 그리고 북미협상에서 논의되고 있는 "종전선언" 및 그와 관련된 여러 논의에서 북한은 이전의 입장을 버리고 주한미군 철수 및 한미동맹 해체 등의 조건을 요구하지 않은 듯하다.

2) CVIG의 문제점

관련된 또 다른 사안으로는 체제 보장의 문제가 있다. 지난 정상회담에서 미국과 북한은 비핵화와 체제 보장을 교환하기로 합의했다. 하지만 엄격한 방식으로 현실화할 수 있는 CVID에 비해 CVIG의 경우에는 보장할 수 있는 방법이 없다. 가장 대표적인 사례는 현재 북한 비핵화의 모형으로 거론되는 협력적 위협 감소(CTR: Cooperative Threat Reduction) 과정에서 나타났다. 1991년 12월 소련 붕괴 후 미국 정부는 우크라이나-벨라루스-카자흐스탄 등의 국가에 재정지원을 하면서 소련이 "유산"으로 남긴 핵탄두를 러시아로 집중시키는 노력을 기울였다. 덕분에 우크라이나는 1512개의 전략 핵탄두를 제거하는 대신 1995년 12월까지 3억 4900만 달러의 재정지원을 받았으며, 벨라루스는 81개의 SS-25 토폴 이동식 ICBM을 제거했고, 카자흐스탄 또한 1400개 이상의 핵탄두를 러시아에 "반환"했다. 이에 미국을 포함한 서방 측 국가들과 러시아는 우크라이나 등의 정치적 주권과 영토 일체성을 보장했다.[6]

하지만 2014년 러시아는 우크라이나를 침공하고 크림 반도를 합

6 John M. Shields and William C. Potter (eds.), *Dismantling the Cold War: U.S. NIS Perspectives on the Nunn-Lugar Cooperative Threat Reduction Program* (Cambridge, MA: The MIT Press, 1997).

병하면서, 1994년 12월 자신이 서명하여 우크라이나의 정치적 주권과 영토적 일체성을 보장했던 부다페스트 안전보장 의정서(Budapest Memorandum on Security Assurances)를 위반했다.[7] 2018년에도 러시아는 우크라이나를 위협했으며, 특히 우크라이나 동부 지역에서 러시아계 무장조직과 민병대의 활동을 지원하고 있다. 때문에 미국은 여러 전략 문서에서 러시아의 팽창 가능성을 경고하고 있으며, 러시아를 "현상타파 국가"로 규정하고 있다. 예를 들어, 2017년 국가안보전략(National Security Strategy 2017)은 "가장 중요한 위협은 현상타파 강대국인 중국과 러시아에서 초래"되며, "중국과 러시아는 미국의 선의와 그에 기초한 개방적 국제 질서를 악용하면서 자신의 영향력을 강화해왔다"고 비난했다.[8]

이러한 측면에서 북한은 미국의 의지를 검증할 수 없으며 정권의 안전을 비가역적으로 보장받을 수 없다. 또한 미국은 북한에게 자신이 미래에 공격하지 않을 것이며, 향후 북한 정권의 안전을 비가역적으로 보장한다는 사실을 전달할 수 없다. 설사 북한이 한반도 및 동아시아 전체에 있는 미국 군사기지를 철저하게 사찰한다고 해도 – 미국의 어떠한 행정부도 이러한 사찰을 수용하지 않겠지만 – 정권의 안전을 보장하는 것은 불가능하다. 전 세계에 군사기지를 보유하고 있는 미국은 군사력을 쉽게 이동시킬 수 있으며, 따라서 한반도 및 동아시아에서 미

---

7 해당 조약의 내용은 다음에서 확인할 수 있다. http://dag.un.org/bitstream/handle/11176/44537/A_49_765%3bS_1994_1399-EN.pdf?sequence=21&isAllowed=y (2018년 6월 3일 확인)

8 President of the United States of America, National Security Strategy (Washington, DC: White House, 2017), pp.2~3. 해당 문서의 원문은 다음에서 확인할 수 있다. https://www.whitehouse.gov/wp-content/uploads/2017/12/NSS-Final-12-18-2017-0905.pdf

국이 보유한 군사적 능력이 지금 시점에서는 강력하지 않다고 해도 세계 다른 곳에서 이동 배치를 통해 강화하는 것이 가능하기 때문이다. 결국 문제가 되는 것은 미국의 즉응 능력이며, 이것은 의지의 문제이다. 그리고 이러한 미래 시점에서의 정치적 의지 자체는 현재 시점에서는 보장할 수 없다.

3. 사찰/검증의 중요성과 도전

CVID는 가능하다고 해도 CVIG는 가능하지 않다. 결국 이행 방식을 둘러싼 논쟁은 여기서 비롯된다. CVID 방법론과 그와 관련된 모든 문제는 북한이 핵무기를 포기하지 않을 것이기 때문에, 이것을 어떻게 강제/보장하는가와 이행하지 않는다는 것을 어떻게 파악하는가로 귀결되었다. 보다 도전적인 사찰/검증이 강조되었고, 때문에 사찰/검증이 합의 자체를 약화시키는 결과를 초래했다. 유사한 상황이 존재했던 냉전 시기의 경험과 교훈이 중요하다.

1) 사찰/검증의 딜레마

모든 군축/군비통제/비핵화 합의에서 사찰/검증은 중요하다. 특히 북한 비핵화 과정과 같이 불신이 팽배하고 비핵화 의지 자체를 의심하게 되는 상황에서는 사찰/검증의 중요성이 더욱 증가한다. 하지만 상대방의 의지를 의심하기 때문에 강력한 사찰/검증을 추구한다면, 그러한 사찰/검증이 필요한 군축/군비통제/비핵화 합의 자체가 위협받을 수 있다. 반대로 사찰/검증을 느슨하게 한다면 합의 자체는 쉽게 이루어지지만, 그 합의의 실효성은 약화된다. 때문에 해당 당사자들은 여기서 선택을 해야 한다. 그리고 이와 같은 선택이 군축/군비통제/비핵화의 성공과 이에 따른 전체 정치/전략환경의 변화를 결정한다.

다음과 같은 측면에서 사찰/검증의 딜레마가 있다. 사찰/검증의 가장 고전적인 역할은 군축/군비통제/비핵화 합의를 상대방이 정확하게 지키는가를 감시하는 것이다. 이를 통해 상대방의 합의 이행을 감시하고 상대방이 합의를 이행하지 않는다면 "가능한 한 적은 피해를 입은 상태"에서 합의에서 이탈하고자 한다. 이를 위해서 사찰/검증은 가능한 한 강력하고 필요하다면 거의 모든 시설에 대한 침투적인 접근성(intrusive access)이 허용되어야 한다. 현재 IAEA/NPT가 규정하고 있는 특별 사찰이 이에 해당하지만, 사전 통보 및 지리적 제한성과 같은 유예 조건이 수반된다. 군축/군비통제/비핵화 합의가 우선적으로 체결되었고 이에 대한 구속력이 확고히 작동한다면, 사찰/검증 자체는 침투적일수록 효과적이다. 하지만 침투적인 사찰/검증은 합의 자체를 위태롭게 하는 역설이 존재한다.

즉, 강력한 사찰/검증은 합의 자체를 위태롭게 할 수 있다. 상대방의 행동을 감시하고 기록하는 행동 자체는 합의의 결과 이행을 위해 중요하지만, 사찰/검증이 지나치게 침투적이라면 그 때문에 합의 자체가 처음부터 성립되지 않을 수 있다. 당사국들이 모두 군축/군비통제/비핵화 합의에 공통의 이익을 가지고 있다고 해도, 그 이익을 어떻게 배분할 것인가에 따라서 그리고 그 합의를 어떻게 이행할 것인가의 문제에 따라서 갈등은 항상 존재한다. 결국 이러한 갈등 자체는 공통의 이익에도 불구하고 합의 자체를 위협할 수 있다.[9] 때문에 합의를 유지하기 위해서는 사찰/검증을 느슨하게 하는 것이 필요하다. 대신 이행에 대한 보장은 상대방에 대한 신뢰를 통해서 보충할 수 있지만, 완전하게 대체할 수는 없다. 즉, 이를 위해서는 상당한 신뢰구축이 필요하며, 이것이 이루어진다면 정치/전략환경 전체의 변화까지 가능하다. 그러나 사찰/검증이 느슨한 경우에 신뢰구축을 달성하는 것은 쉽지 않으며, 다른 방식으로 신뢰를 구축하는 방안을 모색해야 한다. 반면에 느슨한 – 따라서 침투적이지 않은 – 사찰/검증은 군축/군비통제/비핵화 합의 자체를 가능하게 하지만 군축/군비통제/비핵화 합의를 통한 궁극적인 신뢰구축 자체를 방해하며 동시에 군축/군비통제/비핵화 합의의 효과를 저해한다.

결국 균형은 사찰/검증의 침투성에 대한 결정을 중심으로 이루어진다. 그리고 그 결정은 지나치게 침투적이지 않으면서도 어느 정도는 침투적인 사찰/검증에 기초하여 작동하는 신뢰구축의 과정을 가져올 수 있다. 가장 이상적인 결과는 이를 통해 정치/전략환경 자체가 변경되는 것이며, 이것은 냉전 종식 과정에서 현실로 나타났었다.

2) 냉전 시기의 사찰/검증: NPT, SALT, 그리고 INF

1960년대 후반 미국과 소련은 전략무기와 관련해서 두 가지 조약을 체결한다. 하나는 핵확산금지조약(NPT: Nonproliferation Treaty)으로, 핵무기의 확산을 금지하는 다자 조약이다(양국이 주도했다). 다른 하나는 미국과 소련의 양자 합의인 전략무기제한협정(SALT: Strategic Arms Limitation Treaty)으로, 탄도 미사일과 장거리 폭격기에 대한 수량 제한

---

9 이에 대한 가장 고전적인 연구는 James D. Fearon, "Bargaining, Enforcement, and International Cooperation," *International Organization,* Vol.52, No.2 (Spring 1998), pp.269~305이 있다.

이었다.

하지만 두 합의의 사찰/검증에는 큰 차이가 존재한다. 첫째, NPT에는 국제원자력기구(IAEA: International Atomic Energy Agency)의 역할이 명시적으로 규정되어 있으며, 부분 및 전면 안전조치협정(safeguard)을 통해 핵물질의 군사적 전용을 방지하도록 되어 있다. 부분 안전조치는 특정 시설(facility) 또는 특정 공정(process)에 대한 집중 사찰조치로, NPT에 가입하지 않은 국가에 대해서도 IAEA의 권한으로 적용될 수 있다.[10] 전면 안전조치는 NPT 규정으로 도입된 사찰 방식으로 해당 국가 전체를 대상으로 하며, 그 국가에 위치한 모든 시설 및 공정 그리고 핵연료 등에 포괄적으로 적용된다. 특히 사찰단이 모든 핵분열 물질을 직접 계량하여 군사용으로 전용된 물질이 존재하지 않는다는 것을 보장하는 것이 핵심이다.

반면, SALT에서는 사찰/검증 부분이 명확하게 규정되지는 않았다. 1972년 7월 수준에서 미국과 소련의 탄도 미사일 수량을 제한했던 SALT는 역설적으로 사찰/검증이 모호했기 때문에 성공할 수 있었다. 미국과 소련은 지상배치 고정 ICBM의 추가 배치를 포기했으며, 미국은 1054개, 소련은 1618개의 ICBM 상한선을 수용했다. SLBM의 경우에 미국은 44척의 잠수함에 최대 710개의 미사일을, 소련은 62척의 잠수함에 최대 950개의 탄도 미사일을 배치하는 데 합의했다.

10 국제원자력기구(IAEA)는 핵확산금지조약(NPT) 체결 이전인 1957년 7월 창설되었으며, 따라서 NPT 발효 이전부터 작동했다. NPT 체결 이후 IAEA는 NPT 집행과 관련하여 많은 역할을 수행하고 있지만, 엄격한 의미에서 양자는 분리되어 있다. 북한은 1974년 IAEA에 가입했지만, 1994년 6월 탈퇴했다. 반면 북한은 1993년 3월 NPT 탈퇴를 선언했으며, 89일 후 탈퇴 효과를 잠정적으로 "중지"시켰다고 주장했다. 하지만 2003년 1월 탈퇴 효과를 다시 진행하여 완전히 탈퇴했다.

핵전력을 수량적으로 제한했으며 탄두가 아니라 탄도 미사일이라는 발사체/운반 수단의 숫자를 제한했기 때문에, 항공 및 위성 사진으로도 검증이 가능했다. 해당 현장에서 전문 사찰단이 활동하지 않는 경우에도 제한적인 검증이 가능하도록, 미국과 소련은 "개별 국가의 기술 수단(national technical means)"을 사용하는 데 합의했다. 동시에 상대방의 검증을 적극적으로 방해하지 않고 의도적인 기만 행동을 하지 않기로 합의했다.[11]

냉전 종식 과정에서 가장 중요한 군비통제 합의는 1987년 12월의 중거리 탄도 미사일 제거 합의(INF Treaty: Intermediate-Range Nuclear Forces Treaty)이다. 본래 중거리 탄도 미사일은 사정거리 500~5500km의 미사일 전력으로, 전략 미사일의 부족을 보충하기 위해 소련이 대량 생산하여 1970년대 후반 동부 유럽에 배치했던 전력이다. 당시 소련은 서부 유럽 국가들을 위협함으로써 미국에 대한 억지력을 더욱 강화하려고 했고, 미국은 퍼싱 미사일을 배치하면서 본격적인 경쟁이 시작되었다.

1985년 3월 집권한 미하일 고르바초프는 핵실험 동결 및 중거리 탄도 미사일 배치 제한 등을 제의했지만, 미국은 거부했다. 1986년 10월 미국 로널드 레이건 대통령과의 정상회담에서 "10년 이내에 모든 핵무기의 철폐"를 제안했지만, 그 파격성 때문에 실현되지 못했다. 때문에 소련은 한 종류의 핵무기를 완전 폐기할 것을 제안했고, 이에 소련의 SS-20과 미국의 퍼싱 미사일, 순항 미사일을 적시했다.

11 William Burr and David Alan Rosenberg, "Nuclear Competition in an Era of Stalemate, 1963-1975," in Melvyn P. Leffler and Odd Arne Westad (eds.), *The Cambridge History of the Cold War* vol.2 (Cambridge: Cambridge University Press, 2010), pp.88~111.

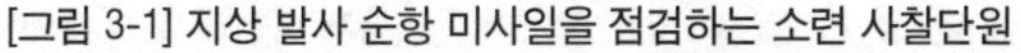

[그림 3-1] 지상 발사 순항 미사일을 점검하는 소련 사찰단원

자료: https://commons.wikimedia.org

양국의 의지가 확실한 상황에서 협상은 매우 빠르게 진행되었고, 1987년 12월 최종 합의가 체결되었다. 여기서 미국은 848기의 중거리 탄도 미사일과 지상 발사 순항 미사일을, 소련은 1846기의 탄도 미사일을 폐기하면서, 1991년 6월 1일까지 총 2692개의 INF가 폐기되었다.[12] 해당 합의에서 특이한 사항은 소련이 현장 사찰을 수용했다는 사실이다. 이전까지 소련은 사찰을 거부했으며, SALT 등에서도 인공위성 등을 동원했고 "개별 국가의 기술 수단"을 사용했다. 하지

12 미국과 소련은 전시 목적(display)으로 불능화된 미사일과 발사대를 15기 미만씩 보유한다고 규정되었다. 하지만 러시아는 2007년 INF 조약이 사문화되었다고 선언하면서 신형 순항 미사일과 탄도 미사일을 배치했으며, 미국은 이러한 러시아의 행동을 비난하지만 INF 조약 자체의 효과는 여전히 유지된다는 입장을 견지하고 있다.

[그림 3-2] 폐기된 SS-20을 배경으로 서 있는 에일린 말로이 군비통제 특임대사

자료: https://commons.wikimedia.org

만 소련은 미국과의 신뢰구축을 위한 장기적인 포석으로 사찰을 허용했다. 덕분에 현장 사찰이 이루어졌다. 미국의 경우, 소련 사찰단이 참관한 상황에서 1차 폐기분인 41기의 지상 발사 순항 미사일과 7대의 이동 발사 차량(TEL)이 파괴되었다.

동시에 소련에서도 미국 사찰단이 활동했다. 에일린 말로이(Eileen Malloy) 군비통제 담당 특임대사가 이끄는 사찰단은 소련의 SS-20 및 기타 중거리 탄도 미사일을 폐기하는 현장을 참관했다. 654기의 SS-20과 499대의 이동 발사 차량이 폐기되었고, 기타 중거리 탄도 미사일까지 추가 폐기되었다. 이후 냉전 경쟁은 매우 빠른 속도로 완화되기 시작했다. INF 조약을 계기로 미국은 소련을 신뢰하기 시작했고, 소련이 더 이상 팽창적인 국가가 아니라고 믿게 되었다. 이와 같은 신뢰

는 1989년 1월 원칙적으로 합의가 이루어지고 1989년 3월에 세부 협상이 시작된 중부 유럽 통상 전력 감축 합의(CFE: Conventional Forces in Europe)와 관련하여 잘 드러났다.[13] 최종 합의에서는 사찰 규정이 존재했지만, 협상 초기에 미국은 "검증이 필요하지 않다"는 입장을 견지했다. 즉, 이전 합의와 그로 인한 신뢰가 축적되면서, 더욱 포괄적인 부분에서 합의가 가능해진 것이다.

4. 신뢰구축과 그 활용: 북한의 재래식 병력 감축

한반도 정치/전략환경의 변화라는 보다 포괄적인 측면에서 북한 비핵화를 위해서는 사찰/검증이 그다지 침투적이지 않은, 하지만 위협 감소 효과는 강력한 사안과 연계할 필요가 있다. 바로 이러한 이유에서 재래식 군축과의 결합이 중요하다. 즉, 사찰/검증에서 약화된 6/12 합의의 모멘텀을 살리고 이를 한반도 정치/전략환경의 변화와 연계하기 위해서는 군축/군비통제에서의 추가 합의가 필요하며, 이를 통한 신뢰구축이 중요하다. 이번 6/12 합의에서도 신뢰구축의 중요성이 명시되었다. 협정 서문에 "상호 신뢰구축이 한반도 비핵화를 촉진할 수 있음을 인식"한다고 제시되었고, 이를 통해 미국은 신속한 신뢰구축과 이를 통한 신속한 비핵화를 교환하려고 노력할 것이다. 때문에, 한국 또한 신속한 신뢰구축에 집중할 필요가 있으며, 이를 통해 향후 전략환경을 변화시킬 필요가 있다.

---

13 Richard A. Falkenrath, *Shaping Europe's Military Order: The Origins and Consequences of the CFE Treaty* (Cambridge, MA: The MIT Press, 1995).

1) 정상회담의 위험성과 신뢰구축

이번 정상회담에서 도널드 트럼프(Donald Trump)는 김정은을 백악관에 초청하겠다는 의사를 표명했고, 이후 추가 정상회담이 예상된다. 정상회담을 거듭하면서 북한은 한국/미국에 대한 최소한의 신뢰를 구축하게 된다. 물론 회담이 반복되면서 정상회담의 신뢰구축 효과는 줄어들겠지만, 초기 단계에서 이러한 효과는 잘 드러나며, 이에 구축된 신뢰를 지속적으로 발전시키고 이를 통해 한반도 전체의 정치적 상황을 개선해야 한다. 김정은은 정상회담에서 "납치"되지 않았고 "살아 돌아가면서" 한국과 미국이 이전 북한의 주장과 달리 "극악한 존재"는 아니라는 사실을 인식했고, 이에 대한 최소한의 신뢰를 가지게 되었다.

반면 중국 춘추전국시대 말인 기원전 297년 초회왕(楚懷王)은 진소양왕(秦昭襄王)과 정상회담을 통해 영토 문제를 해결하려고 했으나, 실패하고 진나라 수도인 함양(咸陽)에 억류되었다.[14] 석방의 대가로 진나라는 상당한 영토를 요구했으나 초나라는 거부했고, 결국 진나라와의 전쟁에서 패배하여 영토를 상실했다. 결국 초나라는 계속 약화되어 기원전 223년 진나라의 침공에 멸망했고, 기원전 221년 진시황(秦始皇)은 중국 전체를 통일한다.[15]

---

14 이러한 측면에서 중국 전국시대가 21세기 현재의 국제관계 또는 근대 초기의 유럽에 비하여 더욱 경쟁적이고 더욱 마키아벨리적이며 더욱 위험하다고 보는 견해가 존재한다. Victoria Tin-bor Hui, *War and State Formation in Ancient China and Early Modern Europe* (Cambridge: Cambridge University Press, 2005).

15 기원전 256년 진소양왕은 당시까지는 명목상 천자의 국가였던 주나라를 멸망시켰고, 주나라 수도인 낙양에 있는 천자의 상징물인 구정(九鼎)을 탈취했다.

이런 고사(古事)에서 나타나듯이, 정상회담은 위험할 수 있다. 그리고 이런 위험 때문에 정상회담에 참가한, 그것도 본거지에서 멀리 떨어진, 항공기로 6시간 이상이 걸리는 싱가포르에서 열리는 정상회담에 참가한 김정은은 한국과 미국을 함정에 빠뜨리기 위해서 술수를 쓰는 것은 아닐 수 있다.[16] 즉, 이런 위험을 무릅쓰는 모험을 한다면, 북한 정권은 현재 상황에서 필사적이라고 볼 수 있고 상당 부분 "진지"하다고 평가할 수 있다. 물론 이러한 북한의 "진지함"이 한국과 미국이 기대하는 비핵화 의지라고 판단하기에는 많은 문제점이 있지만, 최소한 한국과 미국이 이용할 수 있는 정도로 그리고 이후 신뢰를 구축하는 기반이 될 정도의 "진지함"이라고 볼 수 있다.

이후 문제가 되는 것은 신뢰구축의 방법론과 그 방향이다. 4/27 판문점선언 3조 2항은 "군사적 신뢰가 실질적으로 구축되는 데 따라 단계적으로 군축을 실현"한다고, 동시에 6/12 합의에서도 "상호 신뢰 형성이 한반도의 비핵화를 촉진"할 수 있다고 규정되었다. 여기서 군축은 신뢰구축의 결과물로 제시되었다. 하지만 군축과 신뢰구축은 완벽하게 분리할 수 없으며, 일단 한 단계에서 이루어진 군축은 다음

이후 진나라의 팽창은 지속되었고 증손자에 해당하는 진시황은 그 팽창을 완성한다.

16 많은 언론에서 북한에서의 쿠데타 가능성을 거론했으며, 많은 쿠데타가 정치지도자가 해외 방문을 하고 있는 과정에서 발생했던 것을 고려한다면 이러한 주장은 제한되기는 하지만 어느 정도의 설득력을 가진다. 이와 관련하여 또 다른 사안은 북한의 군 통수권 및 핵무기에 대한 지휘통제권이다. 싱가포르 정상회담을 위해 김정은 위원장이 출국한 경우, 과연 누가 통수권 및 지휘통제권을 장악하는가의 문제이다. 한국/미국 등 민주주의 국가에서는 승계 절차가 법률에 규정되어 있고, 이것이 기계적으로 적용된다. 하지만 제도화의 수준이 낮은 북한의 경우에는 해당 권한의 승계가 상당한 권력투쟁을 야기할 수 있으며, 때문에 정치적 갈등으로 이어진다.

단계에서는 신뢰구축 효과를 가져오면서 선순환으로 이어진다. 한국으로는 이러한 선순환이 가능하도록 북한을 유도할 필요가 있다.

2) 북한의 병력 감축 유도

이러한 측면에서 가장 중요한 그리고 가장 효과적인 방법은 북한 재래식 전력의 감축, 특히 병력 감축이다. 이것은 현재 CVID 원칙이 명시화되지 않은 상황에서, 미국과 북한의 상호 불신이 여전히 존재하는 상황에서 더욱 중요한 역할을 수행할 수 있다. 즉, CVID 원칙을 보완하는 — 엄격한 사찰/검증이 쉽지 않은 분위기에서 — 신뢰구축을 이어나가기 위해서는 핵무기 이외의 새로운 부분에서 북한이 "보상"해야 한다. 이러한 관점에서 병력 감축은 북한에게도 한국에게도 상당히 효과적이다.

첫째, 한국 입장에서 북한 지상군의 감축은 가장 심각한 위협 하나를 해결하는 것이다. 한국이 현재 62만 5000명의 병력으로 그 2배가 되는 130만 명의 북한군을 저지하는 것은 질적인 우위를 고려한다고 해도 쉽지 않다. 특히 노령화로 인하여 병력자원이 감축되는 현재 시점에서, 무엇보다 정부가 병력 수준을 전체 50만 명 그리고 육군을 37만 5000명으로 감축하는 시점에서 북한 지상군 병력 감축은 핵심적인 사안이다.

둘째, 북한의 병력 감축을 통해 경제지원을 정당화할 수 있다. 현재 북한에 대한 경제지원을 수행하는 경우에, 그리고 현재 시점에서는 한국의 재정 부담이 상당할 것으로 예상되는 상황에서 국내적인 반발은 상당할 수 있다. 이러한 내부 반대를 설득하고 국내적으로 북한에 대한 경제지원을 정당화하기 위해서는, 북한의 병력 감축 또는 그에 상응하는 위협 감소 조치가 필요하다. 과거 북한 비핵화 노력에서 북한에 대한 중유 제공 및 경수로 제공 등은 항상 논란의 대상이었으며, 경제지원의 효과가 바로 확인되지 않았기 때문에 더욱 그러했다. 때문에 북한의 병력 감축은 상대적으로 가시적이므로, 내부 반발을 무마하고 경제지원에 대한 정치적 지지를 확보하는 데 많은 도움이 될 것이다.

셋째, 6/12 합의에서도 나타났듯이, 한반도의 운명은 현재까지는 북미협상을 통해 결정되고 있으며 한국의 직접적인 관여는 제한되고 있다. 물론 한국과 미국의 공조 체제는 매우 잘 작동하고 있고 트럼프 대통령에 대한 문재인 대통령의 "운전 코치"가 효과적으로 반영되고 있기 때문에, 한국의 이익이 소외될 가능성은 극소화되고 있다. 그럼에도 불구하고 보다 적극적으로 한국의 정치적 이익을 반영하고 안보 위협을 더욱 능동적으로 제거해야 한다. 물론 이와 같은 적극적인 태도는 현재 상황을 가속화하는 범위에서 이루어져야 하며, 추가 조치를 끌어낼 수 있는 방향으로 작동되어야 한다. 북한군 병력 감축은 이러한 측면에서 한국이 단순히 운전자 또는 코치 역할을 넘어서 더욱 강력한 주도권을 행사할 수 있는 사항이며, 한국의 정치적 이익을 적극적으로 반영하고 안보 위협을 능동적으로 제거할 수 있는 사항이다. 이를 통해 한국은 현재 약화된 입지를 강화하고 비핵화 과정에서의 "통미봉남(通美封南)" 가능성을 봉쇄하고, 비핵화를 넘어 한반도 안정화로 방향을 유도해야 한다.

재래식 전력, 특히 북한 지상군 병력 감축은 북한 정권의 관점에서도 도움이 된다. 첫째, 현재 김정은은 핵무기 개발과 경제건설을 동시에 추진하겠다는 병진노선에서 탈피하여 경제건설에 집중한다는 경제발전 노선으로의 전환을 천명했다. 경제발전 노선이 성공하기 위해서는 군사비 지출을 줄이고 사회간접자본 등에 투자할 수 있는 자원을 확보해야 한다. 때문에 북한 지상군 병력 감축은 김정은 정권의 재정 능력을 고려한다면, 필요한 자원을 동원할 수 있는 사실상 유일한 방안이다. 현재 북한은 총 병력 128만 명을 보유하고 있으며, 이 가운데 110만 명이 육군 병력이다. 반면 한국은 총 62만 5000명 병력 가운데 49만 명의 육군 병력을 보유한다.[17] 명목 국민총소득(GNI)에서 한국과 북한의 격차는 45.4배이며 전체 인구상 2배의 격차가 나는 상황에서, 북한이 한국의 2배 이상의 병력을 유지하고 지상군 병력에서 2.24배의 수적 우위를 유지하려면 엄청난 재정적 부담을 감당해야 한다.

둘째, 경제건설을 위해서 동원할 수 있는 노동력은 병력 감축을 통해서만 확보할 수 있다. 2018년 130만 명 병력을 유지하면서 북한은 경제건설에 필수적인 노동력을 비효율적인 방식으로 운용하고 있다. 인구 대비 가장 많은 병력을 보유하고 있는 북한은 경제건설을 실행하기 위해 현재 군에서 사용하고 있는 노동력을 사회로 전환시킬 필요가 있다. 외국 자본으로 경제건설에 필요한 자본은 조달한다고 해도, 경제건설에 필요한 노동력은 내부에서 조달해야 한다. 하지만 총 인구가 2500만 명인 국가에서 전체 130만 명에 가까운 인력을 군사 부분에 투입한다면, 경제성장은 현실적으로 불가능하다. 병진노선에서 경제발전 노선으로 전환한다면, 병력 재조정과 대규모 동원 해제는 불가피하다. 이것이 이루어지지 않는다면, 경제건설에 집중하겠다는 북한 정권의 주장은 현실성이 없는 단순한 속임수에 지나지 않는다.

---

17 대한민국 국방부, 『2016 국방백서』(서울: 대한민국 국방부, 2016), 236쪽.

셋째, 자원 및 인력 동원 문제와 함께, 김정은 정권 입장에서 병력 감축이 필요한 이유는 북한 내부의 정치적 역동성이다. 6/12 합의를 통해 북한이 비핵화에 동의하면서, 이전까지 선군정치와 병진노선으로 우대받았던 북한 군부는 자원 배분과 정치적 영향력에서 우선권을 상실하게 되었다. 때문에 김정은이 북한 군부의 움직임에 주목하고 있다는 추측이 등장했으며, 그 반증으로 싱가포르 정상회담 직전인 2018년 5월 말에서 6월 초 북한군 수뇌부 3인방이 교체되었다. 실질적으로 군을 통제하는 총정치국장은 김정각에서 김수실 평양시 당위원장으로, 박영식 인민무력상이 해임되고 후임에 노광철 인민무력성 제1부상이 승진 임명되었다. 북한군 총참모장은 리명수에서 리영길 제1부참모장으로 각각 교체되었다. 하지만 이후에도 북한 군부의 정치적 세력은 여전할 것이며, 이를 약화시키는 것이 김정은 입장에서는 정권 안보의 측면에서도 매우 중요하다. 즉, 6/12 합의를 통해 "외부의 위협"이 상당 부분 감소했기 때문에, 이제 "내부의 위협"을 약화시키고 정권의 안정성을 보장할 필요가 있다. 이를 위한 가장 확실한 방법은 북한군 장교단이 가지고 있는 자원을 축소하는 것이며, 이 과정에서 자신이 신뢰할 수 있는 선별된 장교단에게 제한된 자원을 집중시키고 이전의 "북한 군 원로 집단"의 정치적 영향력을 약화시킬 것이다.

넷째, 병력 감축은 사찰/검증이 상대적으로 쉽다. 최소한 핵탄두 및 핵물질을 검증하는 것과 비교한다면, 병력 감축은 검증하는 것이 쉽다. 미국은 비핵화 원칙으로 CVID를 북한과의 협상 기간 강조했고 압박했지만, 최종적으로 명시화하지 않고 "완전한 비핵화"에서 타협했다. 양측은, 최소한 미국 측은 CVID를 고수하기보다 CVID의 명문화를 희생하면서 합의를 도출하는 것을 더욱 강조했다. 이후 이행

과정에서 검증이 강화될 수 있겠지만, 모든 검증 사례에서와 마찬가지로 많은 어려움이 존재할 것이다. 하지만 병력 감축의 경우에는 이러한 어려움이 상대적으로 경감될 것이다. 핵탄두 및 핵물질을 검증하기 위한 행동이 북한 입장에서는 침투적(intrusive)으로 보인다면, 병력 감축 및 그에 수반되는 부대 해체 등은 그다지 침투적이지 않은 방식으로 이행될 수 있다. 때문에 침투적인 사찰/검증에 거부감을 느끼는 북한 입장에서는 강력한 사찰/검증을 수반하는 핵무기 감축보다는 덜 침투적인 방식으로도 사찰/검증이 가능한 지상군 병력 감축을 선호할 수 있다.

5. 결론: 전략환경의 변화와 한반도 안정화를 위한 시작

6/12 정상회담에서 비핵화에 대한 뚜렷한 합의가 없다는 지적은 사실관계에서 정확하다. 하지만 CVID에 대한 명시적 합의가 없다는 이유에서 합의 자체가 가져올 변화 가능성을 과소평가해서는 안 된다. 현재 나타나고 있는 변화는 CVID를 통한 비핵화를 넘어서 한반도 전체의 정치/전략환경의 변화이며, 따라서 이에 대한 보다 포괄적인 논의가 필요하다. 그리고 이런 논의에 기초하여 현재의 변화를 우리에게 보다 유리한 방향으로 유도해야 한다. 때문에 중요한 사항은 정치/전략환경의 변화를 이해하고 그 방향성을 파악하고, 북한 병력 감축 등을 통해 정치/전략환경의 변화를 효과적으로 유도해야 한다.

1) 미래에 대한 이해: 전략환경의 변화와 미래의 전쟁

군사력 사용 및 전쟁수행과 관련해서 다음과 같은 두 가지 미래 개념이 존재한다. 하나는 정치/전략환경에 집중하는 "미래의 전쟁"으로, 여기서 중요한 사항은 미래 세계의 정치적 모습이며 여기서 나타나게 되는 전쟁의 형태이다. 즉, 미래의 전쟁은 "어떤 국가와 싸우게 되는가"의 문제이다. 또 다른 미래 개념은 정치/전략환경이 아니라 군사기술과 연관되는 것으로 "전쟁의 미래"라고 부를 수 있다. 여기서 핵심적인 사항은 "어떠한 무기를 가지고 싸우는가"에 대한 것이며, 군사기술의 변화에 의한 전쟁의 형태 변화이다.

이러한 관점에서 볼 때, 2018년 한반도를 둘러싼 가장 중요한 변화는 전쟁의 미래가 아니라 미래의 전쟁에 대한 것이다. 즉, 현재 한반도 정치/전략환경은 엄청나게 빠른 속도로 변화하고 있으며, "어떤 국가와 싸우게 되는가"의 질문에 대한 논의 자체가 변화할지 모른다. 때문에 무기/군사기술에 대한 논의는 부차적으로 다루어지며, 비핵화 방법인 CVID는 그 중요성에도 불구하고 주목받지 못했다. "전쟁은 다른 수단으로 수행되는 정치의 연속"이라는 클라우제비츠의 주장을 수용한다면, 정치/전략환경의 변화는 무기/군사기술의 변화를 "지배"하며, 전쟁의 미래보다 더욱 중요한 사항은 미래의 전쟁이다.

그렇다면, 현재의 변화는 – 미래의 전쟁과 관련된 정치/전략환경의 변화는 – 어떠한 결과를 가져올 것인가? 우리는 이러한 변화를 단순히 추동(推動)하는 것을 넘어서 우리가 원하는 방향으로 어떻게 유도할 것인가? 그리고 미래의 세계를 어떻게 우리가 원하는 형태로 조성할 것인가? 이를 위해서 어떠한 수단을 사용하고, 어떻게 효과적으로 대응할 것인가? 이에 대한 본격적인 논의가 필요하다.

2) 변화의 방향과 유도 전략

냉전 종식 과정에서 미국과 소련은 상대방에 대한 신뢰를 구축하는 데 성공했다. 1985년 3월 고르바초프가 집권했을 때, 미국 레이건 대통령은 소련 지도자를 불신했고 소련을 "악의 제국"이라고 인식했다. 하지만 이러한 인식은 변화했고 불신은 신뢰로 대체되었다. 이 과정에서 핵심적인 요소는 1987년 12월에 체결된 중거리 탄도 미사일 철폐 조약(INF Treaty)이었다. 이후 미국과 소련 지도자는 상대방의 선의를 믿고 상호 신뢰하게 되었다. 그리고 INF 조약은 유럽 재래식 무기 감축 조약(CFE Treaty)으로 확대되었으며, 상호 신뢰는 더욱 강화되었다. 한반도에서도 이러한 선순환을 유도해야 하며, 동시에 이 과정에서 북한의 "진정성"을 검증해야 한다.

CFE를 통해 북대서양조약기구와 바르샤바조약기구(Warsaw Pact)는 각각 ① 주력전차 2만 대, ② 장갑 전투 차량 3만 대, ③ 야포 2만 문, ④ 전술 군용기 6800기, ⑤ 공격용 헬리콥터 2000대의 상한선에 동의했다. 1990년에서 1995년까지 서방 측은 5만 2000대의 군사장비를 파기했으며, 덕분에 소련 붕괴의 정치적 혼란에서도 유럽의 안정은 심각하게 위협받지 않았다.[18]

---

18 동시에 독일 통일 및 이후 군사력 통합에서 발생할 수 있었던 많은 문제가 해소되었다. 독일 정부는 통일 조약에서 자국 군사력의 자발적 감축을 명시했고, 특히 병력 부분에서 37만 명의 상한선을 수용했으며, 육군과 공군 병력의 합 또한 34만 5000명으로 제한되었다. 1988년 동서독 병력은 각각 17만 2000명과 48만 8700명이었으며, 때문에 통일독일의 병력은 66만 700명에서 44% 감축되어 37

현재 한반도에서 가장 필요한 것은 바로 이러한 재래식 전력의 감축이며, 그 핵심은 북한의 병력 감축일 것이다. 그리고 이를 통해 한반도 전략 상황이 더욱 개선될 수 있도록 노력해야 한다. 즉, 한국으로는 현재 상황을 잘 관리해서 긍정적인 방향으로 유도해야 하며, 최종적인 반전까지는 이어지지 못했던 데탕트(detente) 과정을 보다 잘 이해할 필요가 있다. 냉전 시기 미국과 소련은 1972년 5월 SALT I에 서명했고, 냉전 경쟁은 적절한 수준에서 관리되기 시작했다. 하지만 데탕트는 오래가지 못했고 양국은 신뢰구축을 위해 노력했지만, 추가 조치가 이루어지지 않았다. SALT II에 대한 협상이 진행되었지만 지지부진했고, 재래식 전력에 대한 감축 또는 동결 협상은 거의 이루어지지 않았다. 미국은 베트남 문제에서 소련은 중국 문제에서 상대방의 도움을 희망했지만, 이 또한 실현되지 않았다. 그리고 1979년 12월 소련이 아프가니스탄을 침공하면서 냉전 경쟁은 다시 격화되었다.

현재 시점에서 한반도의 전략 상황이 어떠한 방향으로 변화할 것인가는 예측하기 어렵다. 다만 그 변화를 우리가 원하는 방향으로 유도해야 하고 우리에게 유리한 형태로 전략환경을 조성해야 한다. 지금 상황에서 우리의 선택에 따라 우리가 미래에 직면하게 될 전략환경이 변화할 것이다. 모든 전쟁과 무력 충돌은 일정한 정치적 조건에서 발생한다. 때문에 동일한 군사력 균형이라도 정치적 조건 또는 전략환경에 따라 그 의미가 달라진다. 우리는 북한의 제한된 핵무기에 위협을 느끼지만 중국의 핵무기는 그다지 두려워하지 않는다. 이는 우리와 북한의 정치적 관계가 적대적이기 때문이며 중국과의 관계는

만 명으로 감축되었다.

그다지 경쟁적이지 않기 때문이다.

3) "의지와 능력의 교환"을 해결할 수 있는가?

또 다른 측면에서 북한의 병력 감축은 "능력과 의지의 교환" 문제를 봉합할 수 있다. 앞에서 논의한 바와 같이, 현재 미국과 북한의 합의는 그 비대칭성 때문에 많은 문제에 직면하고 있다. 협상의 기본 구도는 북한이 자신의 과거와 현재를 포기하고 자신이 가지고 있는 핵능력을 포기하면, 미국은 북한에 체제 보장을 제공하며 미래에 자신이 북한의 정권 교체를 하겠다는 의지를 포기해야 한다. 때문에 문제가 발생한다. 능력의 완전한 포기는 현재의 사찰/검증을 통해 확인할 수 있지만, 정권 교체를 시도하겠다는 미래 의지의 포기를 현재 시점에서 확인하는 것은 불가능하기 때문이다. 북한은 비핵화를 하지 않을 것이라는 정상회담 회의론은 이와 같은 이해에서 출발한다.

6/12 합의에서 CVID로 대표되는 비핵화 방법론과 사찰/검증이 명시적으로 규정되지 않았고 이것 자체는 많은 비판의 대상이 되고 있다. 하지만 강력한 사찰/검증은 합의 자체의 가능성을 약화시키는 경향이 있으며, 반대로 느슨한 사찰/검증은 합의 자체를 무력화한다. 따라서 개별 국가들은 사찰/검증을 둘러싸고 선택을 하며, 무력하지만 존재하는 합의와 강력한 사찰/검증으로 무산되어버린 합의라는 양 극단 사이의 중간 부분에서 선택하게 된다. 하지만 이러한 사찰/검증은 능력에만 적용되며 의지에 대해서는 사찰/검증이 무의미하다. 즉, CVID는 존재할 수 있지만, CVIG는 불가능하다.

문제의 근원이 교환의 비대칭성이기 때문에 CVID/CVIG 조합은 문제를 해결하지 못한다. 그리고 북한의 재래식 전력 및 병력 감축 또한 문제를 해결하지 못한다. 하지만 병력 감축이 가져올 신뢰구축과 이를 통한 정치/전략환경의 변화는 문제를 완화하고 봉합할 수 있다. CVIG 자체는 결국 상대방의 의지를 믿는 것이며, 이것은 상호 신뢰가 수반되어야 한다. 미국과 소련이 냉전 종식 과정에서 상대방에 대한 신뢰가 구축되면서 사찰이 가능하게 되었듯이, 한반도 내부에서도 많은 문제를 야기할 수 있는 CVID/CVIG에 고착되기보다 북한의 재래식 전략, 특히 병력 감축을 유도하는 것이 필요하다. 그리고 이를 통해 정치/전략환경의 변화를 유도하고, 변화된 정치/전략환경은 CVID/CVIG를 가능하게 할 것이다. 지금까지의 교착 상태를 타개해야 한다면, 보다 논리적인 그리고 도전적인 방법이 필요할지 모른다.

제2부

남북정상회담 이후 육군의 역할

The ROK Army after the Summits

2018년 4월과 5월 그리고 9월 등 세 차례에 걸쳐 남북정상회담이 개최되었으며, 4월 「판문점선언」과 9월 「평양공동선언」이 발표되었다. 이 과정에서 양 정상은 "민족자주와 민족자결의 원칙을 재확인"하고 "군사적 적대관계 종식을 한반도 전 지역에서의 실질적인 전쟁위험 제거와 근본적인 적대관계 해소"로 이어가며 "한반도를 핵무기와 핵위협이 없는 평화의 터전으로 만들어나가야 하며 이를 위해 필요한 실질적인 진전을 조속히 이루어나가야 한다는 데 인식을 같이" 했다. 과연 이러한 합의가 실현될 것인가에 대해서는 회의적인 견해도 있지만, 일단 원칙적인 합의가 이루어졌다는 측면에서 「평양공동선언」 등은 중대한 발전이다.

그렇다면, 변화한 전략환경에서 대한민국 육군은 어떻게 행동해야 하는가? 이것에 제2부에서 가장 중요한 질문이다. 군사 부분 외부에서 주어지는 전략환경은 거부하거나 역행할 수 없으며 수용해야 하지만, 전략환경의 변화를 보다 유리한 방향으로 유도하고 발전시키는 것은 가능하다. 그렇다면, 현재의 전략환경에서 대한민국 육군의 역할은 무엇인가? 즉, 협상을 통한 북한 비핵화를 일차적으로 수용하고 동시에 보다 적극적으로 유도 및 발전시키기 위해, 대한민국 육군이 추진해야 할 역할은 무엇인가?

첫 번째로 논의할 수 있는 것은 변화한 "전략환경"에 대한 것이다. 즉, 변화한 전략환경의 핵심인 북한 핵전략을 어떻게 이해할 것인가의 문제이다. 2017/18년의 변화 자체가 너무나도 크기 때문에, 북한의 행동을 기존과 동일한 방식으로 분석하는 것은 쉽지 않다. 그렇다면, 현재와 같은 북한의 행동에 영향을 미칠 사안은 무엇이며, 비핵화 협상에 적극적인 북한의 태도를 유도하고 발전시키기 위해서는 어떠한 조치가 필요한가? 이에 대한 질문은 한국 육군에게만 적용되지는 않을 것이다. 두 번째 사안은 전략환경의 변화를 "유도"하는 문제, 즉 군축 및 군비통제의 문제이다. 오랜 기간 북한은 군축 및 군비통제를 자신의 선전수단으로 악용했고 때문에 많은 불신이 쌓여 있지만, 군축 및 군비통제 자체는 현재 시점에서 분명히 필요하다. 그렇다면, 이것을 어떻게 실현할 것인가? 비핵화가 실현된 이후 한반도 평화체제 완성을 위해서는 군축 및 군비통제를 "유도 및 발전"시키는 것이 필수적이다.

세 번째 사안은 전략환경의 "변화"에 대한 것이다. 즉, 북한 핵전력의 문제가 전략환경 자체를 수용하는 것에 대한 분석이며, 군축 및 군비통제의 문제가 전략환경을 보다 적극적으로 유도하는 것이다. 그렇다면 전략환경이 변화하는 문제가 남으며, 이 상황에서 육군이 어떻게 행동할 것인가의 질문이 남는다. 『거울나라의 앨리스』에 등장하는 붉은 여왕은 "지금 위치에 머무르기 위해서 최고 속도로 뛰고 있다"고 토로한다. 기술이 발전하고 전략환경이 계속 변화하므로, 육군은 "지금 위치에 머무르기 위해서 최고 속도로"로 계속 뛰어야 하며 지속적으로 군사혁신을 추구해야 한다. 현재 추구하는 5대 게임 체인저와 VISION 2030은 "지금 위치에 머무르기 위해 최고 속도"로 달리는 과정에서 지나가는 하나의 이정표이다. 하지만 이러한 이정표는 반드시 지나가야 하는, 그리고 확실하게 지나가는지를 체크해야 하는 이정표이다.

제4장

한반도에서의 군사적 신뢰구축과 육군에 주는 함의

김진아

1. 들어가며

남북 간 그리고 북미 간 정상회담을 통해 큰 틀에서 정치적 합의를 도출하는 것은 비핵화와 평화체제 구축을 위한 로드맵을 구체화하는 과정과 비교할 때 그다지 어렵지는 않을 것이다. 정치적 합의 단계에서 발생하는 문제보다는 기술적 합의와 검증 및 상호 이행 단계에서 발생하는 문제들이 훨씬 복잡할 것이기 때문이다. 과연 어느 시점에 합의 사항의 이행이 완료될 수 있을지에 대한 대략적인 추정마저 학자들마다 서로 다르다. 한편, 시기도 중요하지만 남북 간 그리고 북미 간 현재 진행되고 있는 논의들이 어떠한 방향성을 갖고 있느냐는 한국 정부가 앞으로 대비해야 할 과제들을 제시한다는 점에서 매우 중요하다.

2018년 6월 제1차 북미정상회담에서는 한반도의 완전한 비핵화와 함께 새로운 북미관계 수립과 한반도 평화체제 구축에 '노력할 것(join efforts)'을 합의했다. 이는 평화체제를 별도의 포럼에서 논의하기로 했던 2005년 9·19 공동성명을 재확인한 차원에서 이해될 수 있겠으나 세부 표현을 전달하는 뉘앙스는 달랐다. 9·19 공동성명은 평화체제 문제를 '협상한다(negotiate)'라고 표현했던 반면 이번에는 평화체제를 '구축한다(build)'라고 했다는 점에 주목할 필요가 있다. 그리고 양측은 공동합의 서문에서 '상호 신뢰구축이 비핵화를 촉진할 수 있다'라고 확인하고 있다.[1] 이 한 문장에 담긴 선후 관계는 비핵화가 우선 착수되고 상호 신뢰구축 조치가 따라가는 것이라기보다 상호 신뢰구축 조치가 우선 또는 병행적으로 진행될 가능성을 내포하고 있다고 해석할 여지가 있다.

2018년 남북은 한반도의 군사적 긴장 상태를 완화하고 전쟁위험을 실질적으로 해소하기 위하여 '지상과 해상, 공중을 비롯한 모든 공간에서 군사적 긴장과 충돌의 근원으로 되는 상대방에 대한 일체의 적대행위를 전면중지'한다는 데 합의했다.[2] 4월 27일 판문점선언은 '군사적 긴장이 해소되고 서로의 군사적 신뢰가 실질적으로 구축되는 데 따라 단계적으로 군축을 실현'해나간다는 점을 명시했다. 여기에서 주목할 것은 크게 두 가지이다. 첫째는 상호 신뢰구축 차원에서 필요하다고 판단되는 조치들이 우선적으로 착수될 것이라는 조건문의 형식으로 표현되었다는 점이다. 둘째는 북한이 역사적으로 '적대행위'를 광범위하게 규정해왔기 때문에 향후 신뢰구축 조치라는

1 Joint Statement of President Donald J. Trump of the United States of America and Chairman Kim Jong-un of the Democratic People's Republic of Korea at the Singapore Summit, June 12, 2018.

2 「판문점선언」, 2018년 4월 27일.

바구니 안에 무엇이 담길지에 따라 군사적으로도 많은 변화가 초래될 수 있다는 점이다.

실제로 남북 간 군사분야 합의서를 두고 그 변화의 속도와 파장에 대한 국내외적 논쟁이 지속되어왔다.[3] 기대의 표명이나 우려의 목소리는 모두 남북 군사분야 합의서의 전면적인 이행이 한반도에 상당한 변화를 가져올 것이라는 전제를 두고 제기된 것이었다. 그러나 2018년 한 해 동안 5개 분야 20개 과제로 구성된 군사분야 합의서는 일부의 내용만 이행 또는 추진 단계에 머물러 있다. 지상·해상·공중에서의 적대행위 중지를 위한 상호 1km 이내의 GP 철수, 비행금지구역 설정, 판문점 공동경비구역의 비무장화는 남북 간 이행이 완료되었으나 비무장지대 내 역사 유적 공동 조사·발굴, 서해 해상에서의 우발적 충돌 방지 방안 마련 및 공동어로구역 설정이나 군사공동위원회 구성·운영 등은 미실행 상태에 머물러 있다. 그리고 동·서해선 철도·도로 연결과 현대화나 한강 하구 공동 이용을 위한 군사적 보장 대책 마련은 여전히 논의가 진행 중이다.

주목할 것은, 남북이 군사분야에서 이행하기로 합의한 내용은 과거 군사회담에서 논의되어온 군사적 신뢰구축 조치들의 최대치를 재확인한 것이며, 과거에도 실제적인 이행이 어려웠던 분야는 여전히 미해결의 과제로 남아 있다는 점이다. 여기에서 제기되는 의문은 역사적 사변이라고 불리는 북미·남북 정상회담을 통해 도출된 합의 사안들조차 이행 단계에서는 속도를 내지 못하는 이유는 무엇인가라는 점이다. 현실적으로, 한반도 평화체제의 완성은 비핵화 과정과 함께 갈 수밖에 없고 폐기 검증이 선행될 수밖에 없을 것이다. 한편, 평화

---

3 「판문점선언 합의 이행을 위한 군사분야 합의서」, 2018년 9월 19일.

체제의 개념과 이행 순서의 우선순위 및 전제 조건 등과 관련해서도 향후 남북 및 북미 간 논의 과정에서 많은 변수가 발생할 것으로 예상된다. 특히 미국 정부가 기존에 취해왔던 한반도 문제의 남북 당사자 해결 원칙 및 동맹 우선 정책을 지속적으로 유지할 것인가와 관련해 트럼프 정부가 들어서면서 상당히 불확실성이 높아졌다는 점에서 더욱 그러하다. 따라서 이 글에서는 신뢰구축의 개념과 그간의 문제점을 고찰할 것인데 과연 어떠한 변수에 의해서 많은 영향을 받아왔는지 살펴보고자 한다. 또한 평화체제의 개념에 따라 어떠한 법적·제도적 변화들이 발생하게 되는지 전망하면서 향후 군사분야에 주는 함의를 도출하고자 한다.

2. 신뢰구축 개념과 쟁점

일반적으로 신뢰구축(confidence building)을 논의할 때, 상호작용, 교류, 합의를 통해 상호 이해와 신뢰를 촉진시키는 행위로 받아들인다.[4] 그러나 그 개념은 학자마다 다양하게 정의되고 있는데, 광의의 개념으로는 "상호 간 적대 감정을 줄이고, 우호적인 분위기를 증대시키기 위하여 체계적으로 노력하는 일"[5] 또는 협의의 의미로서 "국가

---

4 James Macintosh, *Confidence and Security Building Measures in the Arms Control Process: A Canadian Perspective* (Ottawa, Canadian Department of External Affairs, 1985), pp.51~60.

5 Gabriel Ben-Dor, "Confidence Building and the Peace Process," in Barry Rubin, Joseph Giant, and Moshe Ma'oz (eds.), *From War to Peace: Arab-Israeli Relations 1973-1993* (New York: New York University Press, 1994), pp.60~78.

[표 4-1] 신뢰구축의 목표

	단기	장기
평시	적대행위 억제	상호 신뢰 증진
위기 시	확전 방지	군사적 긴장 감소

들 상호 간 안보와 군사문제에 있어 이해와 신뢰를 증진시키는 특별한 국가 행위"로 이해될 수 있다.[6] 1950년대 이스라엘-팔레스타인 중동 분쟁을 비롯해 평화유지활동과 관련한 여러 결의를 통해 신뢰구축을 다루어온 유엔의 정의에 따르면, 신뢰구축은 적대행위를 억제하고, 확전을 방지하며, 군사적 긴장을 감소시키고, 상호 신뢰를 쌓는 것을 포괄한다.[7] 이를 종합해보면, 신뢰구축의 목표는 [표 4-1]과 같다.

신뢰구축은 군축이나 군비통제 개념과는 구분된다. 신뢰구축은 1973년 7월 헬싱키 유럽안보협력회의(CSCE: Conference on Security and Cooperation in Europe)에서 중요한 이슈로 다루어졌는데, 1975년 7월 CSCE 제3차 회의에서 채택한 헬싱키 최종 의정서(Helsinki Final Act)를 살펴보면 군비통제나 군축의 개념과는 별개의 의미로 다루어졌음을 알 수 있다.[8] 군사력의 운용에 대한 불확실성을 감소시키고 투명성을 높임으로써 상호 이해와 신뢰를 증진시키는 제반의 조치들을 제시하

---

6 Yoav Ben-Horin, Richard E. Darilek, Marianne Jas, Marilee F. Lawrence, and Alan A. Platt, *Building Confidence and Security in Europe: The Potential Role of Confidence and Security-building Measures* (Santa Monica: RAND, 1986), p.12.

7 UN ODA, available at https://www.un.org/disarmament/cbms/ (accessed June 2, 2018)

8 Helsinki Final Act of the 1st CSCE Summit of Heads of State or Government, August 1, 1975.

고 있기 때문이다. 이러한 점에서 신뢰구축 조치는 정치·군사적 긴장 상태를 가져올 수 있는 군사 활동과 군사력 규모·배치에 대한 예측 가능성을 높여 오판에 의한 무력 충돌을 예방하는 소극적인 조치로부터 각종 교류·접촉을 통해 상호 이해를 증진시키는 적극적인 조치까지 포함한다고 하겠다. 이러한 점에서 신뢰구축은 군사력 그 자체를 제한·축소하는 군비통제나 군축과는 차이가 있다.

한반도의 안보적 맥락에서 신뢰구축 조치가 어떻게 논의되어왔는지를 살펴볼 때 주목할 것은 남북 간 군사분야 신뢰구축 논의가 새로운 시도는 아니라는 점이다. 1991년 12월 채택된 「남북 사이의 화해와 불가침 및 교류협력에 관한 합의서」는 "남북군사공동위원회를 구성·운영하여 군사적 신뢰 조성과 군축을 실현하는 문제를 협의·추진한다"는 내용을 담고 있다.[9] 1992년 5월에 체결한 「남북군사공동위원회의 구성·운영에 관한 합의서」도 남북 간 불가침을 이행하고 군사적 신뢰구축과 군축 문제를 협의하기 위함이었다.[10] 남북은 1992년 3월부터 9월까지 군사분과위원회를 개최하여 「남북불가침의 이행과 준수를 위한 부속합의서」를 도출하기도 했다.[11]

2000년 「6·15 남북공동선언」에서도 군사적 신뢰구축은 명시하지 않았지만, '제반 분야의 협력과 교류를 활성화하여 서로의 신뢰를 다져나가기로 했다'는 문구를 포함하고 있다. 이에 따라 남북은 2000년 11월부터 2003년 12월까지 스무 차례의 군사실무회담을 통해 남북 철도·도로 개설과 남북 통행에 대한 군사적 지원·보장 조치를 협

9 「남북 사이의 화해와 불가침 및 교류협력에 관한 합의서」, 1991년 12월 13일.

10 「남북군사공동위원회의 구성·운영에 관한 합의서」, 1992년 5월 7일.

11 「남북 사이의 화해와 불가침 및 교류협력에 관한 합의서의 제2장 남북불가침의 이행과 준수를 위한 부속합의서」, 1992년 9월 17일.

[표 4-2] 과거의 신뢰구축 논의

	이행기구 구성·운영	적대행위 중지	우발적 무력 충돌 방지	평화 상태로의 전환	불가침 경계, 의무	남북교류 보장 국제 차원 협력
1991.12.13	○	○	○	○	○	○
1992.5.7	○					
1992.9.17	○	○	○	○	○	○
2002.9.17					○	○
2003.1.27						○
2004.6.4		○	○			
2007.5.11						○
2007.10.4		○	○	○	○	○
2007.11.29	○	○	○	○	○	○

의하여 2002년 9월과 2003년 1월 각각 「동해지구와 서해지구 남북관리구역 설정과 남북을 연결하는 철도·도로 작업의 군사적 보장 합의서」와 「동·서해지구 남북관리구역 임시도로 통행의 군사적 보장을 위한 잠정합의서」를 채택했다.[12] 2004년 6월 제2차 남북장성급회담에서는 「서해 해상에서의 우발적 충돌 방지와 군사분계선 지역에서의 선전활동 중지 및 선전수단 제거에 관한 합의서」를 채택해 상호 타협점을 모색하기도 했다.[13] 그리고 2007년 5월 제5차 남북장성급군사회담에서 군사적 긴장 완화에 대한 공동보도문과 「동·서해지구 남북열차 시험운행의 군사적 보장을 위한 잠정합의서」가 채택되

12 「동해지구와 서해지구 남북관리구역 설정과 남북을 연결하는 철도·도로 작업의 군사적 보장 합의서」, 2002년 9월 17일; 「동·서해지구 남북관리구역 임시도로 통행의 군사적 보장을 위한 잠정합의서」, 2003년 1월 27일.

13 「서해 해상에서 우발적 충돌 방지와 군사분계선 지역에서의 선전활동 중지 및 선전수단 제거에 관한 합의서」, 2004년 6월 4일.

었다.[14]

2007년 10월 제2차 남북정상회담을 계기로, 남북은 "군사적 신뢰구축을 협의하기 위해 남북국방장관회담을 11월 중 평양에서 개최하기로 합의한다"는 내용이 포함된 「남북관계 발전과 평화번영을 위한 선언」을 발표했다. 그리고 제2차 「남북국방장관회담 합의서」에서 ① 군사적 적대관계 종식 및 긴장 완화와 평화 보장을 위한 실제적 조치, ② 전쟁 반대 및 불가침 의무 준수를 위한 군사적 조치, ③ 서해 해상에서의 충돌 방지와 평화 보장을 위한 대책, ④ 항구적 평화체제 구축을 위한 군사적 상호 협력, ⑤ 남북교류협력사업의 군사적 보장을 위한 조치, ⑥ 합의서 이행을 위한 협의기구의 정상적인 가동을 추진하기로 결정했다. 이와 같이 주요 문건들만 나열해도 너무나 많은 합의 내용이 도출되었는데, 합의된 군사적 신뢰구축 조치들이 이행되지 못한 이유는 무엇인가라는 의문이 제기되지 않을 수 없다.

관련하여, 국가별 군사분야 신뢰구축을 모니터링하는 유엔의 평가를 다시금 떠올리지 않을 수 없다. 그것은 '전 세계적으로 매우 소수의 군사적 신뢰구축 조치들이 이행되고 있으며, 많은 지역에서 최소한의 기본적인 노력조차 부족하다는 것'이다.[15] 신뢰구축을 통해 평화체제를 수립하는 노력이 부침을 겪어온 것이 과연 정치적 의지 자체가 없기 때문에 결과적으로 평화체제가 수립되지 않은 것인지, 아니면 정치적 의지는 존재하지만 구조적으로 많은 문제가 존재하기 때문에 불행하게도 평화체제가 수립되지 못했는가의 문제이다. 7·4

14 「동·서해지구 남북열차 시험운행의 군사적 보장을 위한 잠정합의서」, 2007년 5월 11일.

15 UN ODA, Military Confidence-building, available at https://www.un.org/disarmament/cbms/ (accessed June 2, 2018)

공동성명 이후 지금까지 진행되어온 상황을 볼 때, 우리는 남북 간 합의 문건을 도출하는 것보다는 합의된 바를 이행하는 것이 관건이라는 교훈을 얻게 된다. 어쩌면 2018년 4월 「한반도의 평화와 번영, 통일을 위한 판문점선언」은 남북이 한반도 문제의 당사자로서 새로운 변화를 주도하겠다는 의지를 표명함과 동시에 더 이상 남북문제가 외부 변수에 종속되어서는 안 된다는 문제의식을 반영하고 있다고도 볼 수 있겠다.[16]

첫 번째로 주목할 것은, 한반도 신뢰구축에 대한 남북 간 복잡한 이해관계와 안보환경 변수가 맞물려왔다는 점이다. 북한이 1992년 11월 제9차 남북고위급회담과 '핵통제공동위원회' 후속 회담을 거부하고, 1993년 1월 남북대화를 전면적으로 거부하면서 신뢰구축 조치 협의가 무기한 중단된 배경에는 1992년 팀스피리트 훈련의 재개가 포함된다. 1993년 한국 정부가 남북고위급회담 대표 접촉을 북한에 제의한 이후 여덟 차례에 걸쳐 가다 서다를 반복했던 실무대표 접촉이 중단되었을 때의 배경 또한 작계 5027에 대한 언론 보도 및 IAEA 사찰단의 철수가 맞물려 있다. 2002년 우라늄 기반 핵프로그램에 대한 의혹이 제기되면서 2003년부터 시작된 제2차 핵위기로 인해 「6·15 공동선언」에 따라 추진되던 신뢰구축 논의는 탄력을 받지 못했다. 2006년 3월 제3차 남북장성급군사회담이 1년 9개월 만에 열렸던 것은 2005년 6자회담의 9·19 공동선언 합의로 인해 분위기가 전환된 상황과 무관하지 않는데, 2006년 7월 북한의 미사일 발사와 10월 핵실험 강행으로 인해 남북당국자회담이 중단되었고 이로써 남북군사

16 김진아, 「남북정상회담의 성과와 의의」, ≪주간국방논단≫, 제1717호, 2018년 5월 7일.

회담도 단절되었다는 점 또한 상황적 변수가 중요하다는 것을 방증한다. 한편, 제5차 남북장성급군사회담이 개최되어 다시 서해 해상 충돌 방지와 공동어로 실현 문제 등이 논의된 것은 2007년 2·13 합의로 불리는 「6자회담 9·19 공동선언 이행을 위한 초기 조치」가 도출된 이후의 일이다. 그러나 2008년 북한이 제출한 신고서의 정확성에 대한 의혹과 검증 방식의 문제를 둘러싸고 비핵화 조치가 중단되었고, 2009년 4월 미사일 실험과 5월의 핵실험으로 인한 안보리 제재 강화 및 2010년 천안함 사건 등으로 인해 양자·다자 논의는 다시금 중단되었다.

두 번째로 주목할 것은 남북 간 관심 사항이 매우 달랐고, 그 간격이 좁혀지지 않았다는 점이다. 그동안 한국 정부는 신뢰구축과 관련하여 의제별·단계별로 신뢰구축의 시스템적인 측면을 강조했던 반면 북한은 특정 이슈에 집중했다. 2000년대 남북정상회담과 후속회담을 통해 논의되었던 어젠다를 비교해보면, 분명 양측 관심사의 범위에는 차이가 있음을 알 수 있다. 한국 정부는 군사적 긴장 완화와 평화 보장, 국방장관회담의 정례화, 남북군사위원회 및 군사실무위원회 설치, 상호 부대이동 통보, 군 인사교류, 군사정보 교환, 남북군사직통전화 설치 등 장기적인 관점에서 안정적인 신뢰구축 조치를 이행할 수 있는 시스템적인 차원의 문제를 제안했던 것으로 보인다. 반면 북한은 남북공동선언 이행에 방해가 되는 군사행동 금지, 민간인 교류협력 보장을 위한 군사적 문제 및 군사분계선과 비무장지대 개방과 남북관할구역 설정 문제 등 현상 변경에 직접적으로 관련된 문제에 집중했다고 볼 수 있다. 결과적으로, 남북 간 합의가 구체적인 이행으로 성과를 드러냈던 분야는 북한의 주된 관심 사항인 심리전 중단과 DMZ 선전수단의 철거 등에 제한되었다. 그 외 군사연습

통보, 군 인사교류, 군사직통전화 설치 등 기본적인 신뢰구축 조치 등은 제대로 이행되지 못했다. [표 4-3]을 보면, 양측의 주요 관심사가 중첩되는 범위가 넓지 않다는 것을 알 수 있다.

[표 4-3] 남북군사회담 어젠다 비교

남	북
6·15 선언 이행을 위한 군사회담	
• 선언 이행을 위한 군사적 긴장 완화와 평화 보장 노력	• 선언 이행에 방해되는 군사행동 금지 • 남북 왕래와 교류협력 보장을 위한 군사문제
• 국방장관회담의 정례화	
• 남북군사위원회 및 군사실무위원회 설치	
• 상호 부대이동 통보, 군 인사교류, 군사정보 교환	
• 남북 철도·도로 연결 공사 관련 군사문제	
	• 군사분계선과 비무장지대를 개방하여 남북관할구역으로 설정
10·4 선언 이행을 위한 군사회담	
	• 주적관 포기, 심리전 중지 • 교전규칙 재정비
• 서해상의 공동어로구역 지정과 이 구역에 대한 평화수역 설정	• 서해 해상 군사분계선 재설정 • NLL 남쪽에 평화구역과 공동어로구역 설정
• 남북협력사업의 군사적 보장	• 해주직항과 제주해협 통과 문제 등 교류협력의 군사적 보장
• 최고 군사 당국자 간 직통전화 설치 • 분쟁의 평화적 해결을 위한 남북군사위원회 가동	
• 국군포로 문제 해결 및 유해 공동발굴	
• 한반도 비핵화 이행	
	• 해외로부터의 무력 증강과 외국군과의 합동군사연습 중지
	• 종전선언의 적극적 추진 및 제동을 거는 군사적 장치 제거

3. 신뢰구축과 평화체제 문제

1) 평화체제 개념과 기본 입장

과거 수십 년간 남북 간 신뢰구축 문제 해결에 속도를 내지 못했다면, 왜 이 시점에 이 문제를 새롭게 조명해야 하는지에 대해 생각해보아야 한다. 그간 북미 간 협상에서 평화체제와 관계 개선은 후순위의 문제였다. 과거 핵심 주제는 비핵화와 보상이었기 때문이다. 그러나 트럼프 정부가 시작하는 북한과의 협상은 이전까지 미뤄왔던 문제들이 전면에 등장하게 되었다는 점에서 이전과는 차이를 보인다. 그것은 북미관계 계선과 평화체제 수립의 문제이다. 따라서 과거와 다른 속도로 관련 논의가 진행될 수 있다는 점에 주목할 필요가 있는 것이다. 그리고 평화체제를 어떻게 규정하느냐에 따라서 변화의 범위와 속도가 달라질 수 있다는 점과 상당한 안보적 함의를 갖는다는 점 또한 간과할 수 없다. 따라서 우리는 향후 비핵화 협상이 진행되면서 한반도 평화체제 구축 논의가 급물살을 타게 될 경우에 대해 논의해야 할 것이다.

평화체제를 단순히 전쟁을 종식하는 정적인 상태(status)로 볼 것인지, 평화를 구축하는 동적인 과정(process)으로 볼 것인지에 따라서 종전선언(declaration)으로 그 목적을 달성했다고 할 수 있는지 또는 구체적인 이행이 뒤따라야 할 것인지에 대한 판단이 달라지게 된다. 또한 평화체제 수립의 방식과 관련해서도 협정 등의 문서를 체결하는 것 자체로 끝나는 것인지, 공동의 합의를 도출할 수 있는 공동기구를 운영하는 데 집중할 것인지, 또는 보다 구체적으로 공동의 원칙에 따라 상호 이행을 보장하는 시스템을 마련하는 데 의미를 둘 것인지가 달라질 수 있다. 지금껏 평화체제가 논의될 때 관련국들은 여러 가지 용어를 사용해왔다. 미국은 레짐(regime) 또는 합의 사항(arrangements)이라는 용어를 주로 사용했고, 북한은 협정(treaty)이라는 용어를 선호했다. 분명, 개념과 선호도의 차이가 없다고는 할 수 없겠다. 그리고 그에 따라 도달하고자 하는 지점이 어디인지도 달라질 수 있다.

또 하나의 문제점은 우선순위에 따라 이행의 순서가 달라진다는 것이다. 즉, 외교적 관계 개선, 군사적 불신 해소, 정치적 협상 타결 중 무엇을 선호하느냐에 따라 후속 조치들의 순서가 달라질 수 있다. 장기적 목표인 외교관계 개선과 군사적 신뢰구축에 방점을 두게 될 때에는 비핵화가 진행되는 상황을 보면서 나머지 이행 속도를 적절히 조절할 수 있을 것이다. 그러나 여러 가지 국내 정치적 사정으로 인해 협상의 절충점을 빨리 도출하고자 한다면, 이해관계가 일치하지 않아 향후 걸림돌이 될 수 있는 문제가 있더라도 이를 후차적으로

[표 4-4] 신뢰구축 개념과 추진 방식

구분	유형	내용	관련성
개념	소극적 의미	전쟁 종식	종전선언(declaration)
	적극적 의미	평화 회복·유지	체제 구축(building)
방식	레짐(regime)	기구 설치 및 운영	제도적 틀을 통한 합의 도출
	시스템	공동의 원칙·절차·보장 기제	분야별 구체적 이행의 실행
	협상	문서화와 정치적 보장	평화협정 체결

[표 4-5] 남북 이행 로드맵 비교

시나리오	우선순위	순서
①	미북·남북 관계	비핵화 – 신뢰구축 – **평화협정 체결** – 군비통제·군축
②	군사적 불신 해소	비핵화 – 신뢰구축 조치 – 군비통제·군축 – **평화협정 체결**
③	협상 타결	비핵화·**평화협정 체결** – 신뢰구축 조치

논의하기로 하고 문서를 도출하는 데 집중할 수도 있겠다. 이러한 경우, 비핵화 로드맵의 중간 지점에서 평화협정 체결이 놓이게 될 가능성도 없지 않다. 그리고 이것은 앞서 설명한 신뢰구축의 속도와 범위를 결정하는 데에도 지대한 영향을 미친다.

2004년 6월 제3차 6자회담에서 미국은 북핵문제의 다단계 해결 방안을 제시하면서 북한이 농축우라늄을 포함한 모든 핵계획을 포기할 경우, 최종 단계에서 북한과 수교하는 방안을 제시했다. 2005년 9월 19일 제4차 6자회담에서 발표된 공동성명은 북한이 핵을 포기하는 대신 한반도 평화와 관련된 직접 당사국들이 '별도의 포럼'에서 한반도 평화체제를 논의하기로 합의했다. 당시에는 비핵화를 위한 여건을 먼저 조성하고, 북한의 핵폐기 이행 단계를 거쳐 핵폐기 완료까지 도달하는 과정을 그렸다. 그리고 평화체제로의 전환과 이를 보장하는 것은 비핵화 완료 시기가 될 것으로 예상되었다. 따라서 이러한 합의의 연장선에서 2006년 11월 조지 부시(George W. Bush) 대통령은

[표 4-6] 9·19 공동선언 로드맵

단계	여건 조성 시기	이행 시기	완료 시기
핵문제	북한의 NPT 복귀와 IAEA 사찰 수용	IAEA 핵사찰 검증, 북한의 핵 신고·동결·폐기	북한의 핵폐기 완료
보상	대북 에너지 지원에 대한 협의 및 중유 제공	대북 전력 지원 및 경수로 지원 논의	대북 경수로 건설 추진
평화체제	한반도 평화포럼 구성을 위한 여건 조성	한반도 평화포럼 구성	한반도 평화체제 전환 및 국제적 보장
제재	미국 테러지원국 명단에서 북한 해제	경제지원 확대	
외교관계	미북 및 일북 관계 개선	미북 및 일북 연락사무소 개설	미북 및 일북 국교 정상화
남북관계	남북경협 확대	남북 군비통제	남북군축 추진, 관계 정상화

주: 제4차 6자회담 공동성명(2005년 9월 19일)을 토대로 작성되었다.

"북한이 핵을 포기할 경우, 한국전쟁의 종료를 선언할 수 있다"고 언급했다.[17] 그리고 2009년 힐러리 클린턴(Hillary Clinton) 국무장관은 "북한이 핵무기 계획을 완전하고 검증 가능하게 폐기하면, 미국은 북한과 외교관계를 정상화할 용의가 있다"고 확인했다.[18] 분명, 지금껏 오바마 정부에 이르기까지 북한에 요구하는 이행 조치의 선후 관계가 분명했다고 볼 수 있다.

북한이 비핵화 협상을 제의한 것은 이번이 처음은 아니다. 김정은 정권의 출범 이후 북한이 공식적으로 비핵화 회담 제의를 내놓은 것은 2013년 6월 16일이고, '북한의 핵보유국 지위는 한반도 비핵화까지 한시적'인 것이라고 강조하며 정전체제를 평화체제로 바꾸는 문제 등을 북미고위급회담에서 논의하자고 제안했다.[19] 2015년 1월에는 북한이 한미연합 군사연습과 핵실험의 임시 중지를 교환할 것을 미국에 제안했고, 10월에는 미국에 평화협정 체결을 제의한 바 있다.[20] 2016년 7월 6일에 북한이 5개의 요구 조건과 함께 한반도 비핵화를 제시할 때, 한반도에서의 미국 핵타격 수단의 제거와 남한 내 미군의 철수 선포를 포함했다.[21] 국제 사회는 북한이 '자신의 핵보유국 지위를 굳히기 위한 시도', 또는 '비핵화 의지가 없는 레토릭'이라는 등 조심스러운 반응을 보였다.[22] 북한도 2013년처럼 한국을 배제

---

17 한미정상회의, 2006년 11월 18일.

18 "클린턴 북한 핵 완전히 폐기하면 미북관계 정상화 가능," *Radio Free Asia*, 2009년 2월 13일.

19 '국방위원회 대변인 중대담화,' 조선중앙통신, 2013년 6월 16일.

20 조선중앙통신, 2015년 1월 10일.

21 요구 조건은 남한 내 미국 핵무기의 공개, 남한 내 핵무기 시설의 철폐, 한반도에서의 미국 핵타격 수단의 제거, 북한에 대한 핵위협 금지, 남한 내 미군의 철수 선포를 포함한다.

하거나 2015년처럼 동맹 이슈를 먼저 거론하면 거부감이 높다는 교훈을 얻었을 것이고, 6월 12일 북미정상회담 이전까지 이러한 문제를 전면에 내세우지는 않았다.

북한의 입장이 근본적으로 변할 것인가는 판단하기 이르다. 1970년대 초까지 북한은 정전협정을 평화협정으로 대체해야 한다는 주장을 지속해왔다. 시기별로 평화협정을 체결하는 당사자가 누구인가와 관련해서는 북한의 입장이 변화해왔는데, 1960년대까지는 한국을 평화협정의 당사자로 지목했던 반면,[23] 1974년 이후부터는 미국을 평화협정 체결의 상대로 요구해왔다.[24] 1980년 10월 10일에 개최된 제6차 당대회에서 북한은 한국전쟁과 정전협정의 당사자가 미국과 북한이라고 강조했고, 남북기본합의서가 채택된 1991년 이후의 상황에도 북한은 미국과의 평화협정 체결을 주장했다. 북핵문제가 발생한 이후 북한은 핵문제와 평화협정 체결 문제를 연계시키는 노력을 기울여왔다. 1994년 4월 정전협정체제를 평화협정으로 대체하는 평화보장체계 수립을 제의했고, 1996년 2월에는 완전한 평화협정 체결 시기까지 DMZ 관리·무장 충돌과 우발 사태 해결을 위해 북미잠정협정을 제의했다. 제2차 북핵위기가 발생한 2002년에도 북핵문제 해결을 위해 북미평화협정을 체결할 것을 주장했으며, 2004년 '한반도에 군대를 두고 있는 모든 나라가 영구 평화협정을 체결하지 않는 한' 핵무기를 보유하지 않을 수 없다고 주장했을 때도 미국과의 관계

---

22 미국 국무부는 대변인 브리핑에서 '일상적인 한미훈련을 핵실험 가능성과 부적절하게 연결하는 북한의 성명이 암묵적 위협'이라고 언급한 바 있다.

23 1969년 10월 8일 제24차 유엔총회 비망록과 1973년 3월 14일 남북조절위원회 제2차 회담에서 이 같은 입장이 확인된다.

24 최고인민회의 제5기 3차 회의, 1974년 3월 25일.

를 우선시하는 입장에는 변함이 없었다.[25] 2009년 1월에도 북한은 외무성 대변인을 통해 "9·19 공동성명에 동의한 것은 비핵화를 통한 관계 개선이 아니라 바로 관계 정상화를 통한 비핵화라는 원칙적 입장에서 출발한 것"이라고 언급하며 우선순위를 확인했다.

미국 정부가 교체된 시점에서 북한의 유사한 메시지가 다른 맥락에서 수용되고 있는 것은 분명하다. 북한이 핵미사일 위협에 대한 미국의 관심을 고조시키고, 지정학적 제약으로 인해 군사·경제적 압박 옵션의 한계가 드러나는 시점에 미국과 협상을 시작함으로써 어젠다 리셋(reset)에 성공했다고 판단할 수 있는 이유는 6월 12일 북미회담과 도널드 트럼프 대통령의 기자회견 내용에서 찾을 수 있다. 서두에서 지적했듯이 북한은 체제에 대한 위협이 없는 '조건'을 내세우고 비핵화 협상 의사를 전달했고, 이에 따라 북미정상회담에서 북미 간 '새로운 관계의 설정'에 대한 약속을 명시했다. 비록 강제성으로 비교하자면 의미가 약한 서문에서 언급되었지만 미국의 대북 안전보장이 포함되었다. 과거의 상황을 회상하자면, 2006년 12월 8일 13개월간 중단되었던 6자회담에 북한이 다시 나오게끔 유도했던 것은 북한의 핵포기에 따라 종전선언이 가능하다는 미국 정부의 구두적 메시지로도 가능했다. 우리는 왜 이와 같은 점을 확인해야 하는가? 그것은 현재 북한의 협상력이 과거와는 다르다고 볼 경우, 향후 진행되는 과정도 지금껏 한국을 비롯해 6자회담 당사국들이 합의해온 경로를 그대로 밟지 않을 수 있기 때문이다.

우리가 우려할 것은 두 가지로 살펴볼 수 있다. 우선 고려할 것은 북한발 변수이다. 북한이 비핵화 협상에 나온 배경에 따라 도달점이

25 "한성렬, 핵해법은 평화협정 체결," 연합뉴스, 2004년 5월 14일.

다를 수 있다.[26] 물론 북한의 비핵화 협상 동기가 상호 배타적(mutually exclusive)일 수는 없을 것이고, 충족되어야 하는 전제 조건도 다르다. 첫 번째는 미국의 대북 군사옵션에 대한 언론 보도 등으로 인해 고조된 긴장을 완화하면서 상황 관리가 특별한 대안이 없는 트럼프 정부의 공통의 관심사인지 확인하는 차원일 수 있다. 북한의 제안은 '북한에 대한 군사적 위협이 해소되고 북한의 체제 안전이 보장된다면'이라는 전제를 달고 있고, 북한이 관심 있는 대화가 '국가들 사이에 평등한 입장에서 상호 관심사를 논의 해결하는 대화'라고 규정했다.[27] 물론, 이는 협상 실패에 따른 후폭풍이 크지 않아야 한다는 전제가 충족되어야 하는데, 미국이 강압적 수단을 적극적으로 검토할 명분이 추가로 축적된다는 리스크를 포함한다.

두 번째는 북한이 국제 사회의 대북 제재를 감당할 수 없을 것으로 판단하고 제재 완화라는 단기 이익을 추구하는 경우가 될 것이다. 그러나 북한의 거시 경제지표들이 크게 변하지 않았고, 현 대북 제재 레짐에는 여전히 허점(loophole)이 많다는 점에서 북한의 관심은 중국을 겨냥한 미국의 세컨더리 보이콧의 강화를 지연시키고 이로부터 이익을 얻는 중국과의 관계 개선을 모색하는 것일 수 있다. 만약 비핵화 협상에서 교환 거래가 맞지 않거나 기대했던 제재 해제의 효과가 크지 않을 경우 협상은 난항을 겪을 수 있다. 대북 제재는 비핵화가 어느 정도 진전되었을 때 가능하다는 점을 전제로 하고, 제재 완화가 없이는 남북 간 추진될 수 있는 교류협력의 범위가 좁다는 점을

---

26 Jina Kim, "Issues Regarding North Korean Denuclearization Roadmap with a Focus on Implications from the Iran Nuclear Deal," *The Korean Journal of Defense Analysis*, Vol.30, No.2 (2018), p.175.

27 청와대, 언론 발표문, 2018년 3월 6일.

감안할 때 군사분야에 초래되는 변화는 크지 않을 수 있다.

세 번째는 북한이 대미 억제력에 대한 그간의 자신감을 바탕으로 과거와는 다른 모종의 '타협'을 이끌어낼 수 있다고 기대할 경우이다. 북한이 아직 완전성을 증명하지 않은 ICBM 기술 개발을 포기함으로써 미국의 안보 우려를 해소해주고 이미 보유한 핵기술을 확산하지 않도록 모니터링하는 단계에 빨리 도달하기 위해 미국이 종전선언뿐 아니라 평화협정에 합의하게 될 경우를 포함한다. 이때는 정전협정에 따른 체제들이 법적 근거를 잃게 되는 변화와 북한이 주장하는 '군사적 위협의 해소'에 해당하는 실질적 변화들이 한꺼번에 발생할 가능성을 배제할 수 없다.

네 번째는 북한의 비핵화 의지가 있는 상황이다. 그러나 비핵화 범위·검증 수단·이행 조치 등에 대해 합의를 이끌어내는 데에는 상당한 시간이 걸릴 것이다. 다만, 비핵화 우선 원칙은 유지하되 속도를 조절할 수 있을 때 신뢰구축을 위한 제반의 조치들이 논의될 것으로 예상된다. 그리고 핵문제가 해결되는 상황에서는 신뢰구축을 넘어선 남북 군비통제와 군축 논의까지 모멘텀을 유지할 수 있을 것이므로 상당한 변화가 점진적으로 발생할 수 있다. 세 번째 시나리오와의 차이점은 한미가 공조를 유지하면서 미래 동맹에 대한 합의점을 찾을 수 있는 시간이 보장될 수 있다는 점이다.

[표 4-7] 비핵화 협상 시나리오 비교

구분	시나리오 1	시나리오 2	시나리오 3	시나리오 4
시기	단기	단·중기	중기	장기
배경	분위기 관리	대북 제재 심화	대미 협상 자신감	비핵화 전격 수용
목표	전술적 변화	상황 관리	어젠다 세팅	전략적 결정
군사분야 변화	미약	소	중	대

다음으로 고려할 것은 미국발 변수이다. 트럼프 정부가 '완전하고 최종적이고 검증 가능한 핵폐기'라는 장기전을 치르기보다 자국의 이익에 보다 밀접한 정치적 성과를 보여줄 수 있는 옵션을 우선시할 경우의 수를 배제할 수 없기 때문이다. 미국은 5월 14일 마이크 폼페이오 장관의 발언에서도 확인되었듯이 북한과의 합의를 도출하려면 "안전보장을 제공해줄 필요가 있다"[28]는 인식을 했던 것으로 보이며, 트럼프 대통령은 비핵화 협상과 함께 초래되는 한반도의 변화 상황을 '비용의 문제'로 바라본다는 점에서 이전과는 다른 차원의 우려가 발생한다. 그러나 북한이 중단을 요구하는 '적대행위'의 개념은 인권 문제, 정보 유입, 자금세탁방지 규제 등 매우 포괄적이다. 특히 체제 안정과 관련된 비군사문제에서 북한이 전향적인 모습을 보여줄 수 없을 것이고 미국 의회의 부정적 분위기와 법적인 제한으로 인해 '북한 예외'를 인정하기 어렵다는 점에서 북미가 합의가 쉬운 교환 거래는 오히려 군사분야에서 찾게 될 수 있다.[29] 특히 평화체제 구축 과정에서 한반도의 군사 태세에 많은 변화를 가져올 수 있는 평화협정이 어디에 놓이느냐가 관건이다. 따라서 우리는 변화의 최소와 최대치를 모두 고려하면서 대비할 필요가 있다. 만약 비핵화가 달성된 이후 평화협정 체결이 가능하다고 가정한다면, 당장 닥쳐올 일이 아닐 수 있다. 그러나 평화체제의 개념을 어떻게 이해하느냐에 따라서 변화의 속도와 파장이 달라질 수 있다는 점에 주목할 필요가 있다.

---

28 "Pompeo: North Korea needs US security assurances to get a nuclear arms pact," CNBC, May 14, 2018.

29 미국 의회 115회기(2017~2018) 입법 과정에서 다루어진 북한 관련 의제는 인권, 사이버, 테러 등 다양한 이슈를 포함하고 있다.

4. 향후 쟁점과 군사분야 함의

항구적 평화체제 완성은 비핵화 과정과 함께 갈 수밖에 없고 폐기 검증이 선행되어야 하기 때문에 단기간에 종결될 것으로 기대하기 어렵다는 것이 일반적인 견해였다. 지금까지 한반도 평화체제 구축은 남북한이 당사자이기 때문에 남북한이 주도적으로 평화협정을 체결해야 하고, 주변국들이 이를 보장하는 방안을 지지해왔다. 그리고 기본적으로 유엔사의 해체와 주한미군의 성격 변화는 평화체제 완성 단계에서 추진될 사안이라고 간주되어왔다. 2006년 11월 6자회담과 제18차 아태경제협력체 합동각료회의, 2007년 제19차 APEC 합동각료회의, 2007년 6자회담의 2·13 합의 등을 통해 과거에도 평화체제와 유엔사 문제가 제기되어왔으나 추진 계획에 대한 구체적 논의는 충분히 진행되지 못했다.

지금까지 부재 상태에 있던 정치적 추진 의지나 지정학적 지형 변화에 따른 관심이 변화하는 상황에 있다는 점은 부인할 수 없다. 군사분야 신뢰구축 조치와 관련하여 합의에 포함될 수 있는 의제의 범위는 비핵화 및 평화 구축 논의가 단계별로 진행된다고 가정할 경우 덜 민감한 것에서부터 더욱 민감한 것으로 점진적으로 시도될 수 있을 것이다. 최소 범위는 통신(핫라인 확대), 위험 감소 조치(해상 운용

[표 4-8] 신뢰구축 요건과 제반 조치

	신뢰구축 요건	제반 조치
맥락	지도자의 강력한 이행 의지	로드맵 이행 법제화
	정치외교적 지형 변화	다자적 보증
과정	군사력 균형성 유지	비대칭성 완화
	상호 안보 딜레마 이해	인적·정보 교류 활성화

규칙) 등과 같은 제도적 조치부터 시작하여 군사정보 교환, 상호 사찰 등 보다 강요적인(intrusive) 조치까지 상정할 수 있다. 그리고 고려할 수 있는 조치들을 크게 세 가지로 나누어보면, 선언적 조치, 투명성 조치, 제한 조치로 분류할 수 있다.[30]

선언적 조치와 관련해서는 특정 무기의 선제적 사용을 포기하고 협력적 관계를 발전시킨다는 차원에서 모색할 수 있는 방안들이 포함된다. 특정 규모 이상의 군사훈련을 자제한다든가 군 관련 인사들의 교류를 활성화하는 차원의 논의들이 가능할 것이다. 그리고 적대행위를 중지한다는 원칙에 따라 적대행위에 대한 개념을 정리하고 처벌 및 재발 방지와 관련한 조치들을 논의할 수 있을 것이다. 투명성 조치와 관련해서는 정보, 통신, 통보, 참관 등의 상호 조치들이 해당된다. 향후 DMZ 평화지대화와 서해 공동어로구역에 대한 관리 감독을 추진할 경우 남북이 함께 실시할 수 있는 조치들이 포함될 수 있을 것이다. 이와 관련해서는 공동수역 설정, 분계선 표식 관리, GP와 GOP 철수 등이 검토될 수 있다. 제한 조치에는 지뢰 해체 작업, 민군 해상활동 제한, 군사비행 제한 등이 포함될 수 있다. 무엇보다 이러한 조치들의 상호 이행을 검증하는 것은 신뢰를 증진시키는 촉매 역할을 할 수 있다는 점에서 병행하여 논의될 필요가 있다. 그리고 군사회담의 정례화는 우발적 충돌 방지와 분쟁 해결을 위한 위기 관리 기제로서의 기능뿐 아니라 향후 군비통제 및 군축으로 논의를 진행할 수 있는 여건을 조성하는 데에도 중요하다.

한편, 포괄적인 개념의 평화체제가 아닌 평화협정에 집중된 논의

---

30 Michael Krepon, *A Handbook of Confidence-Building Measures for Regional Security* (Washington D.C.: Stimson Center, 1998).

가 앞서나가는 경우를 상정하면, 보다 복잡한 안보 이슈들에 대한 고민이 필요하다. 이에 따라 발생하는 문제는 단순히 정전협정의 폐기에 따른 관련 군사 조직 및 시설을 폐기 또는 전환하는 문제에 국한되지 않기 때문이다. 만약 정전체제의 평화체제로의 전환이 본격적으로 추진될 경우, 유엔사의 역할·기능·구조를 포함한 변화에 대한 논의는 불가피할 것인데, 이는 법적(de-jure) 문제와 실질적(de-facto) 문제를 발생시킨다. 정전협정은 더 높은 정치회담을 통해 평화적으로 문제를 해결하는 과정에서 체결된 한시적(transitory) 문건의 성격으로 규정되며, 기본 협정 제5조도 정전협정이 유효한 기간은 한반도에 평화 상태가 달성될 때까지라는 점을 확인하고 있다. 평화협정이 정전협정을 대체(lex posterior)하는 상황에서 유엔사의 법적 존립 근거의 유무에 대한 논쟁이 예상된다.

실질적 임무 변화와 관련하여, 유엔사는 정전협정 이행을 감독하고 위반 사건을 처리하는 기구이기 때문에 정전협정이 평화협정으로 대체될 경우 임무가 종료된다는 해석이 가능하다. 군사정전위원회의 사무국으로 기능하면서 정전협정에 규정된 휴전의 감독, 감시, 시찰, 조사를 담당해온 중립국감독위원회(Neutral nations Supervisory Commission)의 임무 중 추가 병력 파견 및 무기와 장비의 한반도 반입 금지와 관련한 기능은 사실상 약화되었다고 보는 시각이 많다. 따라서 현재 정전협정 위반 사건에 대한 조사와 감시 기능만 남아 있다고 할 경우, 평화협정 체결 이후에 모든 기능이 상실되었다는 결론에 도달할 수도 있다. 북한이 과거 미국과의 평화보장체계 수립을 제의했을 때, 유엔사 해체를 주장했던 점을 감안한다면 이를 무실화하고자 희망할 수 있다. 미국 합참의 통제를 받는 유엔사는 미국이 해체를 결심하고 유엔 안보리에 통보하거나, 해체와 관련한 과거 유엔총회 결의를 재

활용하여 안보리로 문제를 가져가거나, 실질적 임무(mandate) 변화를 인정하고 추가적 결의를 도출하지 않는 세 가지 경우의 수를 예상할 수 있다.

그러나 남북이 합의한 비무장지대와 한강 하구 이용에 수반되는 군사적 조치, 군사분계선에서의 무장 충돌 방지, 한반도 위기 관리를 위한 대화창구, 평화협정 체결 이후에도 필요한 평화유지기능 관련 임무는 사라지지 않는다. 만약 새로운 군사공동기구를 구성하여 동 임무 및 권한을 부여하는 대안이 검토되지 않을 경우, 한국군에 새로운 임무가 부여될 수 있을 것이다. 1990년 미국은 동아시아전략구상(EASI)에 따라 아태 지역 미군 감군을 추진할 때 유엔사 기능 일부의 한국 이양을 검토한 바 있다.

그러나 이러한 변화는 단계적으로 진행되는 것이 바람직하다. 미국이 과거 이란 핵협상에서 합의의 채택·이행·완료 시점을 구분하여 단계별로 검증과 제재 완화 등을 추진해나갔다는 점을 감안할 때, 북한의 경우에도 유사한 방식을 적용할 수 있을 것이다. 평화협정은 포괄적 합의가 채택되는 시점에 논의를 시작하되, 비핵화 검증·사찰이 이행되는 과정에서는 이를 뒷받침할 수 있는 신뢰구축 조치를 우선적으로 추진하고, 비핵화가 완료되는 시점에 협정이 효력을 발휘

[표 4-9] 로드맵 단계별 신뢰구축 과제

채택 시점	이행 시점	전환 시점
평화협정 논의 개시	CBM 단계적 이행	비핵화 검증 완료
• 남북교류협력 확대 • 군비통제와 군축 로드맵 협상	• 군사부문 실무 협상 • 초보적 군비통제 실시 • 외교관계 정상화 • 평화협정 이행의 보장 체제 가동 • 대북 제재 부분적 해제	• NPT와 IAEA 정상적 활동 • 평화협정 효력 발휘 • 실질적 군축 실시 • 신 한미동맹 선언

하는 방식을 생각해볼 수 있을 것이다.

한편, 주한미군의 법적 근거는 '한미상호방위조약'이기 때문에 유엔사의 법적 근거와 별개이다. 즉, 유엔사 해체가 주한미군에 직접적인 변화를 가져오지는 않는다. 그러나 평화협정 체결로 초래되는 한반도의 분위기 변화가 주한미군의 임무 재조정과 관련해 논쟁을 발생시킬 가능성은 있다. 미래 동맹에 대한 논의는 탈냉전기에 지속적인 관심을 받아왔고 이에 대한 연구가 과거에도 진행되어왔기 때문에 새로운 것은 아니다. 그간의 논의에서 우리가 얻은 교훈은 미국의 대 한반도 전략이 아태 전략의 일환으로 지역 차원에서 구상된다는 점이다. 한미관계를 포괄적 동반자 관계로 발전시키는 것이 미국의 이익이라는 점 또한 변함이 없을 것이다. 따라서 향후 논의에서 북한의 비핵화와 평화체제 논의가 한 축을 담당한다면 다른 축은 한반도 방위의 한국화에 따른 한국군의 책임 증가와 미군이 담당하는 기능의 변경과 관련될 것으로 예상된다.

그간 동맹 개념이 남북 군사적 대치에 맞춘 한미연합방위에 초점이 맞추어져 있었고 북한의 위협은 탈냉전기 포괄적 파트너십으로의 전환을 지연시키는 명분이 될 수 있었다. 그러나 미래 동맹은 수평적 안보 동반자로서의 군사협력에 초점이 맞추어질 것이기 때문에 자주적 방위력 확보와 더불어 평화유지활동, 인도주의 지원과 재난 구호,

[표 4-10] 동맹 변화와 고려사항

구분	현실성	유연성	리스크·불확실성
한국방위 한국 주도 연합방위	남북·북미 관계 개선에 따른 변화	자주적 방위력 확보 방향과 일치	주변국의 표적화
• 지역 안정 위주 협력	• 자주적 방위력 확보에 유리한 환경 조성	• 미래 전략환경을 고려한 미국 측 요구 방향과 일치	• 미중 경쟁 구도 심화 • 지역다자안보협력체제 구축 불투명

대량살상무기 확산 방지, 초국적 대 테러 활동 등 역외 작전 참여에 대한 기대가 높아질 것이다. 그리고 동맹의 대응 반경을 넓히는 데에 따른 리스크와 불확실성도 새롭게 생겨날 수 있다. 미국과 중국의 경쟁 관계가 심화될수록 헤징 전략이 보다 정교화되어야 할 것이기 때문이다. 어떠한 변화든 현실적·탄력적이고, 리스크·불확실성을 최소화하는 방향에서 검토되어야 할 것이며, 비핵화·신뢰구축 로드맵이 어떻게 구상되느냐에 따라 최소~최대 변화의 폭을 고려한 대비가 필요하다.

제5장

육군의 첨단 전력과 21세기 육군의 역할

5대 게임 체인저를 중심으로

이장욱

1. 서론

1990년대까지 북한은 장사정포, 다련장 로켓, 대규모 기갑전력 및 특수부대를 활용한 전면전 도발을 통해 대한민국을 군사적으로 위협했다. 하지만 1994년부터 북한은 한반도 전쟁 양상에 거대한 변화를 추구하게 된다. 달리 말해, '판을 뒤엎는(게임 체인저)' 군사전략을 추진한 것이다. 그 중심에는 핵을 비롯한 대량살상무기의 개발이 있었다. 1994년 잠재적 가능성으로 평가되던 북한의 핵위협은 2010년대 들어 현실화되기 시작했으며, 2017년에는 전례 없는 수준의 핵무장 고도화를 통해 한반도 정세를 극도의 긴장 상태로 몰아갔다. 북한의 핵무장은 대한민국 육군으로 하여금 장차전에 대한 대비를 그 어느 때보다 충실히 하도록 만들었다.

대한민국 육군은 북한의 판 뒤엎기에 대해 "역 판 뒤엎기"로 응했고 결과적으로 그 어느 때보다 강력하고 효율적인 장차전 수행 개념을 도출하게 되었다. 공제적 종심기동전투 개념과 판을 뒤엎기 위한 5대 게임 체인저는 북한의 군사위협에 대응하면서 전례 없는 혁신을 추진하는 대한민국 육군의 미래 비전이라 할 수 있다. 이 글은 북핵 문제의 평화적 해결과는 별도로 북한 군사위협에 대응하기 위해 준비해왔던 대한민국 육군의 미래 전쟁수행 개념과 비전을 살펴보고 육군의 역할 및 향후 과제를 생각해보는 기회를 마련하려 한다.

구체적인 논의를 위해 이 글은 먼저 대한민국 육군이 새로운 전쟁수행 개념을 고민하게 된 배경과 선정된 새로운 전쟁수행 개념의 핵심 내용을 살펴볼 것이다(제2절). 아울러 새로운 전쟁수행 개념의 구현을 위해 도입할 핵심 군사기술로서 북한이 뒤집어놓은 판을 역으로 뒤집는 이른바 '5대 게임 체인저'의 주요 내용을 살펴볼 것이다(제3절). 이후의 내용에서는 미래 육군의 역할과 향후 과제로 5대 게임 체인저의 업그레이드 방안을 논의할 것이며(제4절), 마지막으로 육군의 혁신 지속과 발전을 위한 제언을 언급하고자 한다(제5절).

2. 대한민국 육군의 역할과 장차전 개념 전환: 공세적 종심기동전투

대한민국 육군이 전례 없는 수준의 혁신을 바탕으로 미래 전쟁에 대비하고 있다는 것은 미래에 대한 절박함이 작용했기 때문이다. 북핵문제가 긍정적인 방향으로 해결되고 있는 가운데에도 대한민국 육군의 미래에 대한 대비는 여전히 필요하다. 그 이유를 설명하자면 다음과 같다.

첫째, 병역자원의 감소에서 오는 상비병력의 감축 압박 그리고 이로 인한 전투력 약화에 대한 대비가 필요하다. 육군은 2022년까지 상비병력을 50만 명 수준으로 단계적으로 감축할 예정이다. 병력 감축은 예상외로 심각한 사태를 빚어낼 수 있다. 대표적인 사례로 미국을 들 수 있는데, 미국은 냉전 종식 직후, 안보상 위협이 소멸되었다고 판단해 1990년에서 1993년 사이 상비병력을 냉전 대비 약 30%(75만 명 수준) 감축했다. 하지만 당시 부시 행정부의 예상과 달리 냉전 종식 이후 미국의 군사 임무는 냉전 대비 280% 증가했고 냉전 수준의 2/3 병력으로 3배 가까이 증가된 임무를 수행하는 것은 21세기를 맞이하게 된 미군에게 엄청난 도전이 되었다.[1] 대한민국 육군은 향후 약 12만 명의 병력을 감축시켜야 하며, 복무 기간도 기존 대비 2개월 정도 추가 감축을 하게 될지도 모르는 상황이다. 병력 감축이 지상전력의 전비 태세에 미치는 영향은 지대하다. 1990년대~2000년대 초반에 이르는 기간 동안 미군이 겪었던 과도한 병력 감축의 부작용은 이라크전을 통해서도 나타났다. 세계 최강을 자부하던 미군이 베트남전 이래 최대의 전비 태세 악화 사태를 겪게 된 것은 그 근본 원인이 과도한 병력 감축에 있었다는 것을 명심할 필요가 있다.

병력 감축 및 복무 기간 단축으로 우리 군은 "Doing more with less"의 상황에 처하게 된다. 다시 말해 기존보다 적은 병력으로 보다 많은 일을 해야 한다는 의미이다. 1990년대 대규모 병력 감축 이후 미군도 이러한 상황에 처한 바 있으며, 미군은 이에 대해 다각적 대안을 고민한 바 있다. 미군은 ① 정규군의 재증강, ② 예비군(주방위

1 냉전 종식 이후 미국의 병력 감축과 증대된 군사 임무로 인한 전력 공백에 대한 연구로는 Lee Jang-Wook, "The RMA of the U.S. and 'Doing More with Less'," *New Asia*, Vol.19 No.1 (2012), pp.234~271.

군)의 대규모 활용, ③ 동맹의 군사적 기여 확대 및 해외 주둔 미군의 순환적 활용, ④ 군사대행기업 활용 등 군사 외주 활용, ⑤ 군사기술을 통한 군사적 효율성 증대를 대안으로 마련하고 각 대안에 대한 타당성을 검토했는데, 정규군의 재증강 및 예비군 활용의 경우, 의회 및 주정부의 강력한 저항으로 인해 활용이 제한되었으며, 동맹의 군사적 기여 확대 및 해외 주둔 미군의 순환적 활용의 경우, 동맹국과의 관계 악화라는 부작용으로 인해 적극 추진하는 데에 한계가 있었다.[2] 미국이 적극적으로 활용할 수 있는 대안은 군사대행기업의 대규모 활용과 군사기술을 통한 효율성 증대가 되었다. 대한민국 육군의 경우 위에서 제시한 대안 중 정규군의 재증강은 사실상 불가능한 상황이 되었고 예비군 대규모 활용의 경우, 현재 수행 중인 예비군 훈련 강화 이상의 전력 강화 방안을 추진하기는 요원한 실정이다. 또한 동맹인 주한미군을 활용하는 경우에도 현 수준 이상의 역할 증대 및 기여 확대는 동아시아의 현격한 질서 변동이 발생하지 않는 이상 불가능하다고 할 수 있으며, 오히려 주한미군의 감축에 대비해야 하는 상황이라고 할 수 있다. 그렇다면 남는 대안은 군사 외주 활용과 기술적 대응인데, 이 중 기술적 대응의 일환으로 추진되는 것이 육군의 5대 게임 체인저 계획이라고 할 수 있다.

둘째, 북한의 고도화된 군사위협으로부터 대한민국을 지켜낼 보다 혁신적인 방안이 필요하기 때문이다. 북핵문제가 대화를 통한 평화적 해결로 가닥을 잡고 있지만 핵문제가 해결되었다고 해서 한국이 북한의 비대칭 위협에서 자유로워지는 것은 아니다. 남북한 간 군

---

2 The General Accounting Office, *Contingency Operations: Opportunities to Improve Civil Logistics Augmentation Program* (Washington D.C.: The General Accounting Office, 1997), p.8.

사적 비대칭 상황은 여러 가지 요인에 의해 조성된다. 북한이 사용하는 군사적 수단의 비대칭성(예: 대량살상무기)뿐만 아니라 MDL과 의사결정 중심부인 수도와의 거리도 남북한 간의 군사적 비대칭성을 만들어내는 주요한 요인이다. 북한은 재래식 화력을 동원해서 한국의 핵심부에 감내할 수 없는 고통을 줄 수 있다. 20세기 말 이후 첨단 항공 능력이 중시되는 세계 군사력 추이에도 불구하고, 북한이 재래 전력에 있어 지상군에 크게 의존하고 있는 것은 이러한 군사적 비대칭성에서 북한이 최대한의 우위를 점하고 있고 이를 통해 다른 수단에 군이 투자하지 않아도 대한민국을 군사적으로 상대할 수 있다는 계산에 근거한 것이라 판단한다. 남북한 재래식 군사 균형에 혁명적 변화 – 예를 들어 평양과 서울 간 등거리를 전제로 한 남북한 간 MDL 재조정이나 북한의 장사정포 후방 배치 등 – 가 발생하지 않는 한, 대한민국이 안고 있는 군사적 취약성은 계속 지속될 것이다. 특히, 수도 서울을 타격할 장사정포가 대거 배치된 개성고지군의 군사적 위협을 비롯하여 고도화되고 있는 북한의 핵전력 및 대량살상무기, 그리고 여전히 양적 군사우위로 수도 서울을 압박하고 있는 상황은 향후 벌어질지도 모를 한반도의 장차전이 대한민국에 감내할 수 없는 고통을 줄 것이라는 점에서 분명하다.

셋째, 세계 주요 군사강국의 육군이 직면하고 있는 이른바 "지상군의 위기"도 육군이 혁신을 추진하게 된 중요한 이유다. 냉전 종식 직후 발생한 제1차 걸프전은 항공전력의 중요성을 강조하게 만들었고, 1999년에 발생한 코소보 전쟁은 순수 항공전력만으로도 전쟁을 수행할 수 있다는 것을 보여주었다. 이에 주요 군사강국은 첨단 항공전력의 보유를 군사혁신의 주요 핵심으로 인식하게 되었고 각국 군대의 획득 사업에 있어 첨단 항공전력 획득이 가장 주요한 이슈로 부각되었다. 9/11 테러 이후 이라크전과 아프가니스탄전을 통해 항공전력을 위주로 한 전쟁수행의 한계와 지상전력의 중요성이 재차 강조되었음에도 불구하고, 미래 전쟁에 대한 대비에 있어 항공전력의 중요성은 더욱 강조되는 반면, 지상전력의 중요성은 그리 부각되지 않는 상황이 되었다. 이러한 미래 전쟁에 대한 다소간 편향된 대응은 각국 지상군에게 일련의 위기감을 조성했다. 또한 이러한 지상군의 위기는 각국 육군으로 하여금 미래 전쟁에 대비하기 위한 육군의 혁신과 역할 정립을 요구하게 되었고 이러한 상황은 한국군에도 적용되었다고 볼 수 있다. 그렇다면 대한민국 육군은 어떠한 대응 방안을 내놓을 수 있을까? 육군은 북한의 선제공격으로 인해 발생하게 될 한반도 전쟁 상황이 대한민국에 감내할 수 없는 고통을 줄 것이라는 점을 감안해야 하며, 특히 핵 및 대량살상무기를 활용한 북한의 선제공격이 감행될 경우, 기존의 방어적 선형전투를 통해서는 피해를 최소화하기 어렵다는 점을 고려해야 한다. 또한 병역자원 감소로 인해 기존보다 적은 병력으로 효과적인 전투를 수행하기 위한 대안을 마련하기도 해야 하며, 미래 전쟁에 대비하기 위한 육군의 새로운 역할을 정립해야 한다. 이에 육군은 다음과 같은 방안을 제시하고 있다. 우리 군은 새로운 전쟁 패러다임 제시를 통해 북한의 전면전 및 대량살상무기 위협에 대응하려 하고 있는데, 핵심적인 내용은 바로 전쟁수행 개념을 "기존의 방어적 선형전투에서 공세적 종심기동전투로 전환"하는 것이다. 보다 구체적으로 살펴보면 첫째, 수도권에 대한 북한의 선제공격을 전면전 도발로 간주한다. 이는 북한의 대남 군사작전의 핵심인 3일 전쟁 시나리오를 염두에 둔 것이다.[3] 수도권에 대

3 제1차 걸프전 당시 미국의 군사적 성공을 목격한 김정일은 1992년에 기존의 전

한 대규모 공세는 대한민국의 운명을 좌우할 만큼 사활적인 것이므로 수도권에 대한 공세를 전면전 공세로 간주하여 적극적으로 대응하겠다는 것이다. 둘째, 강력한 3축 체계(Kill Chain, KMPR, KAMD)를 활용하여,[4] 최단 시간 내 적의 주요 표적을 제압하고 초토화하며, 제공권을 확보하여 승전을 위한 요건을 적극 조성한다. 셋째, 공세적 종심기동작전을 통해 최단 기간에 최소 희생으로 적의 핵심 지역을 석권, 조기승전을 통해 전쟁으로 인한 고통의 최소화를 목표로 하고 있다.

대한민국 육군이 공세적 종심기동작전을 북한의 치명적 군사위협에 대한 대안으로 제시한 것은 치열한 고민에서 나온 것이라 평가할 만하다. 여기서 우리는 왜 육군이 북한의 고강도 군사위협에 대응하기 위한 대안이 되는지 생각해볼 필요가 있다. 가장 낙후된 전력이라는 일부 민간의 인식과 달리 육군의 첨단 지상전력은 의외로 신속하고 유연하며, 무엇보다 타 군이 보유하지 못한 전천후 전투능력을 보유하고 있다. 이러한 신속하고 유연하며 전천후로 활용될 수 있는 전투능력은 북한의 군사위협에 대한 가장 확실한 대응 수단이 될 수 있을 것이다. 21세기를 대비하는 육군의 비전인 공세적 종심기동전투와 5대 게임 체인저[5]는 "대한민국을 수호하는 가장 확실한 군사옵

쟁 계획인 7일 계획을 수정해, 3일 안에 한반도를 석권하는 "3일 전쟁" 계획을 지시했다. IHS Jane's Sentinel Security Assessment, "Armed Forces: North Korea," *IHS Jane's Sentinel Security Assessment*, December, 16, 2013, pp.6~7.

4 한국형 3축 체계에 대한 개괄적 내용은 손효주, "軍, 북핵-미사일 대응 '한국형 3축 체계' 앞당긴다", ≪동아일보≫, 2017.4.15, http://news.donga.com/3/all/20170414/83868572/1#csidx0a7699d92f5e7d8b8f45fa3186de064 (2018.4.15)

5 5대 게임 체인저와 관련한 개괄적 내용은 유용원, "[유용원의 밀리터리 리포트] 육군의 5대 게임 체인저 전쟁 판도 바꾼다", ≪주간동아≫, 제2493호 (2018), http://weekly.chosun.com/client/news/viw.asp?ctcd=C03&nNewsNumb=002493100018

선"으로서 육군의 역할과 위상을 재정립하는 계획이라 할 수 있을 것이다. 그렇다면 육군은 구체적으로 어떠한 비전과 실행 계획을 제시하고 있을까? 다음 절에서 구체적으로 살펴보도록 하겠다.

3. 공세적 종심기동전투의 구현을 위한 육군의 비전: 5대 게임 체인저

육군은 수도권을 위협하는 북한의 장사정포를 비롯해 현존하는 위협에 대비하고 나아가 미래 지상전의 양상에 대비하고자 다섯 가지 핵심 군사기술을 획득하려 하고 있다. 이른바 '5대 게임 체인저'는 21세기를 대비하는 대한민국 육군의 혁신안이라 할 수 있다. 5대 게임 체인저는 전술, 작전, 전략적 수준의 임무를 수행하기 위해 다각적인 기술을 사용하고 있다. 보다 구체적으로 언급하면 전술적 수준에서는 보병 개인의 역량을 혁신적으로 증대시키기 위한 워리어 플랫폼이 있으며, 작전적 수준에서는 무인병기를 활용한 드론봇 전투단이 있다. 전략적 수준의 임무에서는 특수임무여단, 전략기동군단 및 전천후 초정밀 고위력 미사일을 획득하고 있는데 이러한 5대 게임 체인저는 한국의 핵심 국가이익을 보호하기 위해 전쟁 발발 후 가능한 한 최단 기간 내에 승전(조기승전)을 성취하기 위한 핵심 기술이라 평가할 수 있다. 그렇다면 구체적으로 대한민국 육군은 어떠한 미래 기술을 활용하려 하고 있는지 살펴보도록 하겠다.

(2018.6.3)

1) 1인 다역을 가능케 하는 첨단 개인 장비: 워리어 플랫폼

워리어 플랫폼은 각개 병사의 피복, 전투장비 및 전투장구류 등이 최상의 전투력을 발휘할 수 있게 통합한 전투체계를 의미한다. 세계는 현재 개인 병사의 전투력 극대화를 목표로, 이른바 "미래보병체계"라는 이름의 프로그램을 추진하고 있다.

[표 5-1]은 주요 국가의 미래보병체계 프로그램을 정리한 것이다. 표에서 나타나듯이 군사강국으로 불리는 모든 국가가 미래보병체계를 구축하려 하고 있음을 알 수 있다. 대한민국 육군도 워리어 플랫

[표 5-1] 주요 국가의 미래보병체계 프로그램

국가	시스템명	주요 개발 내용
미국	Land Warrior Integrated Soldier System Future Force Warrior	• LW: 기존 장비를 최대한 활용하면서 C4I 및 네트워크 기반 전투능력 강화 • FW: 기존 LW를 기반으로 일명 아이언맨 수트(강화 전투복) 제작, 통합 보병전투체계 구축
러시아	ратник(Ratnik)	• 1단계: 프랑스 Félin 기술 적용, 장구류 현대화 • 2단계: 경량, 일반, 중장갑형 장구류 제작 • 3단계: 향후 사격 통제, 헬멧 디스플레이, 강화 전투복 제작
영국	Future Integrated Soldier Technology	• 혁신의 극대화보다는 기존 보병 체계를 최대한 발전시키는 보수적 방향으로 진행
프랑스	Félin	• 대 보병 통합 데이터 링크 장비 개발, 미군보다 빠른 개발 속도 및 실전 배치(약 3만 1400대 운영)로 주목
독일	Infanterist der Zukunft (IDZ)	• IDZ1: 기존 보병 장비의 개선 및 부분적 C4I 도입 • IDZ2: 전면적 C4I 도입 및 방호력 증대
중국	1x式单兵系统	• 2000년대: 05식 전략보총을 중심으로 한 미래 소총 시스템 개발 • 2010년 이후: 미국의 보병 시스템을 추종하여 진행
일본	Adanced Combat Infantry Equipmant System	• 인구 감소로 인한 병역자원 부족 등 국내 실정 감안하여 신속하게 추진, C4I에 집중 투자하고 있으며, 2012년부터 본격적 실용화
기타	싱가포르(ACMS), 호주(LAND 25), 이스라엘(ANOG), 인도(F-INSAS) 등	

폼 사업을 통해 미래보병체계 획득 경쟁에 적극적으로 임하고 있다. 그렇다면 왜 우리 육군은 미래보병체계인 워리어 플랫폼을 획득하려 하는 것일까? 장차전에서의 승리를 위한 핵심 기술이라는 측면도 있지만 병력 및 복무 기간 단축으로 인한 병력자원 감소라는 중대한 도전에 대한 대응을 위한 것이기도 하다. 병력자원 감소로 인해 향후 육군 병사는 "Doing more with Less"의 상황에 처하게 된다. 다시 말해 1인 다역을 수행해야 한다는 의미다. 병사 개인이 다양한 임무를 수행하도록 하기 위해서는 단일 임무에 드는 노동력 부담 및 위험을 줄이고 다양한 임무를 보다 쉽게 처리할 수 있도록 기술적인 지원이 필요하다. 바로 워리어 플랫폼은 병사들로 하여금 1인 다역을 수행토록 하기 위한 기술적 대안이라 할 수 있다.

대한민국 육군이 추진하고 있는 워리어 플랫폼 사업의 구체적인 내용은 [표 5-2]에 나온 바와 같다. 개인 화기의 경우, 보다 정확하고 신속한 사격을 보장할 개인 화기용 조준경(일명 도트사이트)[6]을 장착하고 경량화·모듈화된 전투장구류와 야시경, 생체환경 센서 및 정보처리기를 통해 정보 공유 및 전투능력 극대화를 도모하고 있다. 표에서 언급된 기술 중 주목할 만한 것은 바로 무동력 하지외골격이다. 미국을 비롯한 군사강국은 외골격(exoskeleton)을 통한 보병 전투력 강화 프로그램을 추진하고 있다. 외부 장착형 외골격은 현재 동력형을 중심으로 개발이 진행 중인데, 장시간 동력을 제공할 수 있는 모터와

---

6 미국 육군의 경우 2000년대 초반부터 제식 도트사이트를 지정하고 모든 병사가 도트사이트를 활용하여 사격을 하도록 하고 있다. 도트사이트는 광학 장비로 조준점을 제시하고 있는데, 이를 활용할 경우 가늠자와 가늠쇠를 일치시키는 영점 조준이 사실상 필요 없어 사격 시간의 단축 및 정확도를 기존 대비 큰 폭으로 향상시킬 수 있다.

[표 5-2] 대한민국 육군의 워리어 플랫폼 주요 내용

	주요 장비	부속 장비	기대 효과
개인 화기	• 차기소총 • K-11복합소총 • 경기관총 II • 개량형 개인 화기 조준경	• 전술 후레시 • 탄알집 • 권총집	• 즉응사격 및 정확도 향상 • 야간사격 능력 향상
전투 피복	• 신형 전투복 • 전투용 셔츠 • 팔꿈치/무릎 보호대 • 기능성 방한복 내피		• 개별 병사의 활동성 및 기동성 강화 • 전투 및 이동 중 부상 최소화 • 방한 등 극한지 전투능력 제고 • 위장 효과 제고를 통한 생존성 강화
헬멧	• 전투용 고글 • 고기능 보호고글 • 방탄 헬멧	• 고성능 야간투시경 • 영상전시기	• 경량화된 헬멧 및 부속 장비를 통해 전투 피로도 최소화 및 전장 상황 파악 능력 향상
방탄 무전 기능	• 신형 방탄복 • 전투 조끼 • 헤드셋	• 개인무전기 • 정보처리기 • 정보입력기 • 생체환경 센서 • 통합 전원	• 병사 생존력 강화 • 전장 상황 판단, 정보공유 능력 및 네트워크 전투력 극대화
기타	• 전술 배낭 • 개인 구급키트 • 개인용 천막 • 다용도 방수포 • 수통 • 무동력 하지외골격		• 하지외골격의 경우, 완성 시 기동 및 개인 전투력의 비약적 향상 기대(장시간 행군 후에도 전투력 유지)

자료: 김민석, "[김민석의 Mr. 밀리터리] 육군의 게임 체인저, 한 벌 5000만 원 '워리어 플랫폼'", ≪중앙일보≫, 2018.1.26, https://news.joins.com/article/22319630(2018-12-10)

배터리의 개발이 핵심 과제로 남아 있다. 대한민국 육군이 추진하고 있는 외골격은 하반신에만 적용되며 무동력 형태인데, 동력형 외골격 획득의 예비 단계로 추진할 가치가 있다고 본다.

현재 육군의 워리어 플랫폼 사업은 실현 가능성 있는 기술 위주로 선별하여 추진한 것으로 비용의 낭비를 막으면서도 현실성 있는

전력 강화를 추구한 것으로 보인다. 워리어 플랫폼은 적은 병력으로 보다 많은 임무를 수행할 수 있도록 한다는 측면에서 향후 병력 감축에 대한 유력한 기술적 대응 방안이 될 것이다. 워리어 플랫폼과 관련하여 한 가지 우려되는 사항은 병력 감축 및 병역 기간 축소의 시기다. 육군은 2022년까지 상비병력을 50만 명 수준으로 단계적으로 감축하도록 되어 있다. 병력 감축이 4년 내로 가시화된 상황에서 워리어 플랫폼이 적시에 배치되지 못할 경우, 육군은 병력 감축으로 인한 전비 태세 악화로 상당한 어려움을 겪을 것이다. 워리어 플랫폼과 같은 개별 병사의 능력을 강화하는 기술 도입 이후 단계적으로 병력을 감축하는 것이 필요하다고 생각되나, 이미 계획된 감축 계획을 연기하는 것은 상당한 논란을 야기할 것으로 생각된다.

2) 기술 및 싸움 방식 혁신을 통한 전구작전 효과 극대화: 드론봇 전투단

대한민국 육군이 추진하고 있는 5대 게임 체인저 중 가장 야심만만한 계획으로 평가할 수 있는 것은 드론 및 로봇을 활용한 전투단 편성이다. 21세기 들어 전장에서 벌어지고 있는 가장 혁명적인 변화는 바로 전장 무인화라고 할 수 있다. 전장 무인화는 기존의 군사혁신보다도 파격적인 면이 있다. "전쟁은 결국 인간이 한다"는 기존의 통념을 거스르기 때문이다. 드론의 전장 투입에 대해 인도주의적 측면에서 문제를 제기하고 투입을 규제해야 한다는 주장도 있지만 세계 각국은 드론을 활용한 전장 무인화에 큰 관심을 보이고 있다.

전장 무인화는 인간을 대체하는 노동력을 제공해준다는 점에서 병력자원 부족에 시달리는 국가들에게 희소식이 되고 있다. 공병 및 지원 업무에 자동화를 가능하게 하여 병력 감축으로 인한 전투력 감소를 최소화할 수 있는 방안이 되기도 한다. 실제 사례로 민간 기업 아마존에서 무인화 창고를 실현한 것은 기존보다 적은 인력으로 대규모 병참기지 운영이 가능하다는 것을 보여주었다. 하지만 전장 무인화가 전쟁에 혁신적인 변화를 야기하는 것은 그 이전에 생각하지 못했던 싸움 방식(how to fight)을 가능하게 하기 때문이다. 인간의 희생이 따르지 않기 때문에 보다 위험한 임무를 수행할 수 있으며, 보다 과감한 공세를 감행할 수도 있다. 또한 인간의 노동력을 대체하는 무인화 기술은 기존과 다른 새로운 싸움 방식을 제시하고 있다.

전장 무인화가 제시하는 새로운 싸움 방식은 바로 군집전투(swarming)다.[7] 군집전투의 핵심은 압도적인 수를 활용하여 적을 전방위로 포위하는 것이다. 이러한 군집전투의 핵심으로 인해 존 아퀼라(John Arquilla)와 데이비드 론펠트(David Ronfeldt), 폴 샤레(Paul Scharre)와 같은 전문가들은 드론의 활용이 군사 부분에서 양의 중요성을 재고하게 만든다고 주장한다. 군집전투가 가능하려면 군집전투에 동원되는 장비들은 작으면서도 많은 수가 되어야 한다는 것이다. 그 수에 있어서도 수십 대가 아닌 수백, 수천, 수만이 될 수도 있다고 주장한다. 전문가들은 작고 많은 장비(Small and Many Unit)의 동원이 새로운 싸움 방식인 군집전투의 주요한 전제 조건이라는 점을 지적하고 있는 것이다.[8]

---

7 군집전투의 역사적 사례와 효용성을 논한 대표 연구로는 Sean J. A. Edwards, *Swarming on the Battlefield: Past, Present, and Future* (Santa Monica CA: RAND, 2000) 참조.

8 John Arquilla and David Ronfeldt, *Swarming and the Future Conflict* (Santa Monica CA: RAND, 2000); Paul Scharre, "UNLEASH THE SWARM: THE

작고 많은 단위의 드론 및 로봇의 획득, 그리고 이들을 동시에 군집으로 기동하게 만들 수 있는 군집기동(flocking) 기술은 미국을 위시한 군사강국에서 가장 역점을 두고 개발하고 있는 기술이다. 최근 미국은 1대의 F-35를 모선으로 하여 100대의 전투드론을 군집기동하는 실험을 한 바 있다.[9] 흥미로운 것은 민간 영역에서의 기술 발전이다. 2018년 있었던 평창 동계올림픽 개막식에서 한국과 미국 기술진은 1000대 이상의 드론을 활용한 군집기동을 선보인 바 있다.[10] 군집기동 기술의 발전이 예상외로 빠르게 진전되고 있음을 시사하는 내용이라 할 수 있으며, 군집기동을 활용한 드론 전투가 가까운 시일 내에 현실화될 수 있음을 시사한다고 할 수 있다.

그렇다면 대한민국 육군은 이 혁신적인 전장의 변화에 어떻게 대응하고 있는가? 한국군만에 국한해서 이야기하자면 육군은 대한민국에서 전장 무인화를 선도하는 군대라 할 수 있다. 다른 군보다 먼저 드론 및 전장 무인화에 관심을 두고 있으며, 적극 추진하고 있는 군이 바로 대한민국 육군이다. 전장 무인화 및 드론을 활용한 새로운 싸움 방식의 적용에 있어 대한민국 육군은 개척자(frontier)라 할 수 있을 것이다.

[표 5-3]은 대한민국 육군이 추진하고 있는 드론봇 전투단의 주요

FUTURE OF WARFARE," *War on the Rocks*, March 4, 2015, http://warontherocks.com/2015/03/unleash-the-swarm-the-future-of-warfare (2016.3.16)

9 김선한, "스텔스기 F-35가 드론 100대 지휘… 항공전 양상 바뀔 것," 연합뉴스, 2016.8.28, http://www.yonhapnews.co.kr/international/2016/08/26/0619000000AKR20160826138600009.HTML (2018.6.12)

10 손정민, "평창 동계올림픽, 개막식 드론 오륜기 1218대… '기네스북 등재'", http://www.cnbnews.com/news/article.html?no=367804

[표 5-3] 대한민국 육군 드론봇 전투단 편성

예하 부대	운용 개념	기대 효과
정찰드론중대	무인 정찰기를 활용한 정찰, 감시 및 표적 획득	• 적 지도부 및 WMD 시설 감시 및 정보 수집 • 대 화력전 표적 획득 및 전투 피해 평가 지원
공격드론중대	군집기동 및 군집전투를 활용한 타격	• 원거리 타격으로 적 핵심 표적 무력화 • 대규모 인원 및 차량 무력화
로봇중대	로봇병기 등 무인화 장비를 활용한 정찰, 타격 및 위험 임무 대체	• 위험 임무 대체를 통한 병사 희생 최소화 • 보다 적극적인 작전지역 내 적대세력 무력화 • 정찰 임무의 효율화

편성 내용이다. 주목할 것은 드론 및 무인화 병기를 독립적인 부대로 편성했다는 점이다. 전장 무인화를 어떤 방식으로 혁신할 것인가는 혁신의 방향과 관련해 중요한 문제다. 여기에는 크게 두 가지 아이디어를 생각할 수 있다. 기존의 부대에 드론병기를 보편적으로 활용하는 방안이다. 예를 들어 기존의 보병중대 및 전차대대 등에 드론병기를 추가하는 방식이다. 이러한 방식은 무인화 장비의 보편화를 추진하는 데에는 용이하나 드론 및 무인병기가 가지고 있는 전투 방식의 변화를 실현하는 데에는 다소간 한계가 있다. 반면 드론을 활용한 독립부대를 편성할 경우, 드론을 활용한 새로운 싸움 방식을 구현함에 있어 보다 효과적이다. 하지만 이 경우, 독자적 부대 편성으로 인한 비용 및 조직의 변화를 고려해야 한다. 대한민국 육군은 이 두 가지를 병행하고 있는 것으로 보인다. 기존 부대에 무인화 장비를 보급하는 한편, 독자적인 드론봇 전투단을 편성하여 새로운 싸움 방식을 전장에 적용하려 하고 있다.

전장 무인화 기술은 아직 완성 단계가 아닌 만큼 지속적인 관심과 투자가 필요하다. 군집전투를 실현할 수 있을 정도의 드론의 성능 향상 및 군사적 활용성(전투능력)이 필요하고 플랫폼의 다양화 및 전자적 장애에 대한 극복 방안과 지상로봇의 장애물 극복 능력 등 야지

기동성 지대 및 자율주행 능력 확대 등이 해결해야 할 기술적 과제로 남아 있다. 하지만 로봇기술의 발전 추세를 보면 그리 멀지 않은 장래에 관련 기술들의 발전이 있을 것으로 보인다.

또한 육군은 전장 무인화 기술 도입을 선도하는 만큼, 신기술의 활용 방안과 이를 통한 역할 정립에 대해서도 생각해보아야 한다. 전장 무인화는 기존의 육군이 보유하지 못한 전력을 보유하게 한다. 바로 공중과 해상 전력이다. 육군의 무인기 전력은 육군으로 하여금 공중에서의 전투를 가능하게 한다.[11] 또한 육군이 무인/소형 연안전투함정을 보유할 경우, 육군은 하천과 연안에서의 전투도 가능하다. 다시 말해 전장 무인화 기술은 인간병사를 대체하는 새로운 싸움 방식을 도입하게 할 뿐만 아니라 육군의 전투공간(Domain)을 확장하는 기술이라 할 수 있다. 이러한 전투공간 확장은 육군에게 새로운 역할을 부여할 수 있다. 바로 다공간 전투(Multi-Domains Battle) 혹은 교차공간 전투(Cross-Domains Battle) 수행이다.[12] 육군이 전장 무인화를 추진할 경우, 육군의 역할은 지상에서의 전투에만 그치지 않는다. 공중에서, 해상에서는 물론, 지상에서 공중으로, 혹은 지상에서 해상으로의 교차공간 전투가 가능하게 된다. 기존의 육군에서는 생각할 수 없었던 타 공간에서의 전투가 지상으로부터(From the Ground) 이루어질 수 있다. 이러한 다공간 전투 및 교차공간 전투는 육군에게 새로운 역할을

---

11 이는 공군 및 해군도 마찬가지다. 전장 무인화 기술을 활용하면 공군도 지상 및 해상 전투가 가능한 로봇병기를 항공기로 투발할 수 있고 해군도 해상 플랫폼을 이용해 지상 및 해상 무인전투로봇을 투발할 수 있다.

12 다공간 전투 및 교차공간 전투의 개념 관련해서는 David G. Perkins, "Multi-Domain Battle: Joint Combined Arms Concept of the 21st Century," November 14, 2016, https://www.ausa.org/articles/multi-domain-battle-joint-combined-arms (2018-8-14) 참조.

부여하게 된다. 따라서 육군은 전장 무인화가 추진됨에 따라 부여되는 새로운 전투공간에서의 역할에 대비해, 새로운 전투 개념과 작전 구상에도 힘을 써야 할 것이다.[13]

3) 핵심 표적 타격을 통한 조기승전의 여건 마련: 특수임무여단

육군의 5대 게임 체인저 중 특수임무여단 개편은 평시, 적의 대량살상무기 도발에 대응하기 위한 것이다. 특수임무여단의 주요 임무는 핵무기 및 대량살상무기 사용 징후 포착 시 해당 시설의 파괴 및 발사권자를 비롯한 지도부 제거로 전평 시 결정적 작전을 수행하는 신속 대응 전력으로서의 의미가 있다. 대한민국 육군이 특수임무여단의 개편을 추진하게 된 이유는 북한의 핵무장 고도화 및 평시 핵 사용 위협을 통한 대남 압박을 억제할 필요성이 있기 때문이다. 우리 군은 북한의 핵 및 탄도 미사일 공격에 대비하기 위해 한국형 대량응징보복 체계(KMPR: Korean Massive Punishment and Retaliation)를 마련하고 있고 이 대량응징보복 체계에는 북한 지도부에 대한 특수 타격이 주요 임무로 구성되어 있다.

대량응징보복은 항공전력 및 미사일 전력을 활용한 적 지도부 거

---

13 이러한 다공간 전투 혹은 교차공간 전투는 합동 전투와 관련하여, 기존의 육해공군 간 전투 영역 및 역할 분담에 대한 재정립을 요구하게 될 것이다. 또한 이러한 역할의 재정립 과정에서 발생할 수 있는 각 군의 이해관계 대립 및 갈등을 최소화하는 방안도 모색되어야 할 것으로 보인다. 대표적인 사례로 무인기의 작전 고도와 관련한 미국 육군과 공군 간의 갈등을 들 수 있는데 미국 육군이 미군 내 가장 많은 무인기 전력을 보유하게 되자 미국 공군은 작전 고도를 제한하면서 일정 고도 이상에서 작전을 수행하는 무인기는 모두 공군이 관할해야 한다고 주장한 바 있다.

처에 대한 타격으로도 구현할 수 있으나 가장 확실한 방법은 적 지도부에 대한 특수부대의 작전이라 할 수 있다. 지난 2011년 5월 2일 미국 해군 특수부대의 오사마 빈 라덴 사살 작전은 지도부에 대한 특수작전의 가장 대표적이고 성공적인 사례로 알려져 있으며, 동 작전을 통해 특수부대를 활용한 지도부 타격의 효과성과 우수한 특수부대를 보유해야 하는 필요성이 시사된 바 있다.

육군이 추진하고 있는 특수임무여단 개편은 현존하는 공수여단 개편을 주요 내용으로 하고 있는데, 특수임무여단 산하에 수 개의 지역대, 지원대 및 팀을 두고 핵심 시설에 대한 공중강습 및 경계부대 제거, 핵심 지대 확보 및 적 증원부대 차단, 근접 병력 제거 및 핵심 시설 강습돌파와 핵심 작전(내부 소탕 및 표적 제거) 등의 주요한 임무를 수행토록 하고 있다. 또한 특수임무여단은 장거리 통신, 표적 정밀 접근 및 분석, 전천후 공중침투, 무조명하의 야간전투 능력 및 시설 파괴 능력을 요구 능력으로 해당 능력을 구비하기 위해 기존 수송헬기의 성능 개량을 비롯해 소형 무인정찰장비 및 공지 통신무전기 등의 장비 획득을 추진하고 있다.

특수임무여단의 임무는 신속하고 정확하며, 은밀하게 수행되어야 한다. 목표로 하고 있는 적의 핵 및 탄도 미사일 발사 저지 또는 적의 주요 지도부에 대한 타격의 경우 실패 시 재앙적 결과를 초래하므로 운용 개념을 체계화하고 임무의 성공적 수행을 위한 능력의 구비(경량화·고화력·고성능의 장비 및 대원의 물리적·지적·정신적 능력 강화)가 필요하며, 작전 수행을 위한 여건 조성 노력도 적극 마련해야 한다.[14]

---

14 특수작전 수행을 위해 주변 여건을 조성하는 것은 매우 중요하다. 우리의 특수작전이 주변국의 방해에 의해 실패하는 일이 없도록 정치군사적(Politico-military) 대응 능력을 포함, DEIM 요소를 적극 활용해야 한다.

무엇보다 특수임무여단과 관련하여 강조되어야 할 것은 바로 표적정보의 중요성이다. 특수임무여단의 표적 중에 적의 정치 엘리트가 포함되는 만큼 이들에 대한 정보를 확보하는 것이 그 무엇보다 중요하다. 이와 관련해 미국의 표적정보 획득 노력을 살펴볼 필요가 있다. 2011년 오사마 빈 라덴 제거 작전 당시 가장 중요했던 것은 "어디에 빈 라덴이 은신하고 있는가"였고 동 작전은 빈 라덴의 은닉 장소에 대한 결정적 정보를 획득함으로써 성공적으로 추진될 수 있었다. 미국은 냉전 막바지에도 표적정보를 위한 국가적 노력을 기울인 바 있다. 바로 레이건 행정부 시기에 추진한 대 소련 정치 엘리트 표적정보 획득이다. 1980년대 초 로널드 레이건 대통령은 미국의 핵전력에 대한 브리핑을 받는 자리에서 미국의 기존 핵심 표적으로 제시된 도시 및 소련의 핵전력 이외에도 소련의 정치 엘리트를 표적으로 추가할 것을 지시했다.[15] 이후 미국 국방부 및 정보 당국은 소련의 정치 엘리트 11만 명에 대한 리스트와 함께 전쟁 위기 시 이들이 은닉하게 될 시설을 포함한 표적정보를 확보했다.[16] 육군의 특수임무여단도 표적정보 획득을 위한 부단한 노력이 필요하다. 표적정보 획득 능력이라는 것은 첨단 정찰장비 및 정찰위성을 통해 구현되는 것만은 아니다. 표적과 가까운 곳에서 육안으로 확실한 정보를 확인할

---

15 자세한 내용은 William Burr (ed.), "Reagan's Nuclear War Briefing Declassified," https://nsarchive.gwu.edu/briefing-book/nuclear-vault/2016-12-22/reagans-nuclear-war-briefing-declassified (2018.5.26)

16 보다 구체적으로 당시 미국 정보 당국이 식별한 구소련 엘리트 표적은 중앙 당정 간부 5000명, 지방단체의 당정 간부 6만 3000명, 핵심 산업 시설의 지배인 2000명, 기타 핵심 인물 4만 명이었고 이들이 전시에 은신할 시설도 파악했다. 자세한 내용은 Desmond Ball, "Targeting For Strategic Deterrence," *Adelphi Papers*, No.185 (1983), pp.31~32.

수 있는 인간정보(HUMINT) 능력도 중요하며, 첨단 장비가 송신한 의심 대상에 대한 분석 능력도 장비 못지않게 중요한 능력이라고 할 수 있다.[17] 따라서 이미 계획된 장비 및 부대 편성에 추가하여 인간정보 능력의 제고 및 표적 분석을 위한 전문인력 확보 노력을 수행할 필요가 있다. 물론 국정원과의 정보공조 체계 강화를 통한 표적분석 능력 제고도 지속해야 할 것이다.

4) 공세적 종심기동의 핵심: 전략기동군단

대한민국의 안보에 있어 주요한 위협이 되는 것은 핵 및 탄도 미사일만 있는 것이 아니다. 앞서 언급한 바와 같이 지리적 비대칭성은 남북 간의 군사적 비대칭을 조성한다. 대한민국의 수도 서울은 DMZ와의 거리가 수십 킬로미터로 매우 가까운 데 반해 북한의 평양은 200km 떨어진 곳에 위치해 있다. 북한은 이러한 지리적 비대칭성을 활용해 재래 병기를 통해서도 대한민국에 전략적 타격을 가할 수 있다. 이른바 "서울 불바다" 위협은 재래 병기를 통해 한국을 위협하는 북한의 대표적 군사도발이다. 한국군의 전쟁수행 개념이 방어적 선형전투에서 공세적 종심기동전투로 전환하게 됨에 따라 육군에게는 단기간 내에 최소 희생으로 적의 주요 지역을 석권할 수 있는 능력이 필요하게 되었다. 기존에 추진하던 기동장비의 첨단화에 추가하여

---

17 오사마 빈 라덴 제거 작전 당시 미국 정보 당국은 표적 획득 및 분석을 위해 파키스탄 현지에 안가를 만들고 분석요원들을 파견하면서 작전을 수행했다. Bill Dedman, "How the U.S. tracked couriers to elaborate bin Laden compound," *MSNBC*, May 2, 2011, http://www.msnbc.msn.com/id/42853221/ns/world_-news-south_and_central_asia (2018.5.26)

단기간 내에 목표 지점으로 돌파할 수 있는 다양한 수단이 구비되어야 한다. 육군은 이러한 과제를 달성하기 위해 전략기동군단 편성을 추진하고 있다. 육군의 전략기동군단은 다음과 같은 내용을 핵심으로 한다. 첫째, 적보다 압도적인 정부, 기동, 화력, 방호 능력을 구비하여 공세적 중심기동을 실현하고 둘째, 이를 통해 적의 중심과 주요 지역을 석권하며, 셋째, 전구작전목표 달성에 결정적으로 기여함으로써 조기승전목표를 달성하는 것이다.

보다 구체적으로 전략기동군단은 강력한 화력과 기동력을 확보한 기계화 사단을 예하에 편성하고 있다. 이 기계화 사단은 주요 핵심 목표로의 빠른 기동을 달성하기 위해 기동축선상의 장애물 제거 및 하천 극복 능력이 필요하다. 또한 종심 및 근접 지역 내 저항군을 제압하기 위해 기동축선상의 엄호사격 및 빠른 종심기동 능력이 필요하며, 주요 핵심 지역에 대한 신속한 포위 및 진입이 필요하다. 또한 전략기동군단은 공정사단 편성을 통해 지형 제한 없이 적 후방에 강력한 전투력을 투사할 수 있는 능력의 확보를 도모하고 있다. 공정사단은 중요 지역 확보와 동시에 적 지도부의 퇴로 및 증원 차단과 지상기동부대와의 연결 작전을 수행하게 된다.

이렇듯 전략기동군단은 입체적 고속투사 능력으로 적의 중심지를 조기에 확보하여 승전의 기틀을 마련하는 것을 목표로 편성되고 있다. 전략기동군단에서 역점을 두고 있는 것은 고속 종심기동을 가능하게 하는 정보, 화력, 기동 및 통신장비의 획득이지만 더욱 중요한 것은 바로 완전 편성이라 할 수 있다. 전략기동군단에게 완전 편성이 중요한 것은 바로 완전 편성이 고속 기동을 통한 신속한 공세를 가능하게 하기 때문이다. 완전 편성이 이루어지지 않은 경우, 야전부대는 충원 및 재보급을 위해 작전을 지체할 수밖에 없다. 또한 압도적 고속 기동을 통해 적의 종심으로 돌파하기 위해서는 야전부대에 충분한 물량이 확보되어야 한다. 특히 군사적 밀집도가 강한 MDL에서의 전투에서 충분한 물량 확보는 돌파를 위해 중요한 요소다. 따라서 공세적 종심기동을 구현하기 위해서는 첨단 장비와 함께 완전 편성을 동시에 달성해야 한다.

여기서 우리는 육군에게 전략기동군단이 중요해진 이유를 생각해야 한다. 육군이 기동군단에 "전략적" 의미를 부여한 것은 한반도 전쟁 발발 시 지상군의 중요성을 누구보다 잘 인식하고 있기 때문이다. 존 미어셰이머(John Mearsheimer)는 지난 200년간 강대국의 전쟁은 지상군의 전투에 의해 승패가 결정되었다고 강조하고 지상군의 중요성을 강조한 바 있다.[18] 미어셰이머가 제시하는 육군력의 중요성에 대한 이론적 근거 이외에도 대한민국 육군이 기동군단을 중심으로 한 지상군에 전략적 의미를 부여하는 이유는 북한의 군사위협에 대한 가장 결정적이고 확실한 대응 수단이기 때문이다. 북한의 군사위협이 감내할 수 없는 수준인 만큼 우리의 군사적 대응도 적극적으로 신속하게 전개되어야 한다. 기존에 고려하고 있는 미국 지상군 파견의 경우, 우리가 원하는 시간 내에 이루어진다고만 생각할 수 없으며, 조기에 핵심 목표를 달성하기 위해서는 한국군 자체 능력과 미국

---

18 John Mearsheimer, *The Tragedy of Great Power Politics* (New York: W.W. Norton & Company Inc., 2001), p.5, ch.4. 영국 육군 역시 전쟁의 형태가 변해도 전쟁의 본질은 변하지 않으며, 영토에 대한 점령 및 그에 대한 위협은 전쟁의 가장 중요한 요인이라고 주장한다. Land Warfare Development Centre, Land Operations (Army Doctrine Publication AC 71940), https://assets.publishing.service.gov.uk/government/uploads/system/uploads/attachment_data/file/605298/Army_Field_Manual__AFM__A5_Master_ADP_Interactive_Gov_Web.pdf (2018.5.18)

의 항공전력에 의존할 수밖에 없으며 지상전의 경우, 한국군이 상당 부분을 부담하게 될 가능성을 배제하지 못한다. 이러한 상황에서 대한민국을 지켜낼 수 있는 결정적인 군사작전은 육군의 전략기동군단에 의해서 수행될 수밖에 없다고 할 수 있다.

전략기동군단의 군사적 중요성에도 불구하고 전략기동군단 완전편성은 향후 끊임없는 도전에 직면할 가능성이 높다. 무엇보다 한반도 정세 변화로 인한 군축 압박과 국내 정치적 저항으로 인해 전략기동군단의 필요성에 회의적 시각을 나타내는 움직임이 커지고 여론 등의 압박이 거세질 가능성을 배제하지 못한다. 전략기동군단의 역량 구비를 위해 기술 획득에 추가하여 정치·정무적 역량 강화가 육군에게 요구되는 시점이라 할 수 있겠다.

5) 전천후 정밀타격을 통한 핵심 위협 제거: 전천후 초정밀 고위력 미사일

전천후 초정밀 고위력 미사일은 전략기동군단과 함께 육군의 핵심 전략자산이 될 주요한 전력이다. 육군이 전천후 정밀타격 미사일에 관심을 갖게 된 이유는 가장 신속하게 기상에 관계없이 정밀타격을 통해 핵심 표적을 타격할 수 있는 수단이라 인식했기 때문이다. 1991년 걸프전 이후 첨단 항공전력이 군사력의 핵심으로 부각되고 각국은 첨단 재래 군사력의 강화를 위해 고가의 첨단 항공기를 획득하고자 노력했다.[19] 하지만 우리의 막연한 인식과 달리 첨단 항공기

19 제1차 걸프전 이후 항공력의 중요성을 논한 대표 연구로는 James A. Winnefeld, Preston Niblack, Dana J. Johnson, *A League of Airmen: U.S. Air Power in the Gulf War* (Santa monica CA: RAND, 1994) 참조.

는 기상 요건의 제약을 받는다. 악천후 상황에서는 작전 수행은 물론 광학 장비를 통한 표적 포착과 작전 기동에도 영향을 받을 수밖에 없다. 또한 항공전력은 예상외로 즉응성이 떨어지며 유연성도 상대적으로 부족하다. 항공기는 이륙을 위한 준비 시간이 필요하고 표적 위치까지 도달하는 데 시간이 걸린다. 또한 체공하고 있는 경우에만 전투력을 발휘할 수 있으며, 일정 시간이 지난 후에는 반드시 기지로 복귀해야 하는 제약 요건이 따른다. 이러한 항공전력의 제약 요건으로 인해 지상군은 항공전력의 근접 지원에 회의적인 시각을 보낼 때가 많다. 전장에서 유명한 머피의 법칙 중 하나는 "전천후 근접 항공 지원은 악천후에는 제공되지 않는다(All-weather close air support doesn't work in bad weather)"는 것이다.[20]

북한은 공군력에 있어 남한에 절대적인 열세로 전면전 감행 시 한미연합 공군력이 활동하기 어려운 기간을 노려 기습 공세를 감행할 가능성이 높다. 한반도는 연평균 강우일이 103일이고 이틀 이상 비가 내리는 날은 약 35회에 이른다.[21] 북한의 전면전 기습이 악천후에 감행될 가능성을 고려하면 우리 국민의 피해를 방지하고 조기승전을 성취하기 위한 우리 군의 대응 노력이 항공전력에만 집중될 수는 없을 것이다. 육군은 이러한 항공전력의 제약 요건을 극복하고 보다 신속하게 주요 표적을 타격하기 위한 수단으로 전천후 미사일의 획득을 추진하고 있다.

[표 5-5]는 육군이 보유 및 향후 보유하게 될 주요 미사일을 정리

20 "Murphy's Laws of Combat," http://www.military-info.com/freebies/murphy.htm (2018.6.10)

21 상기 내용은 기상청, "국가기후통계," http://sts.kma.go.kr/jsp/home/contents/applystatic11/view.do?applyStaticId=krpnslClmStcs (2018.6.12)에 따른 것임.

[표 5-5] 대한민국 육군의 주요 미사일

명칭	사정거리	탄두 중량	배치 연도
현무-1	180km	500kg	1986
현무-2A	300km	2000kg	2006
현무-2B	500~800km	1000kg	2015
현무-2C	800km	500kg	2017
현무-3	500~1500km	500kg	2010
현무-4	800km	2000kg+	개발 중
ATACMS	300km	227kg	2000
천무(다련장 유도)	80km	90kg	2015
KTSSM	100~200km		

자료: CSIS, "Missiles of South Korea," https://missilethreat.csis.org/country/south-korea (2018.2.17); Yeo Jin-suk, "Army reveals plan to develop 'Frankenmissile' targeting NK," The Korea Herald, October 19, 2017, http://www.koreaherald.com/view.php?ud=20171019000877 (2018.2.17)

한 것이다. 1986년에 배치된 현무-1 및 다련장 유도 로켓인 천무를 제외하면 주요 미사일의 사정거리가 300km 이상으로 적 핵심 지역 타격을 위한 충분한 사정거리를 보유하고 있다. 육군의 주력 미사일은 현무-3 및 천무를 제외하면 모두 탄도 미사일이며 이동식 발사대에서 발사되므로 생존성이 높다.[22] 무엇보다 탄도 미사일의 최대 강점인 빠른 속도로 인해 다른 어떤 수단보다 단시간 내에 표적에 대한 타격이 가능하다. 정확도의 경우에도 상당한 진전이 이루어져 육군이 보유할 KTSSM의 경우 표적공산오차(CEP)가 수 미터에 불과하다.[23] 탄두 중량의 경우 최대 2톤까지 장착할 수 있어 열압력탄과 같

22 공군전력의 경우, 비행장 자체가 고정 표적이 되어 개전 초기 북한의 탄도 미사일 공격에 노출되기 쉬우며, 북한이 대량살상무기를 통한 공격을 감행할 경우, 불능화 상태가 초래될 수도 있다.

23 육군은 지난 2017년 7월 27일 북한의 화성 14 기습 발사에 대응하기 위해

은 강력한 탄두를 장착할 경우, 적의 지하 방호 시설에 은닉한 주요 표적을 타격할 수 있으며, 1000여 개의 집속탄(분산탄)을 장착할 경우 광면적에 대한 제압 능력도 갖출 수 있다. 한미미사일협정 개정에 따라 탄두 중량이 해제될 경우, 고성능 폭탄을 통해 적의 지하 벙커에 대한 확실한 타격 능력을 갖추게 되어 KMPR 및 대북 억제력 제고에 기여할 수 있을 것으로 평가되고 있다.[24] 무엇보다 지상배치 미사일의 신속한 대응 능력과 악천후에도 활용할 수 있다는 특성은 항공전력이 보유할 수 없는 지상배치 무기 시스템의 장점이라 평가할 수 있을 것이다.

육군은 전천후 초정밀 고위력 미사일을 통해 다음과 같은 임무를 수행하려 하고 있다. 보유한 미사일의 사정거리 및 파괴력을 고려해 이것의 활용 영역을 전술, 작전 및 전략 수준으로 구분하고 각 영역에 부합하는 미사일의 활용 방안을 마련하고 있다. 첫째, 전술 수준의 활용 방안은 전술제대 책임 지역 내 핵심 표적 등 전술목표 타격을 수행하는 것으로 이를 통해 전술제대의 작전수행여건 보장 및 대화력전 수행을 주요 임무로 한다. 전술 수준의 임무에는 다련장 로켓인 천무를 활용하도록 하고 있다. 둘째, 작전적 수준의 활용 방안은 적의 탄도 미사일, 장사정포 등을 표적으로 하며, 지작사 중심의 대

KSSTM 실험 발사 장면을 공개한 바 있는데, 당시 실험에서 KSSTM은 150km 사거리에서 직경 수 미터에 지나지 않는 표적을 정확히 명중시킨 바 있다. 유용원, "국방과학연구소 신형 4연장 벙커버스터 탄도 미사일 첫 공개!", ≪유용원의 군사세계≫, 2017.7.29, http://bemil.chosun.com/nbrd/bbs/view.html?b_bbs_id=10168&pn=1&num=438&pf (2018.6.2)

24 김귀근, "한미미사일지침, 5년 만에 개정 추진… 억제력 향상 기대," 연합뉴스, 2017.7.29, http://www.yonhapnews.co.kr/bulletin/2017/07/29/0200000000AKR20170729061100014.HTML (2018.4.15)

화력전 및 Kill-Chain 임무를 수행하게 된다. 작전적 수준의 임무에는 천무-2, KSSTM, KSSTM-2 및 ATACMS를 활용하도록 하고 있다. 마지막으로 전략적 수준에서는 적 전쟁 지도부, 핵 및 대량살상무기를 포함한 북한 전역의 핵심 전략 목표가 표적이 되며, 한국형 3축 체계 중 Kill-Chain 및 KMPR의 핵심 임무를 수행하게 된다. 전략적 수준의 임무에는 현무-2/3/4 계열의 미사일들이 활용된다.

육군의 전천후 초정밀 고위력 미사일은 북한의 핵 및 대량살상무기 위협으로부터 대한민국을 지켜낼 가장 확실한 수단이다. 하지만 육군의 첨단 미사일들이 제 기능을 발휘하기 위해 유념해야 하는 것은 바로 표적정보의 획득과 이에 대한 분석 능력 강화이다.[25] 북한 탄도 미사일의 보관 시설, 주요 이동 경로, 주요 발사 지역을 파악하기 위한 정보 역량과 함께 주요 표적의 이동 경로를 예측하고 선제적으로 대응할 수 있도록 정보 역량의 강화가 필요하다고 본다. ISR 자산을 비롯한 장비 획득 노력과 함께 정보 분석을 위한 전문요원 확충이 병행되어야 함은 물론이다.

아울러 육군의 전천후 미사일 능력 강화는 육군에게 전략자산의 운용이라는 중요한 역할을 부여한다는 점을 유념해야 한다. 탄도 미사일은 한국에게 중요한 전략자산이 될 수 있는바, 미래를 대비하기 위한 차세대 전략무기 획득과 관련해 치열한 고민이 필요하다. 첨단 탄두를 이용한 고성능 미사일 전력은 이른바 "비핵 첨단 전략무기(NASW: Non-nuclear Advanced Strategic Weapon)"[26]로서 한국이 보유할 수

---

25 이와 관련해 리버와 프레스는 표적정보 능력(counter force intelligence capability)의 발전이 역설적으로 북한의 핵무장 강화를 초래할 가능성을 지적하기도 한다. Kier A. Lieber and Daryl G. Press, "The New Era of Counter Force," *International Security*, Vol.41, No.4 (2016/2017), pp.19~49.

있는 현실적인 전략무기가 될 것이다.[27] 이와 관련해 최근 미국의 군사 동향을 예의 주시해볼 필요가 있다. 트럼프 행정부는 2018년 우주군 창설에 이어 2019년 초에는 신 미사일 방어 보고서(New MDR: New Missile Defense Report)를 통해 우주공간에 무장을 추진할 것을 천명하고 있다. 지금까지 알려진 바에 의하면 미국의 우주 무장화는 탄도 미사일 방어를 위주로 한 방어적 성격이 강한 것으로 보인다. 하지만 우주공간의 무장이 방어적인 것에 국한된다고 단언할 수는 없다. 미국은 1980년대 전략방위구상(SDI: Strategic Defense Initiative)을 통해 우주공간에서 배치 가능한 다양한 종류의 무기체계를 구상한 바 있다. 또한 미국의 오바마 행정부는 CPGS(Conventional Prompt Global Strike) 구상을 통해 핵무기 없는 세상을 천명하면서도 핵무기 감축하에 미국의 군사적 우위를 확보하기 위한 차세대 전략무기 개발을 추진한 바 있다. 동 구상은 기존의 대륙간 탄도 미사일에 첨단 재래 탄두를 장착하여 전략적 타격 능력을 확보한다는 계획이다. 핵심 사업

---

26 비핵 첨단 전략무기는 대한민국 육군이 향후 개발을 추진할 무기체계로 제안하는 용어다. 비핵 첨단 전략무기는 핵무기가 아니면서 적에게 감내할 수 없는 고통을 줄 수 있는 타격무기를 말한다. 핵이 아닌 전략무기로는 기존의 생화학 병기도 가능하나 국제법적으로 금지된 무기인 만큼 비핵 첨단 전략무기에서는 제외된다. 이런 비핵 첨단 전략무기에는 레이저 무기나 레일건과 같은 첨단 무기를 비롯해 운동에너지 무기(Kinetic Energy Weapon)와 같은 차세대 전략무기가 포함된다. 이 외에도 적에게 감내할 수 없는 고통을 줄 수 있는 신기술은 비핵 첨단 전략무기 개발에 활용될 수 있을 것이다.

27 첨단 무기를 활용한 한국군의 북핵 대응 전력 및 비핵 첨단 전략무기와 관련된 내용은 In Hyo Seol and Jang-Wook Lee, "Deterring North Korea with Non-Nuclear High-Tech Weapons: Building a '3K+' Strategy and Its Applications," *The Korean Journal of Defense Analysis*, Vol.30, No.2, (2018), pp.195~215.

은 기존 ICBM 및 SLBM에 재래 탄두가 장착 가능하도록 개량하고 첨단 재래 탄두인 플레이셰트(flechette)를 장착하는 것인데, 플레이셰트는 텅스텐과 같이 단단한 금속으로 구성된 관통자로 탄도 미사일의 종말속도(마하 5~20)를 이용하여 지상 및 지하 시설을 관통, 파괴할 수 있게 한다.[28] 미국은 이러한 형태의 무기를 운동에너지 무기로 분류하고 있는데 이와 관련된 초기 연구는 1980년대 레이건 행정부의 전략방위구상계획까지 거슬러 올라간다.[29] 운동에너지 무기는 2000년대 초에 '신의 지팡이(Rods form God)' 형태로 개념이 구체화되었는데, 인공위성에 앞서 언급한 플레이셰트 탄두를 탑재한 발사체를 적재하고 지상으로 투하하는 형태로 개념이 발전했다. 하지만 동 개념은 우주의 평화적 이용에 관한 유엔 결의인 "우주법 선언"(1963) 및 "우주조약"(1967) 제4조를 위반하는 것이기 때문에 추진 시 국제적 비난을 감수해야 하며, 중국과 소련의 경쟁적 우주공간 무장화를 야기할 수 있는 위험한 구상이라는 비판이 있어왔다.[30] 오바마 행정부는 이 같은 우주공간 무장화에 대한 국제법적 제약 및 이로 인한 국제정치적 파장을 우려하여 '신의 지팡이'와 유사한 효과를 발휘할 수 있는 대체 전략무기 체계를 개발한 것으로 볼 수 있다. 이러한 오바마

---

28 CPGS 관련해 보다 자세한 내용은 Amy F. Woolf, "Conventional Warheads for Long Range Ballistic Missiles: Back Ground and Issues for Congress," *CRS Report for Congress*, RL33067 (January 26, 2009) 참조.

29 SDI는 구소련 탄도 미사일을 상승 단계에서 격추하기 위한 위성무기의 일환으로 구상되었다.

30 Blake Stilwell, "The Air Force's 'rods from god' could hit with the force of a nuclear weapon—with no fallout," http://www.businessinsider.com/air-force-rods-from-god-kinetic-weapon-hit-with-nuclear-weapon-force-2017-9 (2018.6.2)

행정부의 아이디어는 대한민국 육군이 비핵 첨단 전략무기 개발을 추진함에 있어 참고할 만하다. 일각에서는 한국도 핵무기를 보유해야 한다고 주장하나 핵개발은 한국에게 불가능한 대안일 수 있다. 무엇보다 핵무기 개발에 대한 국제적 제재로서 따르는 경제적 피해 및 국가위상 하락은 향후 한국이 감내할 수 있는 수준 그 이상일 것이라고 판단된다. 특히 해외 수출입에 크게 의존하고 있는 한국에게 핵무기 개발은 제품 생산 및 수출에 재앙적인 타격을 줄 가능성이 높다. 하지만 비핵 첨단 전략무기의 경우, 국제적 제재를 받지 않고도 전략무기 보유라는 한국군의 목적을 달성할 수 있다. 오바마 행정부가 우주공간의 무장화에 대한 국제적 제재 및 국제 정치적 파장을 피하기 위한 아이디어로 CPGS를 추진한 것처럼, 대한민국 육군에도 국제적 제재를 받지 않으면서 전략무기 보유를 가능하게 만드는 아이디어가 필요하다고 활 수 있다. 예를 들어 CPGS에서 추구하고자 했던 플레이셰트를 응용해 한국적 상황에 특화함으로써 "편전(애기살) 탄두"를 개발하고 이것의 운동에너지를 통해 적에게 전략적 타격을 가할 수 있는 개량형 현무 시리즈를 개발하는 것도 고려해볼 수 있을 것이다.

또한 육군은 전천후 초정밀 고위력 미사일과 같은 전략자산에 부여할 새로운 역할에 대해서도 고민해야 한다. 육군의 미사일 전력은 이른바 "비용부과 전략(Cost-Imposition Strategy)"의 수단이 될 수 있다.[31] 이와 관련해 지난 냉전 기간 동안 미국이 소련 핵미사일 전력에 취했던 조치들을 상기해볼 필요가 있다. 오스틴 롱과 브렌단 그린에 의하면, 냉전 당시 미국은 구소련의 핵전력에 대한 효과적인 대 전력타격

31 비용부과 전략의 개념과 효과에 대해서는 Kenneth P. Ekman, *Winning the Peace Through Cost Imposition* (Washington D.C.: Brookings Institution, 2014).

정보 획득 및 대응을 통해 구소련을 압박했으며, 이는 구소련으로 하여금 미국의 대 전력타격 능력을 회피하기 위한 추가 무기 획득 및 비용 지불을 강요했다고 한다.[32] 이는 전략적인 측면에서 시사하는 바가 있다. 우리는 일반적으로 군사력의 역할과 기능에 대해 공격, 방어 및 억지와 같은 전통적인 역할과 기능만 떠올린다. 하지만 롱과 그린의 분석은 군사력이 전통적인 기능 이외에 새로운 역할을 수행할 수 있음을 시사하고 있다. 적 보유 핵무기에 대한 전력타격 능력 제고가 적으로 하여금 추가적인 비용을 지불하도록 압박할 수 있다는 것이다. 이것이 앞서 이야기한 비용부과 전략이다. 육군의 미사일 전력은 북한이 현재의 비핵화 협상을 거부하고 핵무장이라는 잘못된 선택을 할 경우에 대비하기 위한 육군 및 대한민국 정부의 대응에 있어 중요한 부분이 될 수 있다. 육군은 첨단 미사일 전력을 통해 북한의 핵탄두 미사일 공격에 대한 핵심 대응 역량을 구축하는 한편, 북한으로 하여금 핵무장이 북한에 막대한 비용을 부과하게 된다는 것을 인식시켜 핵무장이 결코 북한에 이득이 될 수 없다는 것을 인식시킬 수 있다. 구소련이 미국의 대 타격정보 능력 제고 및 전략방위구상으로 인해 발생한 막대한 비용을 감당하지 못해 파멸한 전철을 북한이 답습하게 될 것이라는 메시지를 전달할 수 있는 것이다. 이러한 육군의 미사일 전력의 추가적 역할과 기능은 북한의 핵폐기를 압박

---

32 Austin Long and Brendan Green, "Stalking the Secure Second Strikes," *Journal of Security Studies*, Vol.38, No.1/2 (2015), pp.38~73. 이와 관련한 북한 핵전력 함의에 대한 연구는 이유정, 「전시 북한 핵전력 배치방식의 딜레마와 시사점: 고정 배치와 이동 배치의 세 가지 딜레마를 중심으로」, ≪국방연구≫, 제61권, 제2호 (2018), 53~80쪽; 이유정·이근욱, 「냉전을 추억하며: 미소 냉전 시기 경험에서 바라본 북한의 핵전력」, ≪국가전략≫, 제24권, 제3호 (2018), 5~29쪽 참조.

하는 전략적 기능도 있다는 것을 유념해야 할 것이다.

4. 육군의 역할과 향후 과제: 게임 체인저 V.2.0을 준비해야

최근 한반도 정세는 북한 핵문제가 평화적으로 해결될 가능성을 시사하고 있다. 대화와 협력은 가장 이상적이고 바람직한 평화 구축 방법이다. 하지만 향후 정세가 우리의 희망대로만 움직인다고 단언할 수는 없다. 현실적으로 북한의 군사력은 그 어느 때보다 치명적이며, 대한민국의 사활적 국가이익을 파괴할 수 있다. 대한민국은 역사상 가장 감내하기 힘든 위협에 노출된 상황인 것이다. 대화와 협의를 통한 핵 및 군사적 위협 제거는 온 국민의 숙원이지만 동 과정에서 발생할지도 모를 만약의 사태에 대비도 필요하다. 따라서 적어도 군만큼은 북핵의 완전한 폐기와 재래 군사위협의 소멸이 완전히 실현되기 이전까지는 북한 군사위협을 제거하기 위한 군사적 옵션을 지속적으로 모색할 필요가 있다. 앞서 언급한 바와 같이 5대 게임 체인저 계획은 북한의 고도화된 군사력에 대비하기 위해 대한민국 육군이 치열하게 고민하며 추진하고 있는 혁신 계획이다. 또한 이러한 육군의 혁신은 주요 군사강국이 고민하고 있는 미래 육군 역할의 정립과도 관련이 있다. 5대 게임 체인저는 북한의 고도화된 군사위협에 대한 대응뿐만 아니라 신기술을 통한 새로운 싸움 방식 창출 및 이를 통한 21세기 대한민국 육군의 역할 정립을 위해 중요한 사업이다. 지상전투는 낡은 방식이라는 일부의 주장과 달리 우리 육군의 미래 비전은 "전천후", "신속성" 및 "확실성"이라는 키워드를 제시한다. 육군의 미래 비전은 대한민국을 위협하는 세력으로부터 "대한민국을 수호할 가장 확실한 군사적 대안"이라는 역할을 재정립한 것으로 평가하며, 공세적 종심기동전투 및 5대 게임 체인저는 미래 육군의 핵심 계획으로 지속 추진될 필요가 있다.

또한 육군은 군사혁신의 선도주자로서의 역할도 수행해야 한다. 육군이 낡은 기술과 싸움 방식을 활용한다는 것은 이제 낡은 생각이 되어버렸다. 육군의 미래 비전인 5대 게임 체인저는 타 군에서는 볼 수 없는 혁신적 발상을 담고 있다. 특히 드론봇 전투단을 비롯한 전장 무인화가 육군에 의해 적극 추진되고 있다는 것은 주목할 만한 사항이다. 피터 싱어(Peter W. Singer)를 비롯한 여러 전문가들이 지적하듯,미국 공군과 해군은 전장 무인화에 소극적인 태도를 취했다. 전장 무인화가 공군 및 해군 엘리트의 기득권을 침해하는 조직의 변화(주력부대의 변화)를 초래할 수 있다고 인식했기 때문이다.[33] 하지만 미국 육군은 전장 무인화 도입으로 인한 군의 기득권 변화를 걱정할 필요가 없었고 가장 적극적으로 전장 무인화를 추진했다. 그 결과 미군 내 전장 무인화에서는 육군이 가장 선도적인 군이 되었다. 그와 유사한 현상이 바로 한국군에서 일어나고 있다. 한국군 내에서도 전장 무인화를 선도하는 것은 바로 육군이다. 드론봇 전투단은 군집전투를 비롯한 혁신적 기술을 육군이 추진하고 있다는 것을 보여주는 사례다. 전장 무인화가 21세기를 대표하는 전쟁의 양상으로 자리 잡고 있는 만큼 육군은 첨단 기술 도입과 확대라는 추가적인 역할도 수행

---

33 피터 싱어는 미국 공군 내 엘리트가 갖고 있는 조종사라는 전문가로서의 정체성은 공군 지휘부에 편입될 수 있는 조건이자 경력 관리를 위한 가장 중요한 요소임을 강조하면서 미국 공군이 무인 항공기 개발을 방해한 배경으로 이러한 공군의 정체성을 지적한 바 있다. 피터 싱어, 권영근 옮김, 『하이테크 전쟁: 로봇혁명과 21세기 전투』(서울: 지안, 2011), 358쪽.

해야 한다. 육군에 의한 전장 무인화의 성공적 사례는 타 군을 자극하여 타 군의 전장 무인화 추진을 앞당긴다. 미국 육군의 전장 무인화 혁신이 공군과 해군의 전장 무인화 혁신 추진에 자극제가 된 것처럼, 대한민국 육군은 전장 무인화를 비롯한 혁신의 성공 사례를 지속적으로 축적하여 타 군의 혁신을 자극하는 역할도 수행해야 한다.

하지만 대한민국 육군은 현재의 계획에 머물러서는 안 된다. 5대 게임 체인저 계획이 구체화되어가는 이 시점에서 육군이 생각해야 하는 것은 바로 5대 게임 체인저의 보완 및 발전이다. 이른바 "게임 체인저 V.2.0"에 대한 구상 및 개념 연구가 지금부터 시작되어야 한다. 현재 추진되고 있는 게임 체인저의 세부 계획 중에는 확장 및 추가 개념 연구가 필요한 기술이 상당 부분 포함되어 있다. 특히 워리어 플랫폼, 드론봇 전투단, 그리고 전천후 고성능 초정밀 미사일의 경우, 추가적인 기술 탐색 및 활용 방안 확대를 통해 보다 강화된 전투능력을 도모할 수 있을 것으로 본다. 또한 게임 체인저 V.2.0에서는 육군의 새로운 역할 정립에 대한 보다 획기적인 아이디어들이 제시되기를 기대한다. 게임 체인저 2.0과 관련해 향후 추진 과제를 생각해보면 다음과 같다.

첫째, 한국형 미래보병체계인 워리어 플랫폼의 추가 발전 방안과 이를 통한 활용 방안에 대한 연구가 필요하다. 워리어 플랫폼은 현재 실현 가능한 기술을 중심으로 추진되고 있다. 하지만 미국을 위시한 군사강국의 경우, 기존의 개인 장비 향상을 넘어 개인 병사의 전투력을 극대화하기 위한 기술로 미래보병체계 개발을 추진하고 있다. 지난 2014년부터 개발이 진행되고 있는 미국의 경량 전술공격 전투복(TALOS: Tactical Assault Light Operator Suit)이 대표적 사례인데, 이것의 핵심 기술은 보다 강화된 네트워크 기반의 정보처리 능력, 보다 효율적이고 고출력을 발휘할 수 있는 강화 외골격 및 동력원의 개발과 전투복에 장착이 가능한 마이크로 미사일 및 드론 기술이다.[34] 이른바 "아이언맨 수트"라 불리는 경량 전술공격 전투복은 상당히 야심찬 계획으로 조기에 실전 배치될 것으로 보이지는 않지만 개인 병사의 전투력을 극대화하여 지상전에서 또 다른 싸움 방식을 창출할 수 있는 기술로서 우리 육군이 개발 동향을 주목해야 한다고 본다.

둘째, 현재 추진되고 있는 드론봇 전투단의 경우에도 지속적인 기술 탐색을 통해 보다 강력한 군집전투 능력 확보를 위한 부단한 노력이 필요하다고 할 수 있다. 특히 보다 작고 지속작전이 가능한 소형 드론과 이를 전투 지역에 신속 배치할 수 있는 운반체에 대한 연구가 추가적으로 진전되어야 할 것으로 보인다. 현재 미국 공군의 경우, 자율성을 가진 소형 드론을 분산탄(집속탄)에 탑재하여 전투 지역에 대량 살포하는 기술을 추진하고 있다. 일명 "그레이 울프(Gray Wolf)"로 명명된 동 기술은 폭격기에서 투하되는 분산폭탄 혹은 저속의 순항 미사일을 소형 드론의 운반체로 활용하는 기술인데,[35] 우리 육군이 참조할 만한 기술로 판단된다. 현행 현무-3 계열의 순항 미사일을 개량하여 소형 드론 및 소형 로봇병기의 운반체로 활용할 수 있다면 군집전투가 가능한 무인병기를 보다 신속하게 대규모로 적지에 배치시킬 수 있을 것으로 판단된다. 이러한 소형 무인병기와 우수한 운반

---

34 Marc Lallanilla, "'Iron Man' Suit Under Development by US Army," Live Science, October 10, 2013, https://www.livescience.com/40325-army-iron-man-suit-talos.html (2018.6.1)

35 "Lockheed Martin to build Gray Wolf cruise missile for USAF," Air Force Technology, January 2, 2018, https://www.airforce-technology.com/news/lockheed-martin-build-gray-wolf-cruise-missile-usaf (2018.6.1)

체(다련장 로켓 및 미사일)의 결합을 통해, 기존의 타격 역량뿐 아니라 정찰 및 육군의 전통적 역할인 점령 기능을 보다 강화할 수 있는 방안도 생각할 수 있을 것이다.

또한 드론봇 전투단과 같은 무인전력과 관련해 육군에게 강조하고 싶은 것은 무인병기 및 무인전력은 미래 육군의 역할로 부각되고 있는 "다공간 전투"를 가능하게 하는 핵심 전력이 될 수 있다는 점이다. 미래에는 육군이 기존과 같이 지상 영역에서만 전투하는 것이 아니며 해상과 공중에서도 전투를 수행한다는 것이다. 이는 대한민국 육군의 미래 역할에도 적용 가능하다. 앞서 언급한 바와 같이 5대 게임 체인저 중 드론봇 전투단 계획은 다공간 전투를 구현하기 위한 유력한 사업이다. 단, 육군이 다공간 전투를 보다 확실하게 구현하기 위해서는 지상공간뿐만 아니라 공중과 해상에서의 전투가 가능한 전투부대의 편성이 필요하다. 이를 위해서는 기존의 지상전투 드론봇 부대뿐만 아니라 무인항공전력이나 연안 및 하천 무인전투전력의 획득도 필요하게 될 것이라 본다. 또한 다공간 전투에 반드시 무인병기만 동원되는 것은 아니라는 점도 생각해야 한다. 유인 플랫폼이라고 하더라도 교차공간 전투를 가능하게 하는 첨단 병기를 보유한다면 다공간 전투 구현은 가능하다. 이미 육군은 적 항공전력에 대한 교차공간 전투 능력을 확보하고 있다. 천마와 같은 대공무기나 방공전력은 대표적인 교차공간 전투 무기다. 단, 아직까지 육군은 연안 및 하천에서의 교차전투 능력이 충분하다고 보기 어려운데, 지상에서 연안에 접근한 적의 해상전투함과 교전이 가능한 다양한 형태의 무기(자주포 K-9 및 차기 다련장을 통해 발사 가능한 새로운 형태의 지대함 혹은 지대잠탄 개발) 개발도 고려해볼 수 있을 것이다. 또한 차기 다련장과 같은 우수한 발사 플랫폼을 활용하여 해상과 공중에서 정찰 및 전투가 가능한 소형 드론을 살포할 수 있도록 하는 것도 고려할 수 있다. 이렇듯 기존에 사용하고 있는 유인 플랫폼의 개량을 통해 교차공간 전투가 가능하도록 하는 것도 육군의 새로운 역할 정립에 기여할 수 있을 것이다.

하지만 이러한 드론봇 전투단 및 군집전투의 발전 추세 및 주변국의 전장 무인화에 대한 대비도 필요하다. 중국 및 일본 등 주변국은 전장 무인화 기술 획득에 적극적이며 특히 중국의 경우 양적 우위를 활용한 군집전투 기술 획득에 상당히 적극적이다.[36] 북한 역시 무인병기 기술에 적극적인 만큼 군집전투 기술에 상당한 관심을 두고 있다고 볼 수 있다. 군집전투는 일종의 비대칭 접근으로 군집전투를 할 수 없는 상대에게 효과적이다. 하지만 상대가 군집전투 능력을 보유할 경우, 이는 막대한 로봇병기가 투입되는 소모전을 발생시킬 수 있으며, 엄청난 비용을 지불했음에도 불구하고 전장에서 이렇다할 만한 성과를 거두지 못하는 비관적 결과를 초래할 수도 있다. 결국 전장 무인화가 초래할 차차기 전쟁 양상을 고려해야 하며, 군집전투 이후의 새로운 싸움 방식과 관련 기술에 대한 진지한 고민도 병행해야 할 것으로 보인다.

셋째, 전천후 초정밀 고위력 미사일과 관련해 앞서 언급한 소형 무인병기의 운반체로 활용하는 방안 이외에 육군이 역점을 두어야 하는 것은 비핵 첨단 전략탄두를 포함한 비핵 첨단 전략무기 체계 개발을 향후 과제로 추천할 수 있다. 지난 2017년 한미미사일지침 개

---

36 Jason Koebler, "Report: Chinese Drone 'Swarms' Designed to Attack American Aircraft Carriers," *U.S. News and World Report*, March 14, 2013, http://www.usnews.com/news/articles/2013/03/14/report-chinese-drone-swarms-designed-to-attack-american-aircraft-carriers (2018.6.2)

정을 통해 탄두 중량 제한이 해제되었고 2톤급 탄두를 활용한 전술핵급 벙커버스터를 개발하는 것이 육군의 계획인 만큼, 앞서 언급한 비핵 전략탄두 획득은 유사시를 대비하여 가장 우선적으로 추진할 수 있는 계획일 것이다. 또한 오바마 행정부가 추진한 CPGS 및 운동에너지 무기는 탄도 미사일이 가진 초고속 종말속도를 활용한 재래무기라는 점에서 비핵 첨단 전략무기 획득이 필요한 경우 대한민국 육군이 참고할 수 있다고 생각한다.

또한 육군의 미사일 전력이 가진 전략적 가치 및 활용도와 관련한 추가적 고민이 필요하다. 게임 체인저 V.2.0이 구상되는 시점에 북한의 비핵화가 이루어진다면, 미사일 전력의 비용부과 전략 수단으로서의 가치는 다소간 퇴색될 수밖에 없다. 비용부과 전략은 경제적 역량이 상대방을 압도할 때 가능하다. 한반도 주변의 잠재적 위협을 고려할 때, 한국의 경제 역량이 상대를 압도한다고 가정하기는 어렵다. 이 경우, 육군의 미사일 전력은 잠재적 위협세력에 대한 비용부과보다는 상대방의 우리에 대한 비용부과 및 전면전을 회피하기 위한 수단으로서의 의미가 강조되어야 한다. 냉전 당시 영국과 프랑스가 취했던 대소 한정억제(Proportional Deterrence)의 사례를 응용해,[37]

---

37 이와 관련해 영국의 대소 한정억제전력 획득 계획에 대한 연구는 Geoffrey Kemp, "Nuclear Force of Medium Power Part I: Target and Weapon systems," Adelphi Papers, No.106 (1974); Geoffrey Kemp, "Nuclear Force of Medium Power Part II & III: Strategic Requirement and Options," Adelphi Papers, No.107 (1974) 참조. 단, 켐프의 연구는 영국의 핵전력 획득을 위해 추진된 것으로 비핵 첨단 전략무기를 통한 억제를 추진한다면 선별적으로 참고할 필요가 있다. 켐프의 연구에서 참고할 것은 핵전력보다는 상대방의 공격 의지를 꺾기 위해 필요한 타격 대상(표적) 설정 및 이를 위한 적정 파괴력이라 할 수 있으며, 이를 비핵 첨단 전략무기를 통해 달성할 수 있는 방안을 추가적으로 연구해야 할 것이다.

잠재적 위협세력에 대한 비대칭 억제(Asymmetric Deterrence)의 수단으로서 활용 가능성을 모색해야 할 것이다. 이를 위해서 강조하고 싶은 것은 잠재적 위협세력의 우리에 대한 공격 의지를 꺾으면서도 확전을 방지하기 위한 적정 표적의 도출 및 이를 타격할 수 있는 수단으로서 적합한 전략무기의 선정이라 할 수 있다. 아울러 적정 표적을 도출하기 위한 표적정보 분석 역량의 강화를 위해 육군 미사일 사령부 내 전문 지식 및 기술을 보유한 표적 분석요원의 배치를 적극 권고한다.

넷째, 5대 게임 체인저 및 이를 발전시킨 게임 체인저 V.2.0 등, 신기술을 통한 육군의 새로운 역할 정립과 동시에 육군만이 할 수 있는 전통적인 기능과 역할을 보다 강화해야 한다. 육군은 다른 군이 할 수 없는 고유의 기능을 갖고 있다. 바로 적의 영토에 대한 점령이다. 물론 해군이 보유한 해병대도 해상상륙작전을 통한 점령이 가능하나 그 지속성과 강도에서 육군에 비교할 수는 없다. 적의 영토에 대한 점령 능력은 일종의 가치박탈 능력이다. 특히 영토는 국가를 구성하는 3대 요소(주권, 국민, 영토) 중 하나로 사활적 이익이다. 이 중 지상의 영토는 국민이 거주하고 생활을 영위하는 공간으로서 대체 불가한 핵심 가치다. 이러한 핵심 가치에 대한 박탈 능력은 우리를 적대시하고 공격하려는 세력에 대한 보복 능력의 중요한 부분이 되며, 이러한 가치박탈에 가장 탁월한 능력을 발휘하는 것은 바로 육군이다. 육군은 이러한 전통적이고 핵심적인 능력의 제고에도 노력을 기울여야 한다. 특히 신기술의 접목을 통해 새로운 방식의 가치박탈 역량 획득과 전술 개발을 위해 노력해야 한다. 지난 20세기 동안 지상전은 새로운 형태의 점령 방식을 고안하고 이를 전장에 적용하는 형태로 발전해왔다. 제1차 세계대전 당시 영국은 근대적 상륙작전을 시도했고(갈리폴리 전투) 제2차 세계대전 당시 독일은 기갑전력과 전격전을 통한 신속한 돌파와 점령 방식을 창출했다. 또한 독일과 미국은 항공 운송 수단 및 공수부대를 활용해 공중강하를 통한 점령 방법을 발전시키기도 했으며, 베트남전에서는 헬기라는 새로운 기술을 도입해 공중강습을 통한 새로운 방식의 점령 방법을 고안하기도 했다. 그 어느 때보다도 인류의 과학기술이 발전하고 있는 21세기에는 기존과는 다른 새로운 방식의 점령이 가능할 수 있다. 무인로봇부대를 활용한 점령 혹은 기존의 인간병사부대를 적이 대응하기 어려울 정도로 신속하게 대규모로 배치시킬 수 있는 새로운 방식의 점령 방법에 대한 연구가 이루어져야 할 것이다. 앞서 언급한 작고 많은 단위를 통한 벌떼 전술(Swarming)은 21세기 새로운 점령 방식에 대한 아이디어 창출의 단초가 될 수도 있을 것이다. 새로운 기술과 싸움 방식을 개발하면서도 육군이 절대적 우위를 보유하고 있는 점령 기능에서 비롯되는 육군의 전통적 역할은 육군의 미래 위상과 역할을 정립하기 위해 치열한 고민이 요구되며 육군이 잊지 말아야 하는 중요한 부분이라 할 수 있겠다.

5. 결론을 대신하여

이상 살펴본 것처럼 대한민국 육군은 미래에 대비하기 위한 전쟁수행 개념의 변화와 새로운 방식의 전쟁수행을 위한 기술적 기반을 마련하고 있다. 앞서 언급한 바와 같이 육군의 미래 비전 및 5대 게임 체인저 프로그램은 기존에 갖고 있던 육군에 대한 인식을 바꾸어 놓을 만큼 혁신적인 내용들로 구성되어 있었다. 향후 과제는 급변하고 있는 한반도 정세에서 현재 추진 중인 프로그램의 지속성을 확보하는 일이 될 것이다. 한반도 평화 분위기 및 평화체제 구축은 남북한 간 재래 군축 논의 제기와 함께 육군의 추가적인 전력 개편 및 혁신 프로그램의 조정을 요구하게 될지도 모른다. 육군은 5대 게임 체인저 프로그램을 계획하면서 한정된 국방재원의 효율적인 사용을 위해 필요한 사업을 선별했다. 하지만 향후의 정세 변화로 인해, 5대 게임 체인저 중 추진 여부에 영향을 받는 프로그램도 생길 수 있다. 육군은 이에 대비하기 위해 우선적으로는 현행 프로그램 지속을 위한 설득 논리를 개발할 필요가 있다. 현재의 프로그램이 대한민국의 안보환경을 고려해 선별된 핵심 프로그램이라는 점을 강조하는 한편, 변화된 정세에 부응하도록 프로그램의 일부 내용을 조정하는 방안도 고려해야 할 것으로 보인다. 5대 게임 체인저 중 민감한 내용으로 인해 획득 자체가 문제시될 경우, 이와 유사한 영역으로 해당 기술을 옮겨 추진하는 것도 고려해볼 만하다.

21세기 들어 기술은 그 어느 때보다 급속도로 발전하고 있다. 인공지능 및 로봇기술을 중심으로 한 제4차 산업혁명은 전쟁 양상에도 영향을 미쳐 기존 대비 혁명적인 변화를 예고하고 있기도 하다. 전쟁 양상의 결정 요소에는 국제 정치 변화와 같이 주어지는 것도 있지만 군 스스로 만들어나가는 것도 있다. 바로 새로운 싸움 방식과 기술로 대표되는 군사혁신 부분이다. 육군은 미래 전쟁의 양상을 스스로 만들어나간다는 인식하에 지속적인 혁신을 추진해야 할 것이다. 이를 위해서는 첨단 기술에 대한 지속적 관심 및 탐색과 더불어 창의적인 발상이 창출, 교환되기 위한 조직적인 노력이 필요하다. 참고로 2018년 3월, 미국 육군은 미래전 사령부 창설 계획을 발표했다. 금년 7월로 창설이 예정된 미래전 사령부는 지상전 교범 복원 및 새로운 방식의 대규모 지상전 개념 창출, 첨단 군사기술 및 지상전술 간 융합 등이 우선적인 추진 과제로 알려졌다. 장비의 현대화를 넘어 첨단 군사기술의 군사적 활용 방안을 적극 모색하겠다는 의도로 보인다.[38] 미국 육군 미래전 사령부에서 주목할 것은 창의적인 아이디어를 교환하기 위해 군 사령부를 대학 및 연구소와 가까운 지역에 설치하는 것을 고려하고 있다는 점이다. 우리 육군도 미래 전쟁의 양상을 적극적으로 창조한다는 인식하에 미래 전쟁에 대한 보다 많은 관심을 기울일 필요가 있다. 여기에는 조직적 노력도 포함될 것이다. 육군 내 미래 전쟁을 연구할 조직의 창설도 고려할 수 있고 기존의 조직을 활용할 경우에 창의적 아이디어를 창출, 교환할 수 있는 제도적 노력도 필요할 것이다. 또한 미래 기술에 대한 인식 공유의 노력이 필요하다. 싱어는 무인전투기술 혁명의 가장 큰 장애물은 무인화 기술에 대한 인식 부족이라고 지적한다. 무인병기(RC 자동차보다 약간 큰 크기)가 기존의 기동장비 크기인 줄 알고 타 기동장비를 견인하기 위한 체인 연결고리 장착을 요구한 국방성 관료와 정치인이 있었다는 것이다.[39] 우리 육군도 5대 게임 체인저 프로그램 추진 과정에서 이와 유사한 장애에 직면할지도 모른다. 혁신이 원활히 추진되려면 유관 부

---

38 KIMA, 「미 육군의 미래사령부 창설과 의미」, ≪KIMA Newsletter≫, 제244호(2018), https://blog.naver.com/kima20298/221235691057 (2018.5.28)

39 피터 싱어, 권영근 옮김, 『하이테크 전쟁: 로봇 혁명과 21세기 전투』 (서울: 지안, 2011), 362쪽. 필자 역시 싱어의 주장에 공감하는바, 향후 로봇병기의 획득 및 벌떼 전술의 구현과 관련하여 발생할 수 있는 문제는 무인병기에 대한 인식 차이라고 판단하고 있다. 병기에 대한 기존 인식은 이를 내구재로 본다는 점이다. 그래서 내구성과 견고성을 강조한다. 하지만 양적 측면이 강조되는 벌떼 전술에 동원될 무인병기는 종이컵과 같은 저렴한 1회용 병기가 보다 적합하다. 이러한 무인병기에 대한 인식이 부족하거나 군과 정책 부서 간 인식 차이가 발생할 경우, 무수히 많은 수를 동원하는 벌떼 전술의 구현은 어려워질 수 있다.

처의 무인병기에 대한 인식 제고 노력도 병행되어야 할 것이다.

끝으로 육군은 미래의 역할 정립에 대한 치열한 고민을 지속해야 한다. 21세기 지상전력의 역할과 위상 정립은 비단 대한민국 육군만의 고민은 아니다. 상기 언급한 바와 같이 세계 최강의 지상전력을 보유한 미국 육군도 미래의 역할과 위상에 대해 고민하고 있으며, 이에 대한 해답을 얻기 위해 노력하고 있다. 이 글에서는 5대 게임 체인저라는 혁신을 통해 육군이 획득하고 있는 새로운 능력과 이러한 능력을 활용한 새로운 역할을 고민해보았다. 앞서 언급한 바와 같이, 육군의 5대 게임 체인저는 북한의 핵능력 고도화라는 절박한 안보 상황에 대응하기 위한 육군의 핵심 역량이며 이를 통해 북한의 군사위협으로부터 대한민국 국민을 지키기 위한 가장 확실한 힘으로서의 역할을 수행하게 될 것이다. 아울러 이 글에서는 신기술을 활용한 다공간 및 교차공간 전투, 위협세력에 대한 비용부과 전략 등 미래 육군의 새로운 역할도 제시했다. 또한 새로운 기술 및 새로운 역할 정립과 더불어 전통적으로 육군만이 수행할 수 있는 기능과 역할을 보다 강화해야 한다고 주장했다. 이미 살펴보았다시피 영토 점령을 통한 가치박탈은 육해공군 중 육군이 가장 잘할 수 있는 핵심 역량이다. 21세기에도 이러한 육군의 역할과 기능은 지속적으로 유지될 필요가 있으며, 동 역량을 보다 강화하기 위해 향후 이루어질 추가적인 혁신에서 신기술을 통한 새로운 점령 방식이 개발되어야 한다.

육군은 그 어느 때보다도 좋은 혁신의 기회를 잡고 있다. 육군 스스로가 혁신이 필요하다는 것을 느끼고 자체적으로 혁신을 추진하고 있기 때문이다. 또한 육군이 혁신에 필요하다고 인식한 기술, 특히 전장 무인화 기술이 군 내부 갈등을 크게 유발하지 않는다는 점도 육군이 혁신을 보다 적극적으로 추진할 수 있는 배경이 된다. 미국 공군의 무인기 획득 사례에서 보듯이 미국 공군과 미국 해군 항공전단은 무인기술을 자군 내 기득권 이익을 침해하는 기술로 인식하고 혁신을 주저했으며, 이로 인해 미국 육군에 무인기 사업을 상당 부분 내주게 되었다. 반면 미국 육군은 무인기 및 무인기 부대의 보유가 군내 기득권의 이익을 침해하지 않으며 자체적으로 항공전력을 보유할 수 있다는 이점을 인식하고 이를 적극 추진했다. 그 결과, 2000년대 초에 미국 육군은 미군 전체에서 무인기를 가장 많이 보유한 군대가 되었다. 한국에서도 이러한 상황이 재현될 가능성은 열려 있다. 제4차 산업혁명의 군사적 적용은 전장 무인화에 있다. 이러한 전장 무인화는 상대적으로 육군에게 유리한 방향으로 추진되고 있는 듯하다. 육군은 이러한 기회를 활용해 5대 게임 체인저를 포함한 미래 육군 발전 계획을 지속적으로 추진해야 할 것이다.

제6장

북한의 핵전략과 한국 육군의 역할

황지환

1. 2018년 북한의 평화 이니셔티브

2018년은 한반도에 새로운 변화의 해가 되고 있다. 평창 올림픽에 북한 선수단과 대표단이 참여하고 여자 아이스하키 남북한 단일팀이 성사됨으로써 평창 올림픽은 국제 사회에 평화 올림픽으로 자리매김하게 되었다. 이어 한국 특사단의 평양 방문 이후 남북정상회담과 북미정상회담이라는 커다란 성과를 이루었고 한반도에 평화의 봄이 오고 있다는 새로운 희망이 성장했다.

사실 2018년 한반도 평화의 기대는 그리 예상된 것은 아니었다. 미국의 도널드 트럼프 대통령은 연두 국정연설(SOTU: State of the Union), 국가안보전략보고서(NSS: National Security Strategy), 국방전략보고서(NDS: National Defense Strategy), 핵태세검토보고서(NPR: Nuclear Posture Review) 등 다양한 대외 전략 보고서를 통해 '최대의 압박'을 강조했었다. 북한은 2017년 9월의 6차 핵실험 이후에도 11월 29일 ICBM급으로 평가되는 '화성 15형' 로켓을 발사한 뒤 대미 핵억지의 완성을 선언했다.

하지만 김정은은 2018년 신년사에서 남북관계의 새로운 전환을 요구한 뒤, 북한은 평창 올림픽에 참가하고 남북정상회담과 북미정상회담 개최에 합의하며 한반도 질서의 변화를 꾀하고 있다.[1] 김정은은 신년사에서 남북관계에 대해서도 "북과 남 사이의 접촉과 래왕, 협력과 교류를 폭넓게 실현하여 서로의 오해와 불신을 풀고 통일의 주체로서의 책임과 역할을 다해야 할 것입니다. 우리는 진정으로 민족적 화해와 단합을 원한다면 남조선의 집권 여당은 물론 야당들, 각계 각층 단체들과 개별적 인사들을 포함하여 그 누구에게도 대화와 접촉, 래왕의 길을 열어놓을 것입니다"라고 언급한 바 있다.

이처럼 2018년 시작부터 북한은 새로운 평화 매력 공세를 통해 한반도 질서의 변화를 꾀해왔다. 한국 정부는 4·27 남북정상회담을 통해 북한의 평화 이니셔티브에 호응했고, 미국의 트럼프 행정부 역시 6·12 북미정상회담을 수용함으로써 새로운 정책 변화를 보여준 바 있다. 그렇다면 격변하는 2018년 한반도 정세에 한국 육군은 어떻게 대응해야 할 것인가? 이 글은 2018년 들어 급변한 북한의 핵전략을 살펴보고 남북한 관계와 북미관계 변화에 따른 한국 육군의 대응 방향에 대해 살펴본다. 또한 북한의 비핵화가 진전될 경우 예상되는 한반도 주변의 안보 상황을 트럼프 행정부의 글로벌 안보전략을 통해 살펴보고, 이러한 상황이 한국의 안보 정책 방향에 어떤 영향을 줄 것인지 고민해본다.

---

1 김정은, "신년사", ≪로동신문≫, 2018년 1월 1일.

2. 북한 핵전략의 전개 과정

1) 2017년까지의 핵전략[2]

(1) 2017년의 한반도 상황

북한은 2017년 9월 3일 6차 핵실험을 진행하고 이를 수소탄 실험이었다고 주장했다. 북한은 이 실험이 “대륙간 탄도로케트 장착용 수소탄 시험”이었으며, “핵무기 설계 및 제작기술이 핵탄의 위력을 타격 대상과 목적에 따라 임의로 조정할 수 있는 높은 수준에 도달했다”고 밝혔다.[3] 수소탄 실험 여부에 대한 논란은 있었지만, 6차 실험은 120kt의 위력으로 지진파 6.3Mb의 규모를 보여줌으로써 5차 핵실험과는 차원이 다른 능력이었다. 북한은 또한 이 실험이 “국가 핵무력 완성의 완결단계 목표를 달성하기 위한 일환”이었다고 했는데, 이는 핵무기 능력의 완성이 멀지 않았음을 강변한 것이었다.[4]

북한은 핵무기 능력뿐 아니라 수많은 로켓 실험을 토대로 장거리 미사일 능력을 발전시켜왔다. 기존의 스커드, 노동, 대포동 미사일 기술뿐만 아니라, 2015년 이후 북극성 로켓 개발 실험을 통해 잠수함 발사 탄도 미사일(SLBM: Submarine-Launched Ballistic Missile)의 가능성을 보여주기도 했다. 북한의 로켓 개발 목표가 미국 본토를 타격할 수 있는 대륙간 탄도 미사일(ICBM: Inter-Continental Ballistic Missile)임을

---

2 이 부분은 저자의 다음 논문 중 일부를 발전시켜 재구성한 것이다. 황지환, 「북한은 핵실험이후 더 공격적인가?: 현상타파 대외전략과 현상유지 대외정책의 결합」, ≪한국정치학회보≫, 제52집 1호 (2018).

3 ≪로동신문≫, 2017년 9월 4일.

4 ≪로동신문≫, 2017년 9월 6일.

감안할 때, 2017년 7월 4일 발사한 '화성 14형'과 11월 29일 발사한 '화성 15형'은 커다란 진전으로 평가되었다. 북한은 '화성 14형'이 "대형 중량 핵탄두 장착이 가능한 대륙간 탄도로케트"라고 주장했다.[5] 한미 당국은 '화성 14형'이 미국 본토를 공격할 수 있는 완전한 ICBM이라고 평가하지는 않았지만, ICBM급 능력을 가진 것은 부정하지 않았다. 북한은 '화성 14형'이 고각발사를 통해 "예정된 비행궤도를 따라 최대정점고도 2802km까지 상승비행하여 거리 933km 조선동해 공해상의 설정된 목표수역을 정확히 타격했다"고 하며 ICBM 개발에 핵심적인 대기권 재진입 기술에 상당한 성과를 거두었다는 것을 시사했다.

북한은 '화성 15호'가 "초대형 중량급 핵탄두 장착이 가능한 대륙간 탄도로케트"로서 미국 전역을 타격할 수 있다고 선전했다.[6] '화성 15호'가 "미국 본토 전역을 타격할 수 있는 초대형 중량급 핵탄두 장착이 가능한 대륙간 탄도로케트로서 지난 7월에 시험발사한 화성 14형보다 전술기술적 제원과 기술적 특성이 훨씬 우월한 무기체계이며 우리가 목표한 로케트 무기체계 개발의 완결단계에 도달한 가장 위력한 대륙간 탄도로케트"라고 주장했다. 또한 고각발사 체제로 진행된 '화성 15호'는 "정점고도 4475km까지 상승하여 950km의 거리를 비행했다"고 밝혔다. 이에 대해 김정은은 "국가 핵무력 완성의 력사적 대업, 로케트 강국 위업이 실현되였다"고 선언했다. 북한이 '화성 15호' 시험발사를 가장 높은 수준인 '조선민주주의인민공화국 정부 성명'을 통해 발표하며 핵무력 완성을 선언했다는 점은 핵 및 미사일

5 ≪로동신문≫, 2017년 7월 8일.

6 ≪로동신문≫, 2017년 11월 29일.

능력의 자신감을 보여주는 것이었다. 이처럼, 북한의 핵과 장거리 미사일 능력은 지난 10여 년간 지속적으로 발전해왔으며, 2017년에 그 정점에 다다랐다고 평가된다.

(2) 2017년까지의 핵전략

북한은 2016년 3차 핵실험 직후 김정은 체제의 국가 전략이라고 할 수 있는 '핵무력경제 병진노선'을 발표했다. 3차 핵실험 직후 조선노동당 중앙위원회 전원회의는 북한의 새로운 전략적 노선으로 "경제건설과 핵무력건설을 병진"시키는 '핵·경제 병진노선'을 채택했다. 북한은 '핵·경제 병진노선'이 김일성 주석과 김정일 국방위원장이 추진했던 "독창적인 경제·국방 병진노선의 빛나는 계승"이라며, "방위력을 철벽으로 다지면서 경제건설에 더 큰 힘을 넣어 사회주의 강성국가를 건설하기 위한 가장 혁명적이며 인민적인 노선"이라고 강조했다.[7] 하지만 김일성·김정일 시대의 경제·국방 병진노선이 사실상 국방력 강화를 위한 국가 전략이었음을 고려하면,[8] 김정은의 '핵·경제 병진노선'도 지속적인 핵무기 보유를 위한 전략이라고 해석되었다.[9]

이후 북한의 국가 전략은 4차 핵실험 진행 후 2016년 5월 개최된 '조선로동당 제7차 대회'에서 구체화되었다.[10] [표 6-1]에 요약된 결정서에 따르면, 북한은 '핵무력경제 병진노선'을 유지하면서, '동방의

---

7 조선중앙통신, 2013년 3월 31일.

8 함택영, 『국가안보의 정치경제학: 남북한의 경제력·국가역량·군사력』 (서울: 법문사, 1998), 163~177쪽.

9 황지환, 「김정은 시대 북한의 대외전략: 지속과 변화의 '병진노선'」, ≪한국과 국제정치≫, 제30권 1호 (2014).

10 조선중앙통신, 2016년 5월 9일.

[표 6-1] 제7차 당대회 결정서의 핵문제 관련 입장

- 핵무력경제 병진노선 유지
- 핵무기의 소형화, 다종화를 통해 자위적 핵무력을 "질량적으로" 강화하여 '동방의 핵대국' 지향
- 미국의 적대시 정책을 철회시키고, 정전협정을 평화협정으로 변환
- 남한 내에서 미군과 전쟁장비들을 철수
- 남한의 정치군사적 도발과 한미의 전쟁연습을 전면중지
- 대북 적대행위 중단 및 군사분계선상의 심리전 방송과 삐라 살포 중지
- 군사적 긴장상태 완화시키며 모든 문제를 대화와 협상으로 해결
- 미국의 선핵 사용이 없는 한 핵무기 선제 사용 않고 핵확산금지의무 이행 및 세계의 비핵화 실현 노력

자료: '조선로동당 제7차 대회' 결정서 내용을 토대로 요약(조선중앙통신, 2016.5.9).

핵대국'을 지향하며, 미국의 적대시 정책을 철회시키고, 정전협정을 평화협정으로 변환시키려는 전략을 가지고 있었다. 이 전략은 구체적으로 '남한 내에서 미군과 전쟁장비들을 철수'시키고, '한미의 전쟁연습을 전면중지'시키는 정책을 포함하고 있었다. 북한은 강화된 핵무기 능력을 바탕으로 향후 미국과의 핵군축 협상을 진행하여 미국의 대 한반도 정책을 변화시키고 북미 간 평화협정을 체결하여 한반도에서의 한미 우위의 세력 균형을 변화시키려는 의도를 보여준 것이었다. 이는 북한이 2000년대 '베이징 6자회담'에서 논의한 비핵화 어젠다와는 근본적인 차이를 가진 것이었다. 북한은 4차 핵실험 이후 구체화한 대외 전략을 조선노동당 당대회에서 제시한 것이었다. 이러한 대외 전략은 한반도의 현상 변경을 꾀하여 북한에게 유리한 세력 균형으로 재편하려는 계획이었다.

조선노동당 제7차 당대회 4개월 후인 2016년 9월 북한은 5차 핵실험을 감행했다. 북한이 핵실험을 시작한 2006년 이래 처음으로 1년 내 두 차례의 핵실험을 실시한 것이었다. 더구나 8개월이라는 짧

은 기간 동안 2배의 폭발 능력을 보여줌으로써 북한의 핵능력이 그만큼 빠르게 발전되고 있음을 증명해 보였다. 북한은 특히 5차 핵실험이 '핵탄두' 실험이었음을 밝혔다. 북한은 '핵무기연구소 성명'을 통해 "새로 연구제작한 핵탄두의 위력판정을 위한 핵폭발시험을 단행했다"고 언급하며, "이번 핵시험에서는 조선인민군 전략군 화성포병부대들이 장비한 전략 탄도로케트들에 장착할 수 있게 표준화, 규격화된 핵탄두의 구조와 동작특성, 성능과 위력을 최종적으로 검토확인했다"고 설명했다. "핵탄두가 표준화, 규격화됨으로써 우리는 여러 가지 분렬물질에 대한 생산과 그 리용기술을 확고히 틀어쥐고 소형화, 경량화, 다종화된 보다 타격력이 높은 각종 핵탄두들을 마음먹은 대로 필요한 만큼 생산할 수 있게 되였으며 우리의 핵무기 병기화는 보다 높은 수준에 확고히 올라서게 되었다"고 주장했다. 북한은 또한 "당당한 핵보유국으로서의 우리 공화국의 전략적 지위를 한사코 부정하면서 우리 국가의 자위적권리행사를 악랄하게 걸고드는 미국을 비롯한 적대세력들의 위협과 제재소동에 대한 실제적 대응조치의 일환으로서 적들이 우리를 건드린다면 우리도 맞받아칠 준비가 되여 있다는 우리 당과 인민의 초강경의지의 과시"라며 국제 사회를 위협했다.[11] 북한의 이러한 언급은 발전된 핵능력을 바탕으로 핵무기 보유국으로서의 전략적 지위를 확고하게 하고, 이를 통해 대외적·군사적 전략 변화를 꾀하겠다는 의미로 해석될 수 있다. 구체적으로 이것은 북한이 핵억지(nuclear deterrence) 능력을 기반으로 한반도 주변에서 '공포의 균형(balance of terror)'을 위한 대외 전략을 추구했다는 의미다. 이는 1990년대 이후 국제 사회가 핵무기 프로그램이라고 의

11 ≪로동신문≫, 2016년 9월 10, 12일.

심해오던 영변 핵시설에 대해 '원자력의 평화적 이용'을 위한 것이라고 항변해오던 것과는 분명한 차이를 보인 것이었다.

2017년 북한은 6차 핵실험을 감행했고 이를 수소탄 실험이라고 주장했다. 핵무기연구소 명의로 발표한 성명에서 "대륙간 탄도로케트 장착용 수소탄 시험에서의 완전성공은 우리의 주체적인 핵탄들이 고도로 정밀화되였을 뿐 아니라 핵전투부의 동작믿음성이 확고히 보장되며 우리의 핵무기 설계 및 제작기술이 핵탄의 위력을 타격 대상과 목적에 따라 임의로 조정할 수 있는 높은 수준에 도달했다는 것을 명백히 보여주었으며 국가 핵무력 완성의 완결단계 목표를 달성하는데서 매우 의의 있는 계기로 된다"고 밝혔다.[12] 북한이 핵무기 개발의 완성을 앞두고 있음을 암시하고 있는 모습이었다.

핵무력의 완성에 관한 언급은 세 달 뒤에 실시된 '화성 15형' 발사에서 더욱 구체적으로 논의되었다. 북한은 정부 성명을 통해 '화성 15형'이 "초대형 중량급 핵탄두 장착이 가능한 대륙간 탄도로케트로서… 우리가 목표한 로케트 무기체계 개발의 완결단계에 도달한 가장 위력한 대륙간 탄도로케트"라고 소개했다.[13] 북한은 '화성 15형'이 "정점고도 4475km까지 상승하여 950km의 거리를 비행했다"고 주장하며 "국가 핵무력 완성의 력사적 대업, 로케트 강국 위업이 실현되였다"고 주장했다. 그러면서도 "전략무기 개발과 발전은 전적으로 미제의 핵공갈 정책과 핵위협으로부터 나라의 주권과 령토완정을 수호하고 인민들의 평화로운 생활을 보위하기 위한 것으로서 우리 국가의 리익을 침해하지 않는 한 그 어떤 나라나 지역에도 위협으로 되지

12 ≪로동신문≫, 2017년 9월 4일.

13 조선중앙통신, 2017년 11월 29일.

않을 것"이라며 자위적 핵억지력을 강조했다. 특히 자신들의 핵무장 목적이 "조선민주주의인민공화국 최고인민회의 법령에 밝혀진 바와 같이 공화국에 대한 미국의 침략과 공격을 억제, 격퇴하고 침략의 본거지들에 대한 섬멸적인 보복타격을 가하는데 있다"며, "현실은 우리가 미국과 실제적인 힘의 균형을 이룰 때 조선반도와 세계의 평화와 안전을 수호할 수 있다는 것을 다시 한 번 명백히 보여주고 있다"고 주장했다.[14]

2) 2018년 북한의 핵전략 변화

(1) 신년사의 메시지와 평창 올림픽 참가

하지만 북한은 2018년 들어 이전과는 완전히 다른 대외 정책을 보여주기 시작했다. 김정은은 신년사에서 "우리 공화국은 마침내 그 어떤 힘으로도, 그 무엇으로써도 되돌릴 수 없는 강력하고 믿음직한 전쟁 억제력을 보유하게 되었습니다. 우리 국가의 핵무력은 미국의 그 어떤 핵위협도 분쇄하고 대응할 수 있으며 미국이 모험적인 불장난을 할 수 없게 제압하는 강력한 억제력으로 됩니다. 미국은 결코 나와 우리 국가를 상대로 전쟁을 걸어오지 못합니다. 미국 본토 전역이 우리의 핵타격 사정권 안에 있으며 핵단추가 내 사무실 책상 우에 항상 놓여 있다는 것 이는 결코 위협이 아닌 현실임을 똑바로 알아야 합니다"라고 핵억제력 완성을 선언하며 미국을 비난하기도 했다.[15] 하지만 동시에 "조성된 정세는 지금이야말로 북과 남이 과거에 얽매

---

14 ≪로동신문≫, 2017년 12월 3일.

15 김정은, "신년사", ≪로동신문≫, 2018년 1월 1일.

이지 말고 북남관계를 개선하며 자주통일의 돌파구를 열기 위한 결정적인 대책을 세워 나갈 것을 요구하고 있습니다 … 남조선에서 머지않아 열리는 겨울철 올림픽 경기대회에 대해 말한다면 그것은 민족의 위상을 과시하는 좋은 계기로 될 것이며 우리는 대회가 성과적으로 개최되기를 진심으로 바랍니다. 이러한 견지에서 우리는 대표단 파견을 포함하여 필요한 조치를 취할 용의가 있으며 이를 위해 북남 당국이 시급히 만날 수도 있을 것입니다. 한 피줄을 나눈 겨레로서 동족의 경사를 같이 기뻐하고 서로 도와주는 것은 응당한 일입니다"라고 언급하며 평창 올림픽 참가와 남북관계 개선의 희망을 보여주었다.

북한의 평창 올림픽 참가는 2016~2017년의 한반도 상황을 고려해볼 때 상당히 고무적인 것이 사실이었다. 북한의 정책은 2017년 11월 29일 화성 15호 발사 이후의 핵무력 완성 선언과 비교할 때 엄청난 변화였다. 김정은의 신년사 내용 역시 이례적으로 평창 올림픽 참가라는 임박하고 구체적인 어젠다를 제시하는 모습이었다. 2018년의 신년사는 이전에 비해 대남 관련 내용이 상당히 인상적이고 적극적이었으며, 많은 내용을 할애하기도 했다. 핵무력 완성, 남북관계, 대외 관계 등이 전체 신년사의 거의 절반을 차지한 가운데, 한반도 군사적 긴장 상태를 완화시켜 평화적 환경을 마련하고, 민족의 화해와 통일 분위기 조성을 위해 한국의 여당, 야당을 포함한 누구와도 대화하고 접촉하고 왕래할 수 있다고 제안했으며, 남과 북이 우리 민족끼리의 원칙하에 문제 해결을 할 것을 주장하기도 했다.

(2) 남북정상회담과 4·27 판문점선언

신년사와 평창 올림픽 참가로 시작된 2018년 북한의 평화 이니셔티브는 4월 27일 열린 남북정상회담과 판문점선언 및 북미정상회담 요청으로 이어졌다. 4·27 판문점선언은 2000년의 6·15 선언이나 2007년의 10·4 선언보다 진전된 선언으로서 북한의 평화 이니셔티브를 구체화했다. 남북관계 발전, 전쟁위험 해소, 한반도 평화체제 구축에 대해 세부적 합의를 하면서도, 6·15 선언, 10·4 선언에서 다루지 못한 비핵화, 군축, 종전선언, 평화협정을 논의했다는 점은 북한에게 있어 엄청난 정책 변화였을 것이다. 특히 10·4 선언의 '군사적 적대관계 종식'과 '불가침 의무'를 재확인했고, 정전체제 종식과 항구적 평화체제에 대해 10·4 선언보다 진전된 표현으로 "올해에 종전을 선언하고 정전협정을 평화협정으로 전환하며 항구적이고 공고한 평화체제 구축을 위한 남·북·미 3자 또는 남·북·미·중 4자회담 개최를 적극 추진해 나가기로 했다"는 보다 적극적이고 구체적인 표현을 넣었다.

더구나 비핵화와 관련해서도 "남과 북은 완전한 비핵화를 통해 핵 없는 한반도를 실현한다는 공동의 목표를 확인했다"라고 표현함으로써, 비핵화 언급이 없었던 6·15 선언(제네바 합의 이행 기간이었기 때문)이나 핵문제를 6자회담에 의존한 10·4 선언보다 훨씬 더 진전된 모습을 보여주었다. 더구나 남북한 사이에서 비핵화에 대한 논의를 꺼리던 기존 북한의 모습을 고려하면 이는 커다란 진전으로 평가될 수 있다.

물론 판문점선언이 비핵화와 관련하여 여러 가지 아쉬움을 남긴 것은 사실이다. '완전한 비핵화'를 언급하기는 했지만, 어떤 비핵화를 의미하는 것인지, 남북한의 개념 차이가 해소되었는지 분명하지 않아 '완전한 비핵화'의 불완전성을 내포하고 있었다. 미국이 강조하는 CVID(Complete, Verifiable and Irreversible Dismantlement) 중 C만 합의하고 나머지는 북미정상회담에 맡겨둔 점은 아쉬움이 있었다. V와 I는 기술적이고 세부적인 과정을 필요로 하는 부분이기 때문에 남북정상회담에서 논의하기 어려운 측면이 있으나, 여전히 큰 틀에서의 합의가 아쉬운 점은 남았다.

또한 판문점선언에서는 '한반도 비핵화', '핵 없는 한반도'가 어떤 비핵화인지 분명하지 않은 모호함을 남겼다. '한반도 비핵화'가 북한의 비핵화를 의미하는 것인지 미국의 핵우산과 전략자산 모두를 의미하는 것인지 분명하지 않았다. 1991년 12월 '한반도 비핵화 공동선언' 합의 당시에는 남한 전술핵의 문제로 인해 '한반도 비핵화' 개념이 분명한 측면이 있었다. 9·19 공동성명, 2·13 합의, 10·3 합의에서도 '한반도 비핵화'에 대한 언급이 있었지만, 당시에는 북한 비핵화에 대한 구체적인 과정을 언급한 것이었다. 9·19 공동성명에서는 '한반도 비핵화' 언급에서 북한의 비핵화와 남북한 비핵화, 미국의 핵위협 금지에 대해 명확한 언급을 했기 때문이다. 하지만 북한은 현재 핵무기 보유국임과 핵군축을 강조하고 있기 때문에, '한반도 비핵화'라는 용어가 북미정상회담에서 미국의 전략자산 전개, 핵우산, 핵군축 등을 포함하는 빌미로 사용될 가능성이 존재한다. 중국 역시 '한반도 비핵화'의 새로운 개념 정의를 통해 쌍궤병행(비핵화와 평화협정)의 다음 단계로 논의할 가능성이 있다. 또한 탄도 미사일, 장거리 로켓 등에 대한 언급이 없었던 점도 아쉬움으로 남았다. ICBM은 북미협상에서 주로 논의될 것이라는 점을 고려하더라도 북한이 언급한 장거리 미사일 문제가 판문점선언에 언급되지 않은 것은 의아한 부분이었다.

하지만 2017년까지 북한의 행동과 전략을 고려해볼 때 4·27 판문점선언의 내용은 엄청난 변화를 담고 있었으며, 북한의 평화 이니셔티브의 모멘텀을 이어갔다고 평가된다.

(3) 2018년 북한의 핵전략 재검토

하지만 2018년 북한의 평화 이니셔티브를 평화로운 시각으로만 받아들이기 어려운 측면이 있다. 2006년 10월 1차 핵실험 이후 2017년 9월까지 북한은 총 여섯 차례의 핵실험을 진행했으며, 수십 차례의 장거리 미사일 실험을 진행했던 사실이 여전히 존재하기 때문이다. 또한 북한은 2017년 11월 29일, ICBM급으로 평가되는 화성 15형 로켓 발사 실험에 성공한 후 대미 핵억제력의 완성을 선언하기도 했었다. 2018년 들어 북한은 남북관계 개선과 대외 정책의 변화를 천명했고, 이후 평창 올림픽 참가, 남북정상회담 및 4·27 판문점선언 합의, 6·12 북미정상회담 개최 합의 등 다양한 평화 이니셔티브를 보여주었지만, 2017년과 2018년의 정책이 어떻게 연결되는지는 여전히 미지수다.

북한 정책 변화의 핵심은 여전히 핵무기 프로그램에 대한 자신감에서 비롯된 것이라고 볼 수 있다. 북한은 2017년 11월 말, "핵억지력 완성"을 선언했다. 북한의 핵 및 장거리 미사일 능력에 대해서는 여러 가지 의문점이 존재하지만, 상당한 수준으로 발전하여 미국 본토에 대한 위협이 되고 있다는 평가가 주류이다. 사실 북한은 핵억지력에 대한 자신감을 바탕으로 2018년 4월 20일 조선노동당 중앙위원회 전원회의에서 핵능력을 바탕으로 경제발전을 꾀한다는 '새로운 전략적로선'을 선언한 바 있다.[16] 이는 2013년 3월 선언된 '핵무력경제병진노선'의 일부 수정을 의미하는 것이었다. 이날 회의에서는 '경제

---

16 ≪로동신문≫, 2018년 4월 21일

[표 6-2] 결정서 '경제건설과 핵무력건설 병진로선의 위대한 승리를 선포함에 대하여'

첫째, 당의 병진로선을 관철하기 위한 투쟁과정에 림계전 핵시험과 지하 핵시험, 핵무기의 소형화, 경량화, 초대형핵무기와 운반수단개발을 위한 사업을 순차적으로 진행하여 핵무기 병기화를 믿음직하게 실현했다는 것을 엄숙히 천명한다.
둘째, 주체17(2018)년 4월 21일부터 핵시험과 대륙간 탄도로케트 시험발사를 중지할 것이다. 핵시험 중지를 투명성 있게 담보하기 위하여 공화국 북부 핵시험장을 페기할 것이다.
셋째, 핵시험 중지는 세계적인 핵군축을 위한 중요한 과정이며 우리 공화국은 핵시험의 전면중지를 위한 국제적인 지향과 노력에 합세할 것이다.
넷째, 우리 국가에 대한 핵위협이나 핵도발이 없는 한 핵무기를 절대로 사용하지 않을 것이며 그 어떤 경우에도 핵무기와 핵기술을 이전하지 않을 것이다.
다섯째, 나라의 인적, 물적 자원을 총동원하여 강력한 사회주의경제를 일떠세우고 인민생활을 획기적으로 높이기 위한 투쟁에 모든 힘을 집중할 것이다.
여섯째, 사회주의경제건설을 위한 유리한 국제적 환경을 마련하며 조선반도와 세계의 평화와 안정을 수호하기 위하여 주변국들과 국제 사회와의 긴밀한 련계와 대화를 적극화해 나갈 것이다.

[표 6-3] 결정서 '혁명발전의 새로운 높은 단계의 요구에 맞게 사회주의경제건설에 총력을 집중할데 대하여'

첫째, 당과 국가의 전반 사업을 사회주의경제건설에 지향시키고 모든 힘을 총집중할 것이다.
둘째, 사회주의경제건설에 총력을 집중하기 위한 투쟁에서 당 및 근로단체조직들과 정권기관, 법기관, 무력기관들의 역할을 높일 것이다.
셋째, 각급 당조직들과 정치기관들은 당중앙위원회 제7기 제3차 전원회의 결정집행 정형을 정상적으로 장악총화하면서 철저히 관철하도록 할 것이다.
넷째, 최고인민회의 상임위원회와 내각은 당중앙위원회 전원회의 결정서에 제시된 과업을 관철하기 위한 법적, 행정적, 실무적 조치들을 취할 것이다.

건설과 핵무력건설 병진로선의 위대한 승리를 선포함에 대하여'라는 결정서와 동시에 '혁명발전의 새로운 높은 단계의 요구에 맞게 사회

주의경제건설에 총력을 집중할데 대하여'라는 결정서가 채택되었다. 김정은은 "당중앙위원회 2013년 3월 전원회의가 제시했던 경제건설과 핵무력건설을 병진시킬데 대한 우리 당의 전략적로선이 밝힌 력사적 과업들이 빛나게 관철되였다는 것을" 선언하고, "우리 공화국이 세계적인 정치사상강국, 군사강국의 지위에 확고히 올라선 현 단계에서 전당, 전국이 사회주의경제건설에 총력을 집중하는 것, 이것이 우리 당의 전략적로선"이라고 천명했다.

4월 20일에 발표된 2개의 결정서는 2013년 3월 발표한 핵·경제 병진노선과 2016년 5월 발표한 제7차 당대회 결정서 선언에서 한 단계 나아간 것으로 평가된다. 미국에 대한 핵억제력이 완성되었음을 선언하고 이제 경제건설을 본격적으로 추진하고자 선언한 것이었다. 이러한 관점에서 북한의 2018년 평화 이니셔티브는 핵무기를 활용한 경제발전 지향을 의미하는 것이라고 평가될 수 있다.

특히 북한이 미국과 중국 사이에서 벌이는 게임은 평화 이니셔티브의 핵심적인 부분이 될 수 있다. 4·20 결정서에서는 비핵화를 언급하지 않았지만, 북미정상회담의 준비 논의에서 이를 언급하고 있는 것은 비핵화와 체제 보장의 교환 게임을 하고 있다는 의미이다. 판문점선언에서 언급한 '완전한 비핵화'를 위해서는 '완전한 체제 보장'을 요구할 것이며, 이를 위한 국가 전략상의 준비를 4·20 결정서를 통해 마련해놓은 것이라고 할 수 있다. 완전한 체제 보장은 단순한 평화협정이나 수교로 이루어질 수 있는 것이 아니다. 비핵화와 평화협정 논의 과정에서 북한이 한국, 미국, 중국을 상대로 협상할 때 필요한 것은 완전한 체제 보장을 위한 구조 변화일 것이며, 이러한 과정이 진행될 때 경제건설을 위한 노력과 연결시키려 할 것이다.

3. 트럼프 행정부의 글로벌 안보전략과 한반도

한반도의 안보환경 변화를 논의하기 위해서는 트럼프 행정부의 글로벌 전략을 검토해볼 필요가 있다. 트럼프의 글로벌 전략에 대해서 그동안 상당한 논란이 있었다. 전통적인 공화당의 글로벌 전략에서 벗어나 국내 문제에만 신경 쓴다는 비판이나, 오바마 행정부와는 달리 세계 질서의 변화에 대응하는 정교한 글로벌 전략 자체가 없다는 비판이 많았다. 대통령 선거 캠페인 때부터 강조한 '미국 우선주의(America First)'와 '미국을 다시 위대하게 만들기(Make America Great Again)' 슬로건의 속성상 글로벌 전략의 부재는 예견된 상황이기도 했다. 이런 모습은 중국의 부상에 대응하기 위한 오바마 행정부의 '재균형(Rebalancing) 정책'과 비교되면서 비판받곤 했다.

하지만 2017년 말 이후 트럼프 행정부의 다양한 안보 관련 전략서들이 발간되면서 글로벌 안보전략이 구체화되고 있다. 2017년 12월 발표된 국가안보전략보고서[17]에 이어, 2018년 초에도 국방전략보고서[18] 요약본과 핵태세검토보고서[19] 전문이 발간되었고, 트럼프 대통령의 국정연설[20]도 이루어졌다. 이 부분에서는 트럼프 행정부의 다양한 글로벌 전략서들을 통해 글로벌 전략을 분석한다.

---

17 White House, National Security Strategy of the United States of America, December 2017.

18 U.S. Department of Defense, Summary of the 2018 National Defense Strategy of the United States of America, January 2018.

19 U.S. Department of Defense, Nuclear Posture Review, February 2018.

20 White House, President Donald J. Trump's State of the Union Address, January 2018.

1) 트럼프 행정부의 글로벌 안보전략

(1) 글로벌 축소 전략의 모색

트럼프 행정부의 거의 모든 전략은 '미국 우선주의'에서 시작되며, 글로벌 전략도 예외는 아니다. '미국을 다시 위대하게 만들기' 위해서 일자리와 경제 문제에 집중하고 있는 트럼프 대통령은 글로벌 전략 역시 미국의 부흥에 기여하는 방향으로 설계할 것이다. 트럼프 대통령은 국정연설에서 '미국을 다시 위대하게 만들기'가 "분명한 비전이며 올바른 미션"이라고 언급했다.[21] 이를 위해 국내에서와 마찬가지로 해외에서도 미국의 힘과 지위를 회복할 것이라고 선언했다. 하지만 트럼프는 미국의 헌신과 동맹 관계의 강화라는 협력적인 방식을 통해 해외에서도 미국을 위대하게 만드는 데는 인색했다. 예루살렘을 이스라엘의 수도로 승인한 자신의 결정에 대해 유엔총회에서 반대표를 던진 국가들을 비판한 데서 잘 알 수 있듯이 트럼프는 자신의 결정을 지지하는 국가들하고만 협력하고 있다. 국방부의 국방전략보고서도 '상호 이익이 되는 동맹과 파트너십(mutually beneficial alliances and partnerships)'을 강조하고 있다.[22] 미국이 동맹국의 자원을 활용하고 책임을 분담할 때 미국의 안보 부담이 감소될 수 있다는 점도 솔직히 밝히고 있다. 미국은 동맹국들이 상호 이익의 집단 안보를 위하여 적극적으로 투자하는 등 공정한 분담을 해야 한다고 요구하고 있다.

---

21 White House, President Donald J. Trump's State of the Union Address, January 2018.

22 U.S. Department of Defense, Summary of the 2018 National Defense Strategy of the United States of America, January 2018.

이처럼 트럼프 행정부의 글로벌 안보전략은 전형적인 축소(retrenchment) 전략의 성격을 띠고 있다. 미국은 그동안 세계 질서에서 미국의 역할에 대해 논쟁을 지속해왔다. 1980년대 이후 제기되었던 '강대국 흥망성쇠'의 사이클 속에서 미국이 과대팽창(over-stretch) 상황에 있어 글로벌 리더십을 축소해야 하는지, 혹은 여전히 글로벌 리더십을 유지하며 개입주의적 전략을 견지해야 하는지에 대한 논쟁이 그것이다. 개입주의적 전략을 주장하는 'Don't Come Back Home!' 그룹은 축소 전략이 미국의 국가이익을 해치며, 미국은 이제 완전히 과거의 고립주의로 돌아갈 수 없기 때문에 여전히 국제주의적으로 노력해야 한다고 주장해왔다. 반면 축소 전략을 주장하는 'Come Back Home!' 그룹은 미국이 현재 과대팽창과 심각한 국내 문제에 직면해 있다고 진단하며 글로벌 전략에서 선택과 집중을 추구해야 한다고 주장해왔다.

오바마 행정부가 '재균형 전략'을 통해 선택과 집중의 개입 전략 기조를 유지했다면, 트럼프 행정부는 축소 전략의 성격을 강하게 내포하고 있다. 물론 트럼프의 안보전략 자체가 고립주의로 회귀하는 것은 아니지만, '역내 균형자(onshore balancer)'로서의 개입보다는 '역외 균형자(offshore balancer)'로서의 역할에 더 가까이 다가가고 있는 모습이다. 이는 '미국 우선주의' 정책에 따라 국내 문제와 경제 문제에 집중하면서 발생하는 현상이다. 미국의 자원 중 상당수가 해외에서 국내로 재배치되어야 하기 때문에 글로벌 전략에는 소홀할 수밖에 없다. 트럼프 대통령의 국정연설 역시 국내 문제에 대부분 할애되었고, 대외적인 부분은 테러 그룹과 불량국가(rogue states)의 위협 이외에 거의 언급되지 않았던 점에서도 잘 나타난다.

(2) 강대국 경쟁의 부활

트럼프 행정부 글로벌 전략의 또 다른 특징은 강대국 경쟁으로의 회귀이다. 2001년 알 카에다의 미국 본토 테러 이후 미국은 테러리즘 저지를 최우선적인 국가안보 어젠다로 설정해왔다. 반면 1990년대 초반 냉전 종식 이후 미국의 단극시대가 지속되자 다른 강대국들의 위협은 국가안보의 중심 사안이 아니었다. 중국이 경제적·군사적으로 급격하게 부상했지만, 미국에 대해 당면한 안보 위협으로 인식하고 있지는 않았다. 국력이 급격하게 약화된 러시아와는 다양한 군축협정 체결 등 안정적인 관계를 추구했다. 하지만 트럼프 행정부는 새롭게 변화한 글로벌 안보환경을 지적하면서 중국과 러시아의 안보 위협을 강조했다. 복잡해진 새로운 글로벌 안보환경이 자유로운 국제 질서에 도전하고 국가 간 전략 경쟁이 재부상하고 있다고 인식했다. 국가안보전략보고서와 마찬가지로 국방전략보고서는 테러리즘이 아닌 국가 간 전략 경쟁이 미국 국가안보의 주요한 관심이라고 밝혔다. 제임스 매티스(James Mattis) 국방장관은 "전 세계가 또다시 강대국 간 경쟁으로 전 지구적 변화와 불확실성이 증가하는 시대를 맞고 있다"고 진단했다.[23] 그는 미국이 테러 그룹에 대한 작전을 지속하겠지만, "테러리즘이 아니라 강대국 간 경쟁이 미국 국가안보의 현재 최우선 초점"이라고 언급했다. 트럼프는 이러한 위협에 대응하기 위해서는 취약한 모습이 아니라 상대가 겨룰 수 없는 강력한 힘을 보여주어야 한다고 강조했다.

국방전략보고서는 특히 중국과 러시아를 미국의 영향력과 민주

---

23 James N. Mattis, "Remarks by Secretary Mattis on the National Defense Strategy," January 19, 2018.

주의에 도전하며 권위주의 모델을 전파하는 현상타파(revisionist) 세력으로 규정하고 이 둘 국가의 위협을 강조했다.[24] 또한 중국을 약탈경제를 통해 주변국을 위협하고 남중국해에서 군사력을 증강시키는 전략적 경쟁자로 규정했다. 중국이 인도-태평양 지역에서 영향력을 확대해가고 있는 것을 우려했으며, 러시아가 국제 사회에서 거부권 행사로 주변국을 위협하며 북대서양조약기구를 취약하게 하고 유럽과 중동의 질서를 불안정하게 만들어 자국에 유리한 지역 질서를 조성하기 위해 노력하고 있다고 비판했다. 그루지아, 크림 반도 등에서 드러난 러시아의 공세는 핵무기와 결합 시 엄청난 위협이 될 수 있다고 인식했다.

트럼프 행정부는 북한과 이란 등 불량국가들과 테러리즘의 위협도 강조했다. 트럼프의 국정연설에서는 이슬람 국가(ISIS) 및 아프가니스탄에 대한 대 테러 전쟁의 중요성이 강조되었고 이란, 쿠바, 베네수엘라에 대한 비판도 포함되었다. 북한의 위협은 연설 현장에 초대된 오토 웜비어 가족과 탈북자 지성호 씨를 상당 시간 언급함으로써 더욱 강조되었다. 국방전략보고서에서는 북한이 유엔의 제재에도 불구하고 불법적인 행동과 공격적인 언사를 지속하여 핵과 미사일은 미국의 안보에 당면한 위협이 되고 있다고 우려했다. 이란은 중동 지역의 패권을 추구하며 테러 그룹을 지원하고 미사일 개발에 집중하여 중동의 안정에 가장 커다란 위협이라고 비판했다. 불량국가들과 테러리즘에 대한 트럼프 행정부의 정책은 이 사안에 대한 중국 및 러시아와의 시각 차이로 인해 강대국 간 경쟁과 연결되어 군비경쟁과

---

24 U.S. Department of Defense, Summary of the 2018 National Defense Strategy of the United States of America, January 2018.

긴장을 촉발시키는 변수로 작용할 수도 있다.

(3) 핵무기로의 회귀

트럼프 행정부 안보전략의 세 번째 특징은 핵무기로의 회귀이다. 오바마 행정부가 '핵무기 없는 세상(a world without nuclear weapons)'의 비전을 제시하며 미국 국방전략에서 핵무기의 역할을 감소시키려 한 데 반해, 트럼프 행정부는 핵무기를 현대화하여 국방전략에서의 역할을 강화하고자 노력 중이다. 트럼프는 국정연설에서 핵무기를 현대화하여 재건할 것이라고 선언했다. 핵무기 '공포의 균형'을 통해 어떤 공격 행위도 억지해야 한다는 논리이다.

핵무기에 대한 트럼프 행정부의 생각은 새로운 핵태세검토보고서에 자세하게 나타나 있다.[25] 오바마 행정부 초기인 2010년에 발표된 핵태세검토보고서가 핵경쟁의 미래에 대해 낙관적인 가정에 기반해 있었다면, 트럼프 행정부의 보고서는 세계 질서의 변화에 대한 새로운 위협 인식을 담고 있다. 2010년 당시에는 핵무기 보유 강대국과의 군사적 충돌 가능성을 낮게 보고 있어서 핵무기의 숫자와 역할을 감소시킴으로써 핵전쟁과 핵확산의 위험 역시 감소시킬 수 있다고 생각했다. 그 결과 러시아와의 다양한 핵군축 협상도 타결할 수 있었다. 하지만 트럼프 행정부는 강대국 간 경쟁의 부활을 인식하고 있기 때문에 핵전략 역시 이에 따라 재조정하고 있다. 핵무기를 보유한 러시아와 중국이 미국의 가장 당면한 안보 위협이라면 이들 국가의 핵무기에 대응하는 미국의 핵태세 역시 적극적인 방향으로 변경되어야 한다는 것이다. 러시아는 다양한 무기체계 개발을 통해 기존

---

25 U.S. Department of Defense, Nuclear Posture Review, February 2018.

의 핵군축 합의를 위반하며 핵능력을 강화하고 전술핵무기를 현대화하고 있다고 비판했다. 중국 역시 핵탄두 생산에 박차를 가하고 있으며, 최근에는 대륙간 탄도 미사일(ICBM) 요격 시험에도 성공하는 등 핵전력을 현대화하고 있다고 지적했다.

이에 따라 미국 역시 보다 적극적인 핵전략을 통해 최악의 경우 핵무기가 실제로 사용될 수 있다는 가능성을 보여줌으로써 핵억지를 강화해야 한다고 주장하고 있다. 핵태세의 국가적 목표로 ① 핵 및 비핵 공격을 억지하고, ② 동맹국과 협력국의 안보를 보장하고, ③ 억지의 실패 시에도 미국의 목표를 달성하고, ④ 불확실한 미래를 대비하는 능력을 규정했다. 이를 위해 핵 3축 체제인 대륙간 탄도 미사일, 전략 폭격기, 핵잠수함 등 핵능력을 유지 및 교체하고 핵 지휘통제통신(NC3) 능력을 현대화하며 핵 및 비핵 군사계획의 통합을 강화할 것이라고 밝혔다. 특히 핵태세검토보고서는 미국이 적, 위협 및 상황에 따라 효과적으로 억지력을 발휘할 수 있는 맞춤식의 융통성 있는 방법을 사용할 것이라고 언급하고 있다. 맞춤형 억지 전략은 "다양한 잠재적 적에게 그들의 공격이 그들의 위험 및 비용 계산에 비추어보았을 때 수용 불가능한 위험과 과도한 비용을 초래할 것이라는 메시지를 전달할 것"이라고 설명되고 있는데, 이는 전술핵무기 개발에 대한 투자를 의미하는 것으로 판단된다. 또한 미국의 핵보유 능력을 유지하고 교체하는 프로그램 비용을 현 국방부 예산의 약 6.4%로 추산하며 이는 전체 연방정부 예산의 1%도 되지 않는 수준이라고 실행 가능성을 강조했다.

결국 트럼프 행정부의 핵전략은 미국 국방전략에서 핵무기의 역할과 가치를 확대함으로써 새로운 핵군비경쟁을 유발할 가능성이 있다. 오바마 행정부 시대에 '핵무기 없는 세상'을 지향하던 미국이 이

제 새로운 위협 인식을 통해 핵을 통한 억지를 강화하는 정책으로 변화된 것이다. 트럼프 행정부의 핵전략은 '미국 우선주의' 정책의 큰 영향을 받은 측면이 있다. '미국 우선주의'는 속성상 국내 문제와 경제 문제에 집중하기 위해 해외에 산재해 있던 군사력과 자원을 국내로 불러들일 수밖에 없다. 이러한 상황에서 러시아, 중국 등 강대국의 위협에 대응하기 위해서는 핵무기에 대한 의존도를 높일 수밖에 없는 구조적 측면이 있다.

2) 트럼프의 글로벌 안보전략과 북미정상회담

트럼프 행정부의 글로벌 전략은 한반도에 여러 가지 도전 요인으로 작용한다. 트럼프 행정부의 글로벌 전략은 북미정상회담과 대 한반도 정책에서도 일부분 드러나고 있다. 물론 트럼프의 글로벌 전략 그 자체를 북미정상회담의 합의와 직접 연결시키기는 어려운 측면이 있다. 하지만 북미정상회담 합의와 한반도 정책을 트럼프 행정부의 글로벌 전략 차원에서 재해석해보는 노력은 향후 한반도 질서에 대한 새로운 이해를 제공해줄 수도 있다.

(1) 글로벌 축소 전략의 관점

우선 글로벌 축소 전략은 한반도에 대한 미국의 안보 공약 약화와 더불어 한미동맹의 새로운 변화 가능성을 암시하고 있다. 트럼프 행정부가 '미국 우선주의'를 강조함에 따라 국내 문제에 집중하게 되면서 해외에 파병된 미군 병력과 자원에 대한 재배치를 시도할 가능성이 있다. 이는 한국 주둔 미군의 위상 변화뿐만 아니라 주한미군 분담금에 대한 추가적인 부담 가능성을 제기할 수 있다. 이에 따라 한국은 향후 한미동맹을 운영하는 데 상당한 어려움에 직면하게 될 것이다. 특히 동맹 관계를 언급하는 데 있어서도 트럼프 행정부는 '인도-태평양 동맹국 및 협력국(Indo-Pacific alliances and partnerships)'을 강조하며 동맹의 확대를 꾀하고 있어 한미동맹에 새로운 도전을 제기하고 있다.

이러한 모습은 북미정상회담 합의 과정에서도 나타나고 있다. 북미정상회담 합의문에는 나타나고 있지 않지만, 트럼프 대통령의 기자회견에서는 글로벌 축소 전략이 북미정상회담을 통해 한반도에 어떻게 적용될 수 있는지 잘 나타나 있다. 트럼프 대통령은 북미정상회담 합의를 설명하는 기자회견에서 한미연합훈련 중단에 대해 언급했다. 트럼프 대통령은 주한미군을 감축하지는 않겠지만 향후 북한과의 협상이 문제없이 진행된다면 "워 게임(War Games)"을 중단하겠다고 선언했다. 트럼프 대통령은 주한미군을 철수시키고 싶은 마음은 있지만, 지금 당장 하지는 않을 것이라고 언급했다. 하지만 '워 게임'을 중단하겠다고 언급함으로써 한미연합훈련의 중단 혹은 축소 가능성을 시사했다.

트럼프 대통령의 이러한 언급은 북미정상회담 합의문 1~3항의 세부적인 협상 과정에서 주한미군과 한미연합훈련에 관한 변화가 생길 수 있음을 시사하는 것이다. "북미 간에 평화와 번영의 새로운 관계가 형성되고, 한반도에 지속적이고 안정적인 평화체제가 구축되고, 한반도의 완전한 비핵화가 이루어지는" 과정은 주한미군의 주둔과 한미연합훈련에 커다란 영향이 있게 될 것임을 의미하는 것이다. 트럼프 대통령은 북미협상을 하면서 북한에 대한 협상 카드뿐만 아니라, 글로벌 축소 전략을 위해 한국에 대한 새로운 협상 카드 역시 마련하고 있는지도 모른다.

(2) 강대국 경쟁의 관점

다른 한편, 강대국 경쟁이 부활하고 있다는 트럼프 행정부의 인식에 따라 동북아에서도 미중·미러 간 갈등이 심화될 수 있다. 중국은 이미 트럼프 행정부의 글로벌 안보관 및 중국관을 신랄하게 비판해왔다. 중국은 트럼프가 "국정연설에서 중국과 러시아를 미국의 이익과 경제, 가치관에 도전하는 경쟁자로 규정했다"며 미국의 대 중국 전략을 비판했다.[26] 트럼프 행정부의 국방전략서에 대해서도 중국은 '냉전적 사고'라고 비난했다.[27] 중국의 관점에서 '미국 우선주의'는 냉전시대의 과거로 회귀하는 것이라는 비판이다. 동북아에서 미중 및 미러 관계의 긴장 관계는 한반도 평화와 한국의 외교에 커다란 영향을 미치지 않을 수 없다.

트럼프의 국정연설이 발표되었을 때 북한 역시 "남북관계 훼방을 위한 심술"이라며 강하게 반발해 북핵문제와 대북 제재를 둘러싼 북미 간 갈등 가능성을 증폭시켰었다.[28] 당시 트럼프 대통령은 국정연설에서 이전과는 달리 '최대의 압박(maximum pressure)'만을 언급하고 '관여(engagement)'에 대해 언급하지 않았는데, 이러한 강경 기조가 당시 한국 정부에 커다란 부담으로 작용했다. 다행히 2018년 들어 한반도의 정세가 급변하면서 남북정상회담과 북미정상회담이 성사되어 이 같은 위기 상황은 일단 피할 수 있었다.

하지만 강대국 경쟁의 글로벌 기조는 여전히 한반도에 커다란 위

---

26 Simon Denyer, "Trump alarms China with 'Cold War' rhetoric in State of Union address," The Washington Post, January 31, 2018.

27 Charlotte Gao, "China Reprimands US over 2018 National Defense Strategy," The Diplomat, February 12, 2018.

28 조선중앙통신, 2018년 2월 4일.

험 요소를 제기할 수 있다. 북미정상회담에서 나타난 트럼프 대통령의 중국관은 그리 긍정적이지 못했다. 기자회견에서 여러 차례 중국과의 무역 불공정성을 언급했으며, 미국이 중국에 이용당하고 있다고 주장했다. 북한 비핵화를 위해 중국과도 협력하고 있지만 충분하지 않다고 언급했으며, 북한의 비핵화가 중국에게도 좋은 것이며 도움이 된다고 말했다. 특히 중국과의 무역 협상이 북한문제에 대한 정책, 특히 북중 국경에서 제재를 이행하는 데 영향을 미칠 수 있을 것이라며 미중 무역 갈등을 북한문제와 연계시키려는 의사를 보이기도 했다. 실제 트럼프 대통령은 북미정상회담 직후인 6월 15일 중국 상품에 대해 500억 달러 규모의 25% 관세를 부과할 것이라고 발표했다. 물론 중국은 트럼프가 무역 전쟁을 시작했다고 비판했다.[29]

이는 한반도에서도 북한문제를 두고 미중 간 경쟁과 갈등 가능성이 높음을 잘 보여주고 있다. 북미정상회담 이전에 시진핑(習近平) 주석이 김정은 위원장과 두 번째 정상회담을 한 후 트럼프는 중국의 개입에 불편한 심기를 숨기지 않기도 했다. 이는 북미관계 개선이 중국에게는 반드시 반가운 소식은 아닐 수 있기 때문이다. 북한의 비핵화와 북한문제 해결을 바라지만, 북미관계 개선으로 인해 한반도의 역학 구도가 변화한다면 이는 중국의 동북아 전략에 커다란 도전 요인이 될 수 있기 때문이다. 따라서 트럼프 행정부의 강대국 경쟁의 관점에서 북미정상회담 이후 한반도에서 미중 간 경쟁이 심해질 가능성도 배제할 수 없다.

29 Mark Thompson, "China: 'The US has launched a trade war'," CNN, June 15, 2018.

(3) 핵무기의 역할 강화 관점

트럼프가 글로벌 전략에서 핵무기의 중요성을 강조한 것은 동북아에서도 미중 간 핵경쟁 가능성을 높일 수 있다. 트럼프 행정부는 핵태세검토보고서에서 러시아와 중국이 미국의 가장 당면한 안보 위협이라고 인식하면서 이들 국가의 핵무기에 대응하는 미국의 핵태세 역시 적극적인 방향으로 변경되어야 한다는 생각을 밝힌 바 있다. 북한 비핵화 협상이 진전되면 한반도에 대한 미국의 핵전략이 수정될 가능성도 있지만, 여전히 대 중국 핵전략 문제는 남는다. 북한에 대한 핵 전략자산 전개와 핵무기 대응 전략은 변화할 수 있지만, 북미관계 개선이 미중 간 핵경쟁과 군사관계를 변화시키기에는 역부족이기 때문이다. 따라서 북미관계 개선에 의해 한반도는 북핵위기에서 벗어날 수 있을지는 몰라도 미중 간 새로운 핵경쟁과 위기가 도래할 가능성도 배제할 수 없다.

4. 한반도 안보환경 변화에 따른 한국 육군의 역할 30

2018년 한반도 안보 상황의 급변으로 인해 한국의 국방안보 정책은 혼란 상황에 놓여 있는 것이 사실이다. 남북관계와 북미관계의 진전은 북한의 군사적 위협 평가를 변화시킬 뿐 아니라 한국군의 대응 방향을 크게 변화시킬 수 있기 때문이다. 더구나 그동안 북한의 군사적 위협에 초점을 두었던 육군의 경우 이러한 안보 상황 변화에 대한

30 이 절은 저자의 다음 논문 중 일부를 발전시켜 재구성한 것이다. 황지환, 「한반도 통일과정과 군사력의 역할: 지상군 전력 건설방향에 대한 문제제기」, ≪동서연구≫, 제27권 2호 (2015).

혼란이 더욱 커질 수밖에 없다. 1990년대 이후 대두된 북한의 핵무기 프로그램과 비대칭 전력 강화는 한국 지상군의 군사력 개선 필요성을 지속적으로 제기해왔었기 때문에 최근 북한의 비핵화 논의는 이러한 군사력 건설 방향에 커다란 변화를 야기할 수 있다. 이 부분에서는 한반도 안보 상황에 대한 평가를 중심으로 한국 육군이 어떤 대응을 해나갈 것인지 고민해본다.

1) 북한의 비핵화 과정에서 한미동맹과 한국군의 역할

북한의 비핵화 과정에서도 남북한 사이의 군축이 잘 진전되지 못한다면 가장 주요한 군사적 위협은 역시 북한이다. 이에 따라 북한의 군사적 위협에 적극적으로 대응하기 위한 노력은 지속되어야 할 것이다. 이 경우 한국 육군의 군사력 건설 방향도 여전히 대북 억지력 중심으로 이루어져야 할 것이다.

하지만 북한의 비핵화와 함께 남북한 군축과 군사적 위협 감소에 대한 본격적인 진전이 이루어질 경우 한국군의 군사력 건설 방향이나 한미동맹의 대응 방향 역시 변화하지 않을 수 없을 것이다. 과거 한미동맹은 '한미동맹을 위한 공동비전(Joint vision for the Alliance of the Republic of Korea and the United States of America)'을 채택하고 미래지향적 발전 청사진을 담은 전략적 마스터플랜을 발표한 바 있다. 이는 한미동맹을 양국의 "공동의 가치와 상호 신뢰에 기반한 양자, 지역, 범세계적 범주의 포괄적 전략 동맹" 구축으로서 추진하기로 합의한 것이다. 이는 동북아에서 중국과 러시아에 대한 동맹을 의미하는 것이 아니라, "사이버, 우주, 기후 변화에 따른 재해, 재난, 해적 퇴치를 포함한 해양안보, 대량살상무기 확산방지구상(PSI) 및 유엔이 주도하는 평화유지활동에 참여하는 등 협력의 범위를 확대"하는 것을 의미한다.

북한의 비핵화가 진전되고 남북한 군사적 위협이 감소된다면, 이는 마치 냉전 종식 이후 동맹의 방향성을 찾기 위해 노력한 북대서양조약기구의 모습을 연상시킨다. 또한 1990년대 중반 이후 새로운 방위 가이드라인을 제시하며 동아시아 및 글로벌화를 추구한 미일동맹의 방향성과도 유사하다.

하지만 북한의 비핵화 진전이 더디고 남북한 군축의 흐름이 미약할 경우, 한미동맹이 대북 억지력을 넘어 북대서양조약기구와 미일동맹과 같은 새로운 방향성을 추구하는 것은 너무 이른 감이 있다. 특히 향후 남북관계와 북미관계의 미래가 불안정함을 고려하면 한미동맹이 너무 서둘러 탈냉전적이고 글로벌화된 모습을 보이는 것에 대한 우려가 존재하는 것이 사실이다. 미일동맹의 경우 동북아 냉전 종식 후 1996년 '미일신안보공동선언' 합의를 통해 변화가 모색되었다. 북대서양조약기구의 경우에도 유럽의 냉전 종식 과정인 1989년 이후 새로운 정체성을 형성하기 시작했다. 따라서 변화하는 한반도 안보환경 속에서 한미동맹은 미일동맹과의 차별화가 필요하다. 한미동맹도 글로벌 지향이 필요하겠지만, 북한의 비핵화와 군사적 위협이 감소되는 과정에서는 대북 억지력과 한반도 평화라는 기본적 목적에 더 큰 초점을 두어야 할 것이다. 특히 육군의 경우 이러한 변화의 시기에 대북 억지력 노력에 핵심적인 역할을 해야 할 것이다.

한미동맹의 정체성 변화는 한반도 냉전 해소가 분명해지고 남북한 군축이 진행되는 과정에서 이루어져야 할 것이다. 따라서 단기적으로는 상황 변화의 불안정성을 고려하여 기존의 동맹 정체성에 더욱 충실할 필요가 있다. 이는 한미동맹이 여전히 대북 억지력 및 한반도 주변 안정화 역할, 한반도 평화환경 조성을 주요 임무로 해야

함을 의미하는 것이다. 장기적으로는 북한 비핵화와 남북관계 변화에 따라 새로운 위협과 도전에 대한 대응을 고민하는 정체성을 확립해야 할 것이다. 남북관계 변화와 한반도 평화는 한미동맹의 목적 달성이 아니라, 미일동맹이나 북대서양조약기구처럼 새로운 목적과 정체성을 수립하게 하는 계기가 될 수 있기 때문이다.

따라서 한반도 안보 상황이 변화하는 경우 장기적으로 한국 지상군 능력을 크게 증강하는 것은 쉽지 않다. 특히 출산율 저하로 병역 자원이 감소하고 복무 기간이 단축된 환경을 고려할 때 지상군을 현재의 방식으로 그대로 유지하는 것은 거의 불가능하다. 이에 따라 최근의 국방개혁 계획도 병력 수준을 지속적으로 감축하는 방향으로 나아가고 있다.

2) 한반도 안보환경 변화와 한반도 군사력 건설의 미래

다른 한편, 그동안 한국의 국방개혁 계획에서는 군사혁신과 전쟁의 미래에 대한 논의 및 새로운 첨단 군사기술의 적용 문제가 집중적으로 논의되어왔다. 만약 남북관계 및 북미관계의 진전으로 한반도의 안보환경이 크게 변화한다면 이러한 군사혁신의 모습은 더욱 뚜렷해질 것이다. 특히 육군의 경우 이러한 군사혁신의 영향을 가장 많이 받는 곳이 될 가능성이 크다.

2018년의 한반도 상황 변화 이전에도 최근의 국방개혁 계획은 “다양한 위협에 능동적으로 대응할 수 있는 정보·기술 집약형 군 구조로 전환”하고 “현존 및 잠재적 위협에 대비한 첨단 전력을 증강”하여, “국방환경 및 전쟁수행 패러다임의 변화에 능동적으로 대처 가능한 군 구조로 개편”하여 “우리의 작전환경과 미래전 수행에 적합한 정보·지식 중심의 첨단 전력"을 강화하겠다는 계획을 밝혀 왔다. 특히 육군의 경우 "네트워크 중심 작전환경 아래 공세적 통합작전 수행이 가능한 부대 구조로 개편"할 것을 계획해왔다. 이러한 '전쟁의 미래'에 대한 논의는 한반도 안보환경의 변화에 따라 한국군에서도 더욱 강하게 진행될 가능성이 있다.

이에 따라 한국 정부는 그동안 '전쟁의 미래(future of war)'라는 관점과 더불어 '미래의 전쟁(war of the future)'이라는 관점에서도 새로운 첨단 군사무기 및 기술을 구입하고 군사력에 적용하는 것을 강조할 가능성이 크다. '전쟁의 미래'는 군사기술 및 무기 발달의 차원에서 결정되는 전쟁 자체의 미래 변화를 의미하는 것으로, 군사기술의 발전과 그에 따른 군사 조직 및 교리 변화가 핵심적인 사항이다. 반면 '미래의 전쟁'은 군사기술이 아니라 정치적 차원에서 미래의 세계에서 나타날 전쟁을 의미하는 개념이다. 이는 미래 전쟁에서 사용될 무기와 군사기술을 중심으로 고려하는 것이 아니라, 미래의 안보환경에서 수행하게 될 전쟁의 형태를 고려하는데, 이러한 상황은 정치적 변수에 의해 결정된다. 남북관계와 북미관계의 변화는 이러한 '전쟁의 미래'에 더불어 '미래의 전쟁'의 관점에서도 한국군의 변화 가능성을 높여주게 될 것이다.

따라서 미국이 '전쟁의 미래'의 관점에서 강조해온 첨단 무기와 기술 적용이 한국의 국방개혁 논의 과정에서도 중심 이슈로 등장하게 될 것이다. 물론 미국의 전장환경과 차별되는 한반도 안보환경과 한반도 '미래의 전쟁'의 관점에서 이러한 무기와 기술이 실제 사용될 가능성이 높은 것인지 충분히 검토될 필요가 있다. 하지만 한반도 안보환경의 변화는 한국군도 첨단 무기와 기술 중심으로 한반도 안보환경 변화에 대응하게 될 가능성을 높여줄 것이다. 물론 중국 및 일

본의 군사력 증강이라는 주변국 위협 가능성으로 인해 북한의 군사적 위협에 대한 대비와 더불어 한반도 통일 이후 '전쟁의 미래'에 대비한 군사력 증강 역시 나타날 수 있다.

3) 한국 육군의 운용 방향

그동안 한국 육군은 병역자원의 감소에 대한 대응 및 '전투형 군대' 양성에만 집중했던 것이 사실이다. 국방부는 2010년의 연평도 포격 사건 이후 기회가 있을 때마다 잘 싸워서 이기는 '전투형 군대' 양성을 천명해왔다. 하지만 북한의 비핵화가 진전되고 남북관계가 변화할 경우 이러한 상황은 달라질 수밖에 없을 것이다. 물론 군의 최대 임무는 분명 전투에서 잘 싸워 이기는 강력한 군사력을 건설하는 것이겠지만, 한반도 안보환경이 변화하면 '전투형 군대' 양성이 유일한 군사력 건설 목표가 될 수는 없다. 이 경우 '전투형 군대'의 강력함과 더불어 '관리형 군대'의 효율성도 육성해야 한다. 지금까지 우리는 북한의 전면적인 남침을 억지하고 방어하는 형태의 지상군 건설에 초점을 두어왔다. 또한 전쟁 방식도 1950년 한국전쟁과 같은 재래식 전쟁에 대한 대응을 염두에 두어온 것이 사실이다. 하지만 현대 군사력 건설은 정치적 환경 변화에서 비롯되는 전쟁환경 및 이에 따른 필요 군사력의 변화를 반영해야 한다. 따라서 한반도의 안보환경을 예측하고, 이에 필요한 군사력을 건설하는 것이 요구된다고 하겠다. 단순한 군사기술 및 전투력 향상이라는 군사적 분석이 아니라 미래 대내외적 안보환경 변화에 대한 정치적 분석이 필요하다는 점을 의미한다.

특히 한반도 상황 변화에 따라 '관리형 군대' 및 대민 지원과 안정화 작전에 대한 기본 계획 및 훈련뿐 아니라 전반적인 지상군 운영 방식의 변화 및 체질 개선에 대한 고민과 논의가 필요하다. 일부 국내외 재난구조 및 국민안전지원 체계에 대한 논의 및 훈련이 있었다. 한반도 상황 변화에 따라 해외 평화유지활동의 상황과 비슷한 모습이 한반도에서도 발생할 수 있기 때문에 전문적인 인력 양성 및 작전수립이 필요하며, 군사력 운용 방식에 대한 다양한 논의를 준비해야 한다. 한국군의 병력 규모뿐만 아니라 군의 운용 방식 역시 중요한 변수가 될 수 있음을 의미한다. 한국군의 운용 방식 변화는 군의 체질 개선을 전제로 한다. 가령 상대적으로 적은 병력 규모로 변화된 남북관계에 대응하고, 필요한 상황 발생 시 성공적인 작전을 수행하기 위해서는 군사력 건설 과정에서 기존의 재래식 '전투형 군대'의 육성 및 병력 사용 방식뿐만 아니라 대민 지원 및 사회 안정을 위한 방식이 체계적으로 훈련되어야 할 것이다. 다행히도 그동안 한국군은 해외 파병 지역에서 대민 지원 및 안정화 작전에 많은 경험을 쌓고 있다. 더구나 한국군의 활동 지역에서 커다란 성과를 거두며 한국의 이미지를 제고하는 효과도 상당한 것으로 알려져 있다. 이러한 노력과 경험이 한반도 안보 상황의 변화 과정에서도 활용될 수 있도록 군사력 운용 방식에 대한 지속적인 연구 및 훈련이 필요할 것이다.

5. 한반도 안보 상황 변화에 대한 기대

김정은은 신년사에서 여전히 '우리 민족끼리'의 정신을 강조하고 있다. 김정은은 "우리는 앞으로도 민족자주의 기치를 높이 들고 모든 문제를 우리 민족끼리 해결해 나갈 것이며 민족의 단합된 힘으로 내외 반통일 세력의 책동을 짓부시고 조국통일의 새 력사를 써 나갈 것입니다 … 북남관계는 어디까지나 우리 민족 내부문제이며 북과 남이 주인이 되여 해결하여야 할 문제입니다"라고 언급했다.[31]

하지만 판문점선언에서도 포함되었듯이 한반도 평화를 위한 노력에서 남북한뿐만 아니라 미국과 중국의 역할도 매우 중요하다. 비핵화와 평화체제 사이에는 긴장감이 있고 딜레마가 존재하기 때문이다. 비핵화 문제와 평화체제 논의 속에는 20세기의 냉전적 모습과 21세기의 새로운 질서가 혼재되어 있다. 평화체제는 20세기 한국전쟁의 유산을 극복하는 노력이지만, 동시에 21세기의 새로운 한반도 질서를 반영하고 있는 것이다. 한반도 평화체제 논의는 기존의 남북한, 북미 사이의 냉전시대 적대 체제를 해체하고 새로운 평화의 토대를 구축하는 것인데, 이는 결국 남북관계뿐만 아니라 북미관계의 진전을 필요로 하며, 미중관계 역시 얽혀 있다. 비핵화 문제 역시 20세기의 냉전 및 한반도 분단과 연결되지만, 또한 21세기 북한문제의 새로운 해법 없이는 불가능하다. 딜레마는 북핵문제의 진전 없는 한반도 평화체제 구축이 어렵고, 한반도 평화 논의 진전 없는 북핵문제 진전도 어렵다는 점이다.

한미의 관점에서 한반도 평화체제의 구축은 북한의 비핵화를 전제하기 때문에 북핵문제의 해결 없이는 한반도에서의 평화가 현실성이 없다고 판단할 것이다. 반면 북한의 관점에서 보면, 북핵문제 해결을 위해서는 북미 적대 체제가 어느 정도 해소되어 한반도에서 일정 정도의 평화 정착이 이루어져야 가능하다고 판단할 것이다. 더불어 비핵화 및 한반도 평화체제 모두 한국, 미국, 북한, 중국 등 주변

31 김정은, "신년사", ≪로동신문≫, 2018년 1월 1일.

당사국들 사이의 신뢰구축이 어느 정도 이루어져야 가능한 사안이다.

하지만 한반도 평화 정착에 대한 강한 바람으로 인해 현재의 평화 논의는 상당 부분 이상론적이고 희망적인 사고에 머무르는 경향이 있다. 한반도 주변 동북아의 현 질서를 고려해볼 때, 각국이 이상적으로 그리고 있는 구상보다는 조금 더 낮은 단계의 구상이 현실성이 있다고 판단된다. 한반도 평화체제 구축 과정이 현실적인 로드맵으로 받아들여지기 위해서는 첨예하게 얽혀 있는 각국의 이해관계를 풀어낼 수 있어야 하기 때문이다. 따라서 최근의 한반도 안보환경 변화에 대해 한국 육군 역시 이 같은 미묘한 상황 변화에 대한 인식 아래 대응 방향을 찾아야 할 것이다. 그것은 아마도 과거 상태의 지속은 아니겠지만, 급격한 안보 상황의 변화 가능성 역시 낮을 것이라는 인식에서 시작되어야 할 것이다.

맺음말

이번 포럼의 시초는 "전략환경의 변화"이다. 2017/18년 한반도 전략환경은 북한 핵개발을 둘러싸고 위기가 반복되었던 상황에서 협상을 통한 비핵화가 본격적으로 시도되는 상황으로 변화했다. 이런 배경에서, 제4회 육군력 포럼은 "북한 비핵화 가능성과 한국 안보", "남북정상회담 이후 육군의 역할"이라는 두 가지 주제를 다루었다.

전략환경 자체는 개선되었고 협상을 통한 비핵화 가능성이 증가한 것은 분명하지만, 이와 같은 가능성이 최종적으로 실현될 것인가에 대해서는 다양한 평가가 가능하다. 현재 시점에서 중요한 것은 변화된 전략환경을 거부하거나 역행하는 것이 아니라 이를 우선 소극적으로는 수용하고 적극적으로는 우리에게 유리한 방향으로 유도하고 발전시키는 것이다.

제4회 육군력 포럼에서는 총 6개의 글이 발표되었으며, 이를 통해 미국/소련의 냉전 경험과 인도/파키스탄의 경쟁, 그리고 북한의 핵전략 및 신뢰구축 가능성 등이 검토되었다. 현재 급변하는 전략환경에서 다양한 사례 및 가능성에 대한 검토 자체는 중요한 참고 사항이 될 수 있다. 그렇다면 이번 포럼의 결과는 어떻게 정리할 수 있는가? 그리고 향후 연구가 필요한 사안들은 무엇인가?

I. 전략환경의 인식

가장 중요한 사항은 전략환경에 대한 정확한 인식이다. 모든 상황 인식은 정확해야 하며, 이에 대해서는 모두 동의할 것이다. 하지만 동시에 "안보 부분에서는 최악의 상황에 대비해야 한다"는 주장 또한 존재하며, 따라서 정확한 인식보다는 오히려 비관적으로 상황을 판단하고 보다 철저하게 대비하는 것이 중요하다는 견해가 널리 수용되고 있다. 문제는 "최악의 상황에 대비"하고 "비관적으로 판단"하는 것이 안전하기도 하지만 이는 동시에 상당한 비용을 수반한다는 사실이다. 즉, "최악의 상황에 대비"하고 "비관적으로 판단"하는 경우에는, 위험을 과대평가하게 되며 상대방의 군사력을 과대평가하게 된다. 때문에 현재의 국방 부분에 너무나 많은 자원을 투입하면서 향후 경제성장을 희생하고 결국 미래의 경제성장에 기반한 미래의 국방을 희생하게 된다. 무엇보다, "최악의 상황"과 "비관적 판단"은 위기 상황에서 상대방에게 너무나 많은 양보를 하도록 강요한다는 사실이다. 상황을 "최악으로 그리고 비관적으로 판단"한다면, 우리는 위기 상황에서 가능한 한 빨리 물러서야 하며 상대방이 원하는 것을 양보해야 한다. 이것은 합리적이지 않으며, 패배주의적이며, 어리석은 행동이다.

이러한 측면에서 미국/소련의 냉전 경쟁에 대한 브렌단 그린의 연구는 중요하다. 2017년 말 북한이 SLBM과 지상 이동식 ICBM을 배치한다면 이른바 "게임 체인저"를 보유하게 되며, 한반도 전략 균형이 절망적으로 악화된다는 두려움이 존재했다. 하지만 냉전 시기 미국은 소련의 SLBM과 지상 이동식 ICBM 배치에 경악하지 않았으며, 오히려 소련의 핵전력을 상당 부분 추적/포착했다. SLBM과 지상 이동식 ICBM은 높은 생존성에도 불구하고 지휘통제 및 명중률에서 상당한 약점을 가지고 있었고, 때문에 소련은 "게임 체인저"를 보유하지 못했다. 그리고 이러한 논의의 연장선상에서 북한 또한 "게임 체인저"를 보유하지 못할 가능성이 매우 높다.

인도/파키스탄의 경쟁에 대해, 김태형은 핵무기 보유 이후 남아시아에서 벌어진 핵전력과 재래식 전력의 상호작용 및 역동성을 분석했다. 1998년 5월 이후 인도와 파키스탄은 핵무기 보유를 과시했지만, 양국 관계는 공포의 균형이나 상호확증파괴 등에는 구애되지 않았으며 남아시아 지역 안정성을 오히려 저해했다. 특히 파키스탄은 인도에 거듭 도전하면서 영토 분쟁에서 더욱 공격적으로 행동했고, 제한된 방식으로 군사력을 반복해서 사용했다. 파키스탄에 대해 핵무기를 사용할 수 없는 상황에서 인도는 재래식 전력으로 파키스탄을 억제/억지하려고 했으며, 결국 핵무기를 보유한 상대방을 재래식 전력을 동원하여 억제/억지하는 문제와 이러한 재래식 억제/억지가 핵전쟁으로 이어지지 않도록 잘 통제하는 문제가 부각되었다.

이러한 배경에서 북한 비핵화에 대한 분석이 가능했다. 이근욱은 비핵화에 대해 다음 사항을 지적했다. 첫째, 비핵화가 성공하기 위해서는 북한은 자신의 핵무기 능력을 포기하고 미국은 북한의 체제를 보장하고 공격하지 않겠다는 의지를 상대방에게 납득시켜야 한다. 이것은 기본적으로 "의지와 능력의 교환"이며, 비대칭적이기 때문에 거래 자체가 쉽지 않다. 둘째, 사찰/검증은 비핵화 실행 과정에서 핵심적이지만 동시에 너무나도 강력한 사찰/검증은 비핵화 자체를 불가능하게 할 수 있다. 때문에 사찰/검증 딜레마가 존재하며, 현실적으로 "충분히 강력하고 침투적인 동시에 충분히 느슨하고 수용 가능"한 사찰/검증이 필요하다. 셋째, 북한이 비핵화에서 "충분히 느슨하고 수용 가능한 사찰/검증"으로 이익을 보았다면, 대신 지상군 감축 등의 방식으로 한국에게 보상을 제공해야 하며 한국은 이와 같이 북한군 병력 감축을 유도해야 한다.

II. 한국 육군의 역할

전략환경의 변화는 군사 부분이 통제할 수 없는 외생적 변화이며, 기술의 변화 또는 정치환경의 변화 등을 의미한다. 때문에 전략환경은 우리가 쉽게 변화시킬 수 없으며, 전략환경의 변화를 역행하거나 저지하는 것은 가능하지 않다. 특히 지금과 같이 정치환경 자체가 변화한다면, 정치적 목표를 달성하기 위한 수단인 전쟁 및 군사 부분은 정치환경의 변화를 수용해야 한다. 거듭 강조하지만, 이러한 "수용"은 소극적인 수용에 그치지 않고 보다 적극적으로 전략환경의 변화를 유도하고 전략환경을 발전시키는 것까지 포함한다.

그렇다면 현재와 같이 전략환경이 변화하는 상황에서 대한민국 육군은 어떠한 역할을 수행해야 하는가? 즉, 현재 협상을 통한 북한 비핵화가 추진되는 상황에서, 일차적으로 한국 육군은 현재의 전략환경 변화를 수용해야 한다. 하지만 이와 같은 소극적 수용을 넘어 적극적으로 전략환경의 변화를 어떠한 방향으로 유도하고 어떻게 발전시켜야 하는가? 이러한 관점에서 김진아는 현재 논의되는 비핵화 논의를 군비통제 및 군축으로 발전시킬 방안을 논의했다. 지금까지의 경험으로 볼 때 군비통제/군축의 실현 가능성에 대해서는 회의적인 견해가 존재하는 것이 당연하지만, 현재의 전략환경을 역행하거나 저지하지 않고 보다 적극적으로 발전시키기 위해서는 군비통제/군축을 지속적으로 시도해야 한다. 때문에 특정 사안의 논의 시점과 이행 시점을 분리하여, 우선 단계별로 개별 사안에 대한 이행을 추진하는 것이 필요하다.

황지환은 2017/18년을 기점으로 변화한 북한의 핵전략을 분석하면서, 이후 핵협상에 영향을 줄 수 있는 다양한 변수들을 제시했다. 현재 북한이 이전과는 달리 협상에 적극적으로 나서고 있고 경제성장을 중요시하는 상황에서 미국 트럼프 행정부의 대외 전략 또한 중요 변수로 작용할 것이라고 전망했다. 이와 함께 미국의 중국/러시아와의 강대국 경쟁 가능성과 그 영향을 지적하면서, 이에 따른 한반도 군사력 건설과 운용 방향에 대하여 몇 가지 사안을 제시했다.

전략환경을 정치환경과 기술 변화로 개념화할 수 있다면, 이장욱은 기술 변화 상황에서 한국 육군이 전략환경의 변화를 유도하고 발전시키는 방안을 논의했다. 특히 육군이 추진하고 있는 5대 게임 체인저를 강조하면서, 워리어 플랫폼, 드론봇 전투단, 특수임무여단, 전략기동군단, 전천후 초정밀 고위력 미사일 전력의 현황과 발전 가능성을 검토했다.

III. 향후 연구 과제

전략환경은 항상 변화한다. 이러한 관점에서 다음 두 가지 사항이 중요하다. 첫째, 이번 포럼에서 논의한 2017/18년 한반도 전략환경의 변화는 전략환경의 변화라는 측면에서는 전혀 특이하지 않으며, 항상 변화하는 전략환경이 2017/18년에 보다 많이 변화했다는 측면에서 특이할 뿐이다. 둘째, 전략환경은 항상 변화하기 때문에, 한반도 전략환경은 2017/18년 이후에도 계속 변화할 것이다. 따라서 전략환경의 변화에 역행하거나 그 변화를 거부하기보다는 일차적으로 변화를 수용하고 더 나아가 보다 적극적으로 변화를 우리에게 유리한 방향으로 유도하고 동시에 발전시켜야 한다.

첫 번째로 추가 연구가 필요한 분야는 항상 변화하는 전략환경이다. 전략환경이 계속 변화한다면, 이를 정확하게 이해하고 분석하여 적절한 대응 방법을 찾아내는 것이 중요하다. 전략환경 자체가 정치적 부분과 기술적 부분으로 구성되어 있고 군사적 관점에서는 외생적인 변수이므로, 전략환경의 변화를 분석하기 위해서는 군사적 변수와 함께 정치/기술적 변수를 고려해야 한다. 이를 위해서는 군사 부분을 넘어 정치와 기술 부분에서 전문가와의 협력이 필요하며, 동시에 최종 결정 권한을 가진 정치 지도자들의 참여가 필수적이다. 즉, 전략환경의 변화를 분석하는 작업은 국가 대전략 수립의 핵심이다. 이를 성공적으로 진행하기 위해서는 군인과 외교관 및 공학자들의 협업이 필요하며, 정치 지도자들의 지속적인 관심 역시 필요하다.

두 번째 추가 연구는 과거 및 다른 지역의 경험에 대한 연구이다. 이번 포럼에서는 냉전 기간 미국과 소련의 경쟁 및 인도와 파키스탄의 경쟁에 대한 분석이 제시되었지만, 이것으로는 완전하지 않다. 예를 들어, 중동 지역의 경험에 대한 추가 연구가 필요하며, 냉전 시기 유럽에서의 대립과 갈등에 대한 보다 포괄적인 이해가 중요하다. 이와 같은 분석을 통해 우리는 전략환경의 변화가 가져오는 충격을 검토할 수 있으며, 정치/기술적 변화의 상호작용과 역동성을 파악할 수 있다. 이러한 연구에 기초하여, 우리는 동아시아 전략환경의 변화가 가져올 여러 가능성을 검토하고 이에 대응하기 위한 국가 대전략을 수립할 수 있다. 다른 지역의 과거 경험이 동아시아와 한반도에 동일하게 반복되지는 않겠지만, 그 과정에서 작동하는 역동성 자체는 유사할 것이다. 변화하는 전략환경에 대응하기 위해서는, 대전략의 관점에서 민군(民軍) 협력을 통한 분석 및 연구가 필수적이다.

추가 연구가 필요한 세 번째 분야는 군축 및 군비통제에 대한 사항이다. 대전략의 관점에서 군사력 증강과 군축 및 군비통제는 동등한 수단이며, 따라서 정치적 차원에서 결정되는 국가 목표를 달성하기 위해 동등하게 사용될 수 있다. 현재의 전략환경에서 가장 중요한 목표는 협상을 통한 북한 비핵화이며, 군사전략 등은 정치 영역 하위에 존재하는 사항이기 때문에 주어진 전략환경을 일단 수용하고 동시에 전략환경을 보다 발전시키고 유리한 방향으로 유도하도록 구성되어야 한다. 즉, 현재의 전략환경에서 중요한 사안은 군축 및 군비통제이며, 현재의 전략환경을 거부하거나 역행하지 않고 수용하면서 군축 및 군비통제를 통해 어떻게 국가안보를 추구할 것인지 검토해야 한다. 비핵화 과정에서 북한 지상군 병력 감축 및 기타 군사력 감축 등을 어떻게 추진하고 무엇과 연계시킬 수 있는지 연구해야 하며, 이를 통해 북한의 군사적 위협을 감소시키도록 노력해야 한다. 현재의 전략환경에서 군축 및 군비통제에 대한 집중적인 연구는 전략환경을 소극적으로 수용하면서 적극적으로 유도/발전시키는 방안이다.

네 번째 분야는 붉은 여왕과 군사혁신에 대한 것이다. 『거울 나라의 앨리스』에 등장하는 붉은 여왕이 고백하듯이 "지금 위치에 머무르기 위해서 최고 속도로 뛰어야 한다". 계속 변화하는 전략환경 – 특히 전략환경의 기술적 부분에서 많은 변화와 혁신이 이루어지는 현실 – 에서 현재 위치에 머무는 것 자체는 엄청난 노력을 필요로 한다. 단순한 군축과 군비통제를 강조하면서 군사력의 현재 구성을 유지하고 기계적으로 수량을 감축하는 것은 적절하지 않다. 오히려 중요한 것은 "최고 속도"로 뛰면서 변화하는 전략환경에 끊임없이 적응하고, 스스로를 혁신하는 것이다.

여기에는 어떠한 종착점도 없으며, 어떤 시점에는 "필요한 조건을 달성할 수 있다"는 보장도 불가능하다. 우리가 변화하면 상대방도 변화하며, 전략환경은 그 과정에서 다시 변화한다. 현실에서 전략환경은 정태적이거나 안정되지 않으며 동태적으로 끝없이 변화한다. 정치환경은 유동적으로 계속 변화하며 기술 발전에 따라 군사기술 또한 새롭게 변화한다. 이러한 현실은 거부할 수 없고 역행할 수 없다. 이것은 외생적으로 주어지는 것이기 때문에, 수동적으로는 수용해야 할 현실이며 적극적으로 변화 방향을 유도하고 발전시켜야 하는 대상이다. 이것은 가혹하다. "지금 위치에 머무르기 위해서 최고 속도로 뛰고 있다"고 고백했던 붉은 여왕은 현실의 가혹함을 잘 표현했다.

대한민국 육군이 현재 구축하고 있는 5대 게임 체인저와 VISION 2030과 같은 군사혁신은 붉은 여왕이 토로하는 "뛰는 과정"의 일부이며, 앞으로도 계속 추진되어야 하는 사항이다. 현재 시점에서는 군축 및 군비통제와 군사혁신을 연계해서 추진할 필요가 있으나, 다른 전략환경에서는 군비경쟁을 추진해야만 할 수 있다. "지금 위치에 머무르기 위해서"라도 대한민국 육군은 "최고 속도로 뛰어야 한다." 그리고 지금 위치보다 더 앞으로 나아가려면, 지금의 최고 속도보다 더 빨리 뛰어야 한다.

군사혁신은 종착역이 없으며, 어떤 단계가 달성된다고 종식되지 않는다. 5대 게임 체인저가 달성된다면, 대한민국 육군은 7대 게임 체인저를 구축해야 할 것이며, 더 나아가서는 9대 게임 체인저를 구상해야 할 것이다. VISION 2030이 달성되었다면, 육군에게는 VISION 2050이 필요하며, 더 나아가서는 VISION 2070을 구상해야 한다. 지금 위치에 머무르는 것을 넘어서, 앞으로 나아가야 한다. 군사혁신은 끝없는 노력과 고통스러운 변화를 필요로 하는 저주이다. 하지만 현실에서 "붉은 여왕의 저주"로부터 벗어날 방법은 없다. 최고 속도로 뛰지 않으면 뒤처지기 때문이다.

부록1

기조연설

북한 억제/억지의 도전

성공과 실패 경험과 교훈

그래엄 앨리슨 *Graham T. Allison*

[해설] 2018년 상반기 한반도 전략환경은 빠른 속도로 변화했다. 남북정상회담과 북미정상회담으로 대표되는 정치환경의 변화 덕분에, 북한 핵문제는 협상을 통한 해결이 가능하다는 견해가 힘을 얻고 있다. 물론 회의적인 평가는 가능하다. 협상 자체에 많은 난관이 존재하기 때문에 쉽지 않을 것이며, 최악의 경우에 협상을 통한 북한 핵문제 해결이 어려움에 봉착하고 더욱 큰 위기가 촉발될 수 있다. 그럼에도 불구하고, 군사력 사용을 통해 북한 핵문제를 해결하는 결과는 피해야 한다. 한반도에서 대규모 군사력을 사용하는 것은 엄청난 파괴를 가져올 것이며, 지금까지 우리가 쌓아올린 모든 물리적 성과를 물거품으로 만들 것이다.

이와 같은 측면에서, 북한을 억제/억지하는 문제는 매우 중요하다. 1953년 이후 우리는 한반도에서 전면 전쟁을 억제/억지하는 데 성공했다. 냉전 기간 동안 미국은 소련의 전면 침공을 억제/억지하는 데 성공했다. 하지만 국지 도발과 제한적인 군사력 사용까지는 억제/억지하지 못했다. 북한은 천안함을 공격했고 연평도를 포격했으며, 소련은 아프가니스탄을 침공했고 쿠바에 탄도 미사일과 핵무기를 반입했다. 북한과 소련의 도발에도 불구하고, 한반도와 세계는 전면 전쟁에 휩쓸리지 않고 평화와 안정을 유지했다.

그렇다면, 어떻게 북한을 억제/억지할 수 있을 것인가? 그리고 이 과정에서 어떻게 안정적으로 위기를 관리할 수 있을 것인가? 많은 경우 상대방을 성공적으로 억제/억지하기 위해서는 충분한 보복 역량(Capability), 보복하겠다는 의지에 대한 확고한 신뢰(Credibility), 상대방의 도발 행위 자체의 명확성(Clarity), 그리고 우리의 보복 의지를 상대방에게 명확하게 소통(Communication)하는 것이 필요하다고 한다. 이러한 관점에서 북한의 행동을 어떻게 이해할 수 있으며, 특히 지난 20년 동안 북한의 행동을 어떻게 평가할 수 있는가?

또 다른 사안은 북한의 "바람직하지 않은 행동"을 방지하기 위해 어떠한 조치가 필요한가의 문제이다. 즉, 기존에 많이 논의되었던 억제/억지는 이른바 "예방의 무기고"에 있는 여러 방안들 중 하나에 지나지 않는다. 상대방의 능력을 제거하는 부인(Deny), 상대방의 목표 달성 능력을 무력화화는 방어(Defend), 상대방과 다양한 접촉으로 상호 의존성을 높여 우리를 해치려는 의도 자체를 약화시키는 얽힘(Entanglement), 상대방의 이익 자체를 바꾸는 변환(Convert) 등은 억제/억지와 함께 북한에 대해 한국이 사용할 수 있는 전략 중 하나이다.

이것으로 우리가 북한을 "통제"할 수 있을까? 미국 하버드 대학교의 그래엄 앨리슨 교수는 확실하게 답변하지 않는다. 북한을 통제하는 것은 한국 정책 결정자들의 책임이자 특권이다. 외국인이며 학자라는 입장에서 앨리슨은 조언하고 분석할 뿐이며, 무엇보다 냉전 경험에 대한 통찰력으로 새로운 사안을 제기하고 질문할 뿐이다. 이러한 기조연설과 질문을 통해, 북한 억제/억지에 대해 한국이 얼마나 많은 교훈을 얻고 얼마나 새로운 방안을 마련할 수 있는가는 우리 자신의 역량에 달려 있다. 이것이 우리 대한민국의 임무이다.

우선 오늘 이 자리에 제가 초대되어 영광입니다. 제 생각에 한국은 현대 국가건설의 가장 성공적인 사례이며, 서울은 한국의 역동성과 활력을 대표하는 곳입니다. 저는 특히 위대한 미국 동맹국의 지도자들과 함께, 바로 여러분의 책임에 대해 이야기할 수 있어 영광입니다. 그 책임은 전쟁을 방지하는 것입니다. 보다 구체적으로, 여러분과 여러분의 동료 시민들이 건설해왔고, 여러분이 1953년 이후 지금까지 70년 동안 건설해왔고 앞으로의 70년 동안 더욱 활기차게 건설할 꿈을 꾸는 그 국가를 파괴할 전쟁을 막는 것입니다.

문재인 대통령과 김정은의 판문점 정상회담과 트럼프 대통령과 북한 지도자의 싱가포르 정상회담 덕분에 많은 사람들은 평화 가능성에 낙관론을 피력합니다. 전쟁 가능성 속에서 70여 년이 지났으니, 이제 평화가 한반도에서 꽃피울 수 있기를 소망한다는 것입니다. 저도 이러한 희망이 현실이 되기를 바랍니다. 우리는 그러한 상황이 되기를 희망할 수 있고 기원할 수 있지만, 동시에 우리 모두는 그 전망이 불확실하다는 점을 인식하는 신중함을 견지할 필요도 있습니다. 따라서 향후 1년 그리고 앞으로 5년 동안, 그 후로도 끝없이, 한국과 미국의 국가안보 정책결정자들과 군 장교들은 당위적 측면이 아니라 현실 세계 그 자체의 변화에 계속 집중해야 합니다.

그렇다면 이러한 세상에서, 여러분과 미국이라는 여러분의 동맹국은 "전쟁을 방지한다"는 핵심 임무를 어떻게 달성할 수 있을까요? 우선 처음부터 우리가 전쟁에 잘 대비해 있고, 싸워서 이길 태세를 갖추고 있다면 우리의 적은 절대로 전쟁을 선택하지 않을 것입니다. 미국의 전략적 규범에서는 이것이 "힘을 통한 평화"로 알려져 있는데, 실은 제2차 세계대전 이후 미국인들이 "당신들이 평화를 원한다면, 전쟁을 대비하라"는 고대 로마의 경구에서 빌려온 구호입니다.

이제 주한 미국 대사로 한국에 부임하는 해리 해리스(Harry Harris)는 지난 2018년 5월까지 태평양사령관으로 재임하는 동안 종종 미군 병력이 "오늘 싸울 태세"가 되어 있어야 한다고 말했습니다.

전략적 견지에서 본다면, 현재 한국과 미국은 억제/억지(deterrence)를 통해 한반도에서 전쟁을 예방하려고 합니다. 문제는 억제/억지라는 용어가 너무나도 자주 그리고 다른 의미로 사용되면서, 많은 사람들이 그 기본 개념을 망각하고 있다는 사실입니다. 흔히 억제/억지는 "예방(prevention)"과 동일한 용어로 사용되지만, 사실 상당한 차이가 있습니다. 오늘 강연에서 저는 여러분에게 억제/억지 개념의 기본을 상기시키고, 이를 통해 그 개념을 더욱 잘 이해하도록 도와드리려고 합니다. 이를 위해 제2차 세계대전 이후 억제/억지 개념이 미국의 전략사상에서 어떻게 정의되었고 동시에 어떻게 적용되어왔는지를 설명하고자 합니다. 그리고 이어서 전쟁 예방을 위한 전략적 선택이라는 맥락에서 억제/억지를 논의할 것입니다. 억지 개념에 국한되지 않고 "전쟁 예방을 위한 수단"이라는 관점에서 억제/억지를 넘어 보다 광범위한 수단에 대해서 분석하고자 합니다.

보다 구체적인 이해를 위해, 현재 한국, 미국, 그리고 이스라엘 등이 직면한 다음의 여덟 가지 과제를 제시하고 이후 논의를 전개하고자 합니다.

- 1950년의 재발 방지: 북한이 남한을 침공하여 적화통일을 달성하기 직전까지 도달.
- (1968년 푸에블로 호의 피납과 같은) 미국 정보선의 나포 또는 (1969년 EC-121의 격추와 같은) 정보 정찰기의 격추 재발 방지.
- (2010년 천안함 격침과 같은) 한국 선박의 격침이나 (2010년 연평도 포격과 같은) 한국 영토 포격의 재발 방지.
- 북한의 미국 본토에 대한 핵공격 방지.
- 북한의 한국, 일본 또는 미군 기지에 대한 핵공격 방지.

- 북한의 (2014년 소니영화사와 2013년 신한은행과 같은) 미국/한국 기업들 또는 (2017년의 전쟁 계획 도용과 같은) 미국/한국 정부에 대한 사이버 공격 방지.
- 러시아가 에스토니아 또는 라트비아 지역에서 2014년 크림 반도 침공과 같은 방식으로 행동하는 것을 예방하는 문제. 당시 러시아는 이른바 "Escalate to Deescalate" 전략에 따라 전술핵무기 사용을 위협했다. 현재 미국은 핵태세검토보고서(NPR) 등을 통해 러시아에 대한 억지력을 극대화하고자 어떻게 핵무기를 사용/배치/위협할 것인가 논의하고 있다.
- 중동 지역에서, 이스라엘 참모총장 가디 에젠코트(Gadi Eizenkot) 참모총장이 일상적으로 시도하듯이, 이란과 이란이 조종하는 헤즈볼라가 시리아 등에 미사일 기지를 구축하고, 헤즈볼라, 하마스, ISIS 및 다른 테러단체들을 통해 이스라엘을 공격하는 것을 예방하는 방안.

당신이 이 모든 질문에 대한 답을 알고 있다면, 이 시점에서 그냥 일어나시고 밖에서 커피 한 잔을 하십시오. 그렇지 않으면, 계속 지켜봐주십시오.

억지의 단순 분석

제2차 세계대전 이후의 미국 전략가들에게, 핵억지는 가장 중요한 사항이었습니다. 이 문제에 대해 가장 권위 있는 분석을 제시했던 사람은 게임 이론(game theory)의 창시자 가운데 한 명이자 2005년 노벨 경제학상을 수상했던 토머스 셸링(Thomas Schelling)입니다. 이러한 측면에서 게임 이론에 대한 셸링의 고전적 저술인 『갈등의 전략(The Strategy of Conflict)』은 매우 훌륭한 출발점입니다. (실제로, 누군가가 셸링을 이해하고 거기서 세상을 바라본다면, 그는 갈등과 경쟁에 대한 통찰력에서 어느 누구보다도 유리한 고지를 점할 수 있을 것입니다.)

"억제/억지"란 무엇일까요? 셸링에 따르면, 억지는 "두려움으로 인하여 거절하거나 단념하는 것이며, 따라서 최종 결과에 대한 두려움을 통해 특정 행동을 예방하는 것"입니다. 셸링은 계속하여 "억지는 실제로 어떤 행동을 하는 것이 아니라 잠재적으로 힘을 사용할 수 있다는 가능성과 직결된다. 즉, 잠재적인 적이 자신의 이익을 위한 행동의 특정 과정을 피하도록 설득하는 것"이라고 주장했습니다. 이 개념에 대한 이해를 돕기 위해, 셸링은 다음과 같은 사항을 강조합니다. "억지는 의도에 관한 것이며, 단순히 적의 의도를 측정하는 것이 아니라 상대방의 의도에 우리가 영향을 미치는 것이다." 가장 어려운 부분은 우리의 의도를 상대방에게 전달하는 것입니다. 전쟁을 하겠다고 설득력 있게 위협한다면 침략을 저지할 수 있지만, 보다 구체적으로 어떻게 행동해야만 설득력 있게 그리고 '허풍처럼 들리지 않게' 상대방을 위협하여 침략을 저지하는가를 파악하는 것은 쉽지 않습니다.

요약하면, 억지는 상대방이 어떤 행동을 했을 때 지불해야 하는 비용과 다른 행동을 했을 때 얻을 수 있는 이익에 영향을 미치고, 이를 통해 상대방의 행동을 유도하는 것입니다. 즉, 우리는 확고하게 경고(redline)하고 이를 통해 상대방에게 상대방이 어떤 행동을 통해 추구하는 기대이익을 초과하는 보복/처벌을 위협함으로써 상대방이 기대하는 순이익이 영(zero)보다 작게 만들 수 있습니다. 그리고 이를 통해 상대방의 행동을 조종할 수 있습니다.

셸링은 억지에 대한 계산을 유도하는 원동력을 명시적으로 인식

합니다. 그가 주장하기로는 "합리적 행동의 가정은 단순히 학술적이거나 이론적인 가정이 아니다. 합리적 행동이란 이익에 대한 의식적 계산에 의해 동기 부여된 행동이며, 계산은 명시적으로 내부적으로 일관된 가치 체계를 기반"으로 합니다. 그는 제가 합리적 행위자 모델이라 불렀던 것을 사용하는데, 이는 우리가 저지하려는 행동을 하려는 정부가 명백하고 내부적으로 일관된 가치 체계에 기반한 의식적인 계산에 기초하여 선택하는 단일의 합리적 행위자라는 가정입니다.[1]

냉전 전략의 핵심 명제 중 하나는 공포의 균형을 어떻게 유지하는가의 문제입니다. 핵전쟁 가능성을 줄이기 위해서는 양 진영의 핵탄두 숫자의 균형이 아니라 균형의 안정성이 더욱 중요합니다. 즉, 어느 국가도 1차 선제공격을 통해 상대방의 2차 보복 능력을 완전히 제거할 수 없다면, 균형은 안정적이고 핵전쟁은 일어나지 않습니다. 냉전 시기의 경험에서도 나타나듯이, 1960년대에 들어서면서 미국과 소련은 핵탄두 수량과 조기경보 체계와 지휘통제 체제에서 안정적인 균형을 달성할 수 있었습니다. 반면 인도와 파키스탄은 각각 1차 공격을 통해 상대방의 보복 핵전력을 무력화할 수 있다고 생각하며, 따라서 핵전쟁의 가능성은 상당한 수준입니다.

셸링과 다른 전략가들은 핵전력의 취약성을 많이 논의했고, 이러한 취약성이 핵전쟁 가능성에 어떠한 영향을 미치는지 분석했습니다. 이러한 연구들은 과거의 많은 사례들을 검토한 귀납적인 결과가 아니라, 다음 두 가지 가정에서 연역적으로 출발한 분석 결과입니다. 첫째, 핵균형이 취약하다면 합리적인 국가는 상대방에 대한 선제 핵

---

1 Graham Allison and Philip Zelikow, *Essence of Decision: Explaining the Cuban Missile Crisis*, 2nd Edition (New York: Longman, 1999).

공격을 통해 상대방의 보복 능력을 무력화하는 행동을 할 수 있습니다. 어느 정도만 위협을 무릅쓴다면, 이러한 선제공격으로 향후 안전을 보장받을 수 있기 때문입니다. 둘째, 핵균형이 취약하지 않는 "안정된 균형"에서는, 양국은 상대방의 선제 핵공격에도 파괴되지 않고 생존할 보복 능력을 보유합니다. 따라서 합리적인 국가는 자살 행위에 가까운 선제 핵공격을 하지 않을 것이며, 핵억지가 작동합니다.

이러한 사항을 분석한다면, 우리는 성공적인 억지를 작동시키기 위해서는 다음과 같은 4C가 필요하다는 사실을 알게 됩니다.

- 역량(Capability): 이익을 크게 상회하는 비용을 부과하는 것.
- 신뢰성(Credibility): 당신이 그 비용을 적에게 부과할 것을 믿게 하는 것.
- 명확성(Clarity): 금지된 행위로 인해 비용이 발생하는 경우.
- 의사소통(Communication): 상대가 위반했을 경우, 그에 따르는 결과를 이해하도록 하기 위함.

때로는 억제/억지에 대한 논의에서 이러한 네 가지 요소는 본질적으로 덧셈의 결과로 제시됩니다. 즉, 각각의 4C들 사이에 더하기 표시를 넣고, 그 효과를 합하는 것입니다. 전통적으로 군(軍)은 억제/억지를 성공시키기 위해 상대방에게 고통을 주고 많은 비용을 부과하는 역량 강화를 강조합니다. 일부에서는 최근 몇 년 간 북한의 도발이 감소한 것을 최근 한국군의 재래식 전투 능력이 향상되었기 때문이라고 설명합니다.

하지만 4C 사이의 관계는 덧셈이 아니라 곱셈입니다. 우리는 역량과 신뢰성의 곱을 증가시키면서, 다음 C들로 넘어가야 합니다. 만일 이 변수들 중 무엇 하나라도 영(zero)인 경우에는 합계도 영이 됩니다. 1969년 EC-121의 격추 사건이나 1974년 박정희 대통령에 대한 암살 미수에서 나타나듯이, 북한은 수십 년간 폭력적인 도발을 해왔습니다. 이 기간에 미국은 핵무기까지 동원하여 북한을 지도에서 완전히 지워버릴 수 있는 군사적 능력을 가지고 있었고, 이러한 능력을 사용하여 북한에 도발의 이익을 초월하는 비용을 부과할 무한한 역량을 갖추고 있었습니다. 하지만 실제 미국이 북한을 공격할 가능성은 없었고, 때문에 그와 같은 비용을 부과할 것에 대한 신뢰성이 결여되었습니다.

억지 실패에 대한 검토

이 틀을 통해 억지가 실패하는 방식을 쉽게 파악할 수 있습니다. 왜 지난 20년 동안 북한의 핵발전을 막기 위한 미국의 노력이 어김없이 실패했을까요? 다시 말해, 미국 대통령들은 레드라인을 그어놓고, 북한이 레드라인을 넘어서는 것을 결코 허용하지 않을 것이라고 주장하면서, 만일 이 선을 넘어설 경우에는 북한이 조치를 취하여 얻을 수 있는 이익 그 이상의 결과를 초래하는 방식으로 처벌하겠다고 위협했습니다.

예를 들어, 세계무역센터 및 국방부에 대한 알 카에다의 9/11 테러 공격으로부터 4개월 만인 2002년 1월, 조지 부시(George W. Bush) 대통령은 "악의 축" 연설에서 북한, 이란, 이라크를 겨냥했습니다. 그는 "이러한 정권들이 대량살상무기를 추구하여, 전 세계에 중대하고 증가하는 위험이 된다"고 주장했습니다. 그는 미국이 그 국가들 중 누구라도 절대 핵무기를 보유하지 못하게 할 것이라고 맹세하면서 명시적으로 레드라인을 설정했습니다. 그 연설 후 몇 달이 지나서 미국은 이라크를 공격했고, 사담 후세인 정권을 전복시켰습니다.

부시 행정부가 이라크를 침공함으로써 적과 전쟁할 의지를 보였지만, 북한은 미국의 경고를 무시하고 핵무기 및 단거리 또는 중거리 미사일 개발을 지속했습니다. 미국 대통령은 그러한 행동을 "용납할 수 없다"고 선언했고, 북한이 실험을 감행하면 부시 대통령은 계속 "받아들일 수 없다"고 반복했습니다. 그러나 북한은 "용납할 수 없는 결과"를 겪지 않고 진행했습니다. 이러한 상황이 반복되면서 모두는 미국이 북한을 "처벌"하지 않는다는 사실을 인식했습니다. 부시 행정부의 스티븐 해들리(Stephen Hadley) 국가안보 보좌관은 "북한 사람들은 그 선들에 다가가서 레드라인을 밟지 않고 넘어"가기 때문에, 미국은 북한을 대할 때 단순히 레드라인을 그리는 것을 멈춰야 한다고 주장했습니다.

2002년 부시 행정부는 북한이 미국과의 제네바 합의(Agreed Framework)를 위반하고 우라늄 농축 프로그램을 가동했다고 비난했습니다. 이에 따라, 미국은 제네바 합의에서 규정된 북한에 대한 중유 제공 및 경수로 건설 등의 반대 급부를 제공하지 않겠다고 선언했습니다. 미국은 일련의 제재를 가하여 "은둔의 왕국"을 더 고립시키려 했고, 이로써 북한은 지구상에서 가장 많은 제재를 당하는 국가가 되었습니다.

북한은 핵확산금지조약(NPT)에서 탈퇴하고 북한의 약속 이행을 감시하는 국제원자력기구(IAEA) 사찰단을 축출했습니다. 이후 북한은 이전까지 CCTV로 감시되었던 핵연료봉 창고의 봉인을 해체하고 핵탄두 6개분의 플루토늄을 빼돌렸고, 플루토늄을 추출하여 시험 가능한 핵장치로 만들었습니다. 2006년에 북한은 첫 핵무기 실험을 실시했습니다.

요약하면, 김정일을 대하는 부시의 명백한 목표는 북한의 핵무기 개발 계획을 제거하는 것이었습니다. 김정일의 목표는 자신의 정권을 위협하는 공격을 유도하지 않고, 핵무기를 만드는 것이었습니다. 2009년 부시 대통령이 퇴임할 때, 이 큰 경기에서의 점수는 '부시: 0, 김정일: 8'이었습니다.

4C를 검토해보면, 미국이 왜 실패했는지에 대한 질문의 답은 명확합니다. 미국은 북한에 압도적 비용을 부과할 수 있는 능력을 보유하고 있었지만, 북한은 미국이 그 능력을 활용하여 비용을 부과하겠다는 위협 자체를 그다지 신뢰하지 않았습니다. 그렇다면 왜 북한은 20년 이상 미국의 위협을 심각하게 받아들이지 않았을까요? 북한은 서울을 사정거리에 두고 있는 장사정포를 보유하고 있으며, 서울을 공격하여 수만 또는 수십만 명을 살상할 수 있기 때문입니다. 또한 북한은 한국 정부가 북한이 그런 식으로 대응할 위험을 감수하고 싶어 하지 않는다는 것을 알고 있습니다. 그리고 북한이 미국의 레드라인을 넘으면 미국 정부는 북한에 대한 공격을 고려하지만, 한국 대통령은 북한에 대한 미국의 응징공격을 거부했습니다.

왜 한국은 천안함 공격과 연평도 포격과 북한의 도발들을 억지하는 데 실패했을까? 역량이 부족하기 때문일까요 아니면 의지가 부족하기 때문일까요? 만일 한국군이 북한에 "용납할 수 없는 비용"을 부과하기 위해 재래식 전력을 2배로 증강한다면, 북한 도발에 대한 억지력을 현저하게 향상시킬 수 있을까요?

누군가 한반도의 억제/억지에 대해 묻는다면, (한반도 사정을 전혀 알지 못하지만 매우 논리적인) 화성의 전략가는 다음과 같이 물을 것입니다. "누가 누구를 가장 효과적으로 억지했을까요?" 그 질문에 대한 답변은 "북한이 서울에 큰 피해를 끼칠 신뢰할 만한 역량을 갖추었기 때문에 북한이 한국/미국을 더욱 효과적으로 억지했다"고 할 수 있을까요? 북한이 한국 도시들, 한국 내 미군 기지와 일본, 심지어 괌까지 타격 가능한 핵능력과 핵미사일을 확보했기 때문에 미국과 한국은 그와 같은 조치의 위험을 감수할 용의가 있으며, 미국이 그야말로 지도에서 북한을 지워버릴 만한 압도적인 군사력을 가졌다고 할지라도, 더욱 신뢰를 잃게 되었습니다.

억지는 "억지하는 자"가 레드라인을 넘었을 때 얻게 되는 이익을 초과하는 억지 비용을 "억지당하는 자"에게 부과하는 방식으로 보복할 것이라는 "억지당하는 자"의 믿음에 결정적으로 달려 있습니다. 대개의 경우, 억지당하는 자가 레드라인을 넘어서고, 억지하는 자가 이에 대응하지만, 그것이 이야기의 끝은 아닙니다. 억지당하는 자도 보복할 수 있습니다. 따라서 위반과 그 대응은 잠재적인 위기 고조 사다리의 다양한 단계에서 상대방이 예상 가치를 평가하는 방식으로, 때로는 각각의 질문에 대한 경쟁 순서가 개시됩니다. 즉, 위기는 고조됩니다. 예를 들어, 2010년 연평도 공격 당시, 한국군은 북한에 반격했으며 이후 미국과 연합하여 "맞춤형 억제(tailored deterrence)"를 구축했습니다. 이것은 이스라엘식 4D를 구체화한 것으로 북한의 공격을 찾아내고(Detect), 방어하고(Defend), 혼란시키며(Disrupt), 파괴(Destroy)하는 것입니다.

2010년 천안함 공격 사건이나 1976년 도끼 만행 사건에서 나타나듯이, 상대방을 억제/억지하기 위해서는 많은 혼란이 수반됩니다. 상대방을 억지하는 국가는 자신의 행동이 가지는 의미를 과장하며, 특히 국내 유권자에 대한 다짐 때문에 그 과장의 정도는 더욱 커집니다. 국내적 이유로 보복을 다짐하면서, 실제 보복을 감행할 가능성은 오히려 감소하며 보복의 신뢰성 또한 줄어들게 됩니다.

역량과 신뢰성을 넘어, 명확성과 의사소통 또한 문제가 될 수 있습니다. 여러 사례에서 나타나듯이, 미국은 어느 국가도 함부로 넘지 못할 명확한 레드라인을 만들지 못했습니다. 예를 들어, 쿠바 미사일 위기에서, 쿠바에 핵미사일을 배치하기로 한 소련의 결정에 앞서, 미국은 핵미사일 배치를 수용하지 않겠다는 의지를 명백히 표명하지 않았습니다. [단, 위기 초기에, 소련이 미사일 배치를 감행했으나 미국은 소련의 미사일 배치를 아직 발견하기 이전에, 존 F. 케네디(John F. Kennedy) 대통령은 레드라인을 그었습니다.]

억지가 실패하는 다른 경우는 억지하는 자가 레드라인에 대한 역량이나 신뢰가 없기 때문이 아니라, 억지와 관련된 객관적인 사실이 신뢰성 있는 방식으로 전달되지 않기 때문입니다. 1969년 리처드 닉슨(Richard Nixon) 대통령은 소련이 11월 1일까지 협상 테이블에서 양보하지 않는 한 베트남에서 위기가 고조될 것이라고 위협하면서 레드라인을 그었습니다. 그는 심지어 소련에 자신이 진지하다는 것을 확신시키기 위해 핵 폭격기 배치로 경고하는 도발적인 조치를 취했습니다. 그러나 소련은 그 신호를 이해하지 못했으며, 후에 아나톨리 도브리닌(Anatoly Dobrynin) 대사는 "왜 그렇게 큰 집결이 있었는지 이해하지 못했다"고 말했습니다. (닉슨은 11월 1일까지 큰 양보를 얻지 못했고, 어쨌든 경고를 종결하기로 결정했으며, 그가 위협한 것과 같은 위기 고조도 없었습니다.)[2]

2 William Burr and Jeffrey Kimball, "Nixon's Secret Nuclear Alert: Vietnam War Diplomacy and the Joint Chiefs of Staff Readiness Test, October 1969," *Cold War History* 3, No.2 (2003), p.148.

"예방의 병기고"를 통한 억지

억지를 보다 넓은 범위에서 생각할 필요가 있습니다. 우리는 국가(예: 공격) 또는 시민(예: 다른 시민을 살해하거나 불법 약물을 사용하는 것) 또는 어린이(예: 스마트폰에서 너무 많은 시간을 보내는 것)에 의한 원하지 않는 행동을 방지하려는 방법에 대해 생각할 경우, 이전과는 차별되는 전략을 찾습니다. 억지는 합리적인 행위자가 금지된 행위로 내가 그를 혼낸 이후 그가 겪게 될 결과에 대한 두려움 때문에 이를 단념시키는 데 중점을 둡니다. 그러나 내가 행위자의 원하지 않는 행동을 취할 수 있는 능력을 부인할 수 있다면 그를 억지할 필요가 없습니다. 실제로, 내가 그를 설득할 수 있다면 그는 심지어 금지된 행동을 취하기를 원하지 않을 것이므로, 공격이든 살인이든 막론하고 처음부터 그를 억지할 필요가 없습니다.

원하지 않는 행동을 방지하는 것에 대해 과감하게 생각하도록 우리를 자극하기 위해 다섯 가지의 관련 있지만 별개의 전략을 제안합니다. 이는 다음과 같습니다.

- 부인(Deny): 구체적으로 무엇인가 할 수 있는 능력을 부인하는 것. 테러범들의 미국에 대한 핵공격을 어떻게 막을까요? 일차적으로는 테러리스트의 핵무기를 부인하는 것입니다. 만일 행위자가 뭔가 할 수 있는 특정 능력을 거부당할 수 있다면, 이것은 매우 효과적인 방식입니다. 이러한 부인/거부는 미국에 대한 핵공격을 막기 위한 미국의 주요 전략이었습니다. 미국의 케네디 대통령은 1970년대 말에는 25~30개의 국가가 핵무기를 보유할 것이라고 보았지만, 핵확산금지조약 덕분에 오늘날 핵

무기 보유국은 9개국으로 제한되고 있습니다. [적의 능력을 부인하는 것은 역량을 구축하는 데 필요한 원료의 획득을 방지하는 적극적인 조치가 될 수 있으며, 동시에 적대국과의 합의를 통해 능력을 부인할 수 있습니다. 예를 들어, 이란과 P5+1 사이에서 협상된 포괄적 공동 행동 계획(JCPOA) 덕분에 미국은 첫 핵탄두까지 1년도 남지 않았던 이란의 핵계획을 10년 이상 멀어지도록 만들었습니다.]

- 방어(Defend): 방어 능력을 구축하여 적의 목표 달성 능력을 떨어뜨릴 수 있다면 공격의 이점을 감소시켜 공격 가능성을 낮출 수 있습니다. 현재 억지에 대한 논의에서 이를 "거부에 의한 억지(deterrence by denial)"라고 말하며, 이는 전통적인 "처벌에 의한 억지(deterrence by punishment)"와 구분됩니다. 여기서 방어에 의한 "거부"란 패트리어트 미사일 방어가 모든 미사일을 격추시키지 못하고 목표에 명중할 탄두 수에 미비한 영향을 끼쳤더라도, 상대방이 의도한 모든 것을 성취할 상대방의 능력을 부정하는 것을 의미합니다. (합리적 행위자 모델의 계산에서, 나 자신의 방어는 상대방에 의한 공격의 예상 가치를 줄이고, 가능성을 낮출 수 있습니다.)
- 억지(Deterrence): 앞서 언급한 바와 같이, 행위자가 금지된 조치를 취하면 우리는 해당 조치로 달성할 수 있는 이익을 크게 초과하는 비용을 부과하는 방식으로 대응할 것에 대해 설득하려는 것입니다. (처음 두 가지 전략은 행위자가 원하지 않는 행동을 취하기 전에 우리가 행동해야 하지만, 이 전략은 우리의 레드라인을 넘은 후에도 기꺼이 대응해야 합니다.)
- 얽힘(Entanglement): 성공적인 공격이 동시에 희생자와 마찬

가지로 공격자에게 심각한 비용을 부과하도록 상호 의존성 그물망에 빠진 경우, 상대방은 우리에 대한 공격을 자제할 것입니다. 예를 들어, 미국과 중국 경제는 세계 경제에 너무나 통합되어 저의 저서 『예정된 전쟁』에 서술한 각국이 상호적으로 보장된 경제적 파괴(Mutual Assured Economic Destruction) 상태에 직면해 있습니다.[3]

- 변환(Convert): 금지된 행동을 취하지 않으려는 목적으로 상대방의 이익 자체를 바꾸는 것입니다. 군사 전략가들은 통상적으로 "능력"과 "의도"를 구별하면서, 능력은 변화하지 않고 오래 유지되지만 의도는 짧은 상태로 변경될 수 있음을 지적합니다. 그럼에도 불구하고 두 변수 모두 중요합니다. 미국 전략가들은 프랑스가 미국을 핵공격할 사태를 막기 위해 얼마나 많은 시간을 할애할까요? 프랑스가 핵무기로 미국의 많은 도시를 파괴할 수 있는 역량을 가지고 있음에도 불구하고, 프랑스는 그러한 공격에 이익이 없기 때문에 미국 위협 평가에 프랑스는 등장하지 않습니다.[4]

도널드 트럼프 대통령의 북한에 대한 새로운 접근 방식을 일부에서는 이제 "광기 이면의 방식(method behind the madness)"으로 부른다는 점을 우리가 좀 더 이해한다면, 북한의 한국 공격에 대한 이익을

---

3 Graham Allison, *Destined for War: Can America and China Escape Thucydides's Trap?* (Boston, MA: Houghton Mifflin Harcourt, 2017), p.210.

4 『결정의 에센스』에서 논의한 바와 같이, 모델 I의 억지와 예방 이후, 다섯 가지 특정 조직의 모델 II 요인들은 공격과 같은 금지된 행동의 가능성에 유의미한 영향을 끼친다. See Allison and Zelikow, *Essence of Decision*, p.182.

바꾸기 위한 노력에 대해 생각해야 할 것입니다. 아마도 트럼프 대통령과 문재인 대통령은 로널드 레이건 대통령의 전략 중에서 소련의 체제/국가 성격을 변화시키는 방식에 초점을 맞췄을 것입니다.[5] 이러한 전략이 성공한다면, 그 노력은 북한 공격의 위협을 현저하게 감소시킬 뿐만 아니라 심지어 제거하려는 의지로도 이어질 수 있습니다.

트럼프 대통령과 문재인 대통령은 김정은의 계산을 근본적으로 변화시킬 수 있을까요? 우리는 이전에 김정일과 김일성이 제안했던 비핵화를 보았으므로, 저는 그 가능성에 대해서 회의적입니다. 그러나 트럼프의 접근법은 뚜렷하게 새로운 점이 있는데, 이 전설적인 세일즈맨 대통령은 김정은에게 고립과 핵실험 대신 해외 투자와 해변의 콘도가 놓인 미래를 "판매"하려고 하기 때문입니다. 지난 2년 반 동안 북한의 핵진보를 막지 못한 우리의 실적을 감안할 때, 우리는 그렇게 희망할 수 있습니다. 그러나 그렇게 희망하면서도, 지난 65년 동안 성공적으로 전쟁을 막아낸 한미연합의 군사 준비태세를 손상시키지 않도록 주의해야 합니다.

---

5 Peter Beinart, "Trump Could Transform the U.S.-North Korea Relationship," *The Atlantic*, June 11, 2018.

부록 2
육군력 포럼 육군참모총장 환영사

대한민국 육군참모총장 김용우 대장입니다.

육군본부와 서강대학교가 함께 제4회 육군력 포럼을 개최하게 된 것을 기쁘게 생각합니다.

특히, 이번 포럼을 공동 주관해주시는 박종구 서강대학교 총장님과 기조연설을 해주실 그래엄 앨리슨 교수님, 진행을 맡아주신 윤영관 전 외교부 장관님과 한용섭 교수님, 그리고 육군력 포럼의 시작과 끝을 항상 함께하시는 이근욱 교수님과 참석하신 국내외 모든 안보 전문 석학들께 진심으로 감사의 말씀을 드립니다.

그동안 육군력 포럼은 육군력의 중요성에 대한 다양한 학술적 논의로 육군의 발전 방향에 대한 실질적인 토대를 제공해주었습니다. 이번 포럼도 급변하는 전략환경 속에서 육군의 미래 역할을 정립하고 공감대를 형성하는 데 소중한 기회가 될 것으로 확신합니다.

지금 우리는 한반도의 평화 정착을 위한 중대한 기로에 서 있습니다. 남북은 물론, 전 세계가 평화를 향한 큰 발걸음을 기대하고 있는 상황입니다. 우리 군은 방향성을 예단하기 어려운 초불확실성의 시대에 대내외적으로 변화와 혁신을 요구받는 위기이자 도전에 직면해 있습니다.

육군은 지금까지의 패러다임으로는 변화의 속도와 시대적 요구에 부응할 수 없음을 직시하고 절박한 심정으로 도약적 변혁을 추진하고 있습니다. 국가 방위라는 본연의 역할과 함께, 변화하는 안보환경에 부합되는 새로운 미래 육군의 역할에 대한 심도 있는 고민을 하고 있습니다.

한반도의 항구적인 평화 구축과 번영이라는 새로운 시대정신을 위해 우리 육군이 기여할 수 있는 역할이 많을 것입니다.

첫째, 육군은 국가 방위의 최후 보장자(Assurer)가 되어야 합니다. 유사시 다양한 위협을 적극 거부, 억제하고 결정적인 승리로 국민·영토·주권 수호의 본질적 역할을 완수해야 합니다. 이를 위해, 육군은 전략적 억제 역량을 확보하고 신속한 대응 능력을 강화할 것입니다. 다양한 임무를 수행할 수 있는 다재다능의 모듈화된 부대 구조로의 변혁도 필요합니다.

둘째, 평화 구축자(Builder)로서 육군의 역할이 있습니다. 남북한 신뢰 형성과 평화 구축에 기여하고 교류·협력을 보장하며, 국가위상에 걸맞는 국내외 다양한 비전투작전을 위한 확장된 역할을 육군이 수행해야 합니다. 이를 위해, 접경지역 관리, 재해재난 및 대 테러 대응태세 유지, 국제평화유지활동 강화 등 평화 구축 역량을 확충해나가고자 합니다.

셋째, 육군은 젊은이들을 국가 인재로 성장시키는 연결자(Connector)가 되어야 합니다. 국가 사회에 기여하는 경쟁력을 갖춘 인재를 성장시킬 수 있는 파생적 역할이 필요합니다. 이를 위해, 육군이 장병들의 학업과 취업, 건강과 인성·리더십, 사람의 가치를 높여주는 인생 플랫폼으로서 청년의 희망이 될 수 있도록 복무 패러다임 전환을 적극적으로 추진해나갈 것입니다.

육군은 '열리면 살고 닫히면 죽는다!'는 철학으로 외부와 소통하기 위해 노력하고 있습니다. 여러분과 함께 논의할 다양한 내용들은 오늘의 위기와 도전 속에서 향후 미래 육군의 모습을 구상하고 역할을 정립하는 데 큰 도움이 될 것으로 믿습니다.

모쪼록 오늘 포럼을 통해 미래 육군의 역할에 대해 창의적인 의견들이 많이 제시되어 실효성 있는 정책으로 발전되기를 기대합니다. 다시 한 번, 자리를 빛내주신 모든 분들께 진심으로 감사의 말씀을 드리며, 앞으로도 육군에 대한 여러분의 변함없는 성원을 부탁드립니다. 감사합니다.

2018.6.28

육군참모총장 대장 김용우

참고문헌

제1장

Aguilar, Francisco et al. 2011. "An Introduction to Pakistan's Military." Harvard Kennedy School Belfer Center, July.

Ahmed, Samina. 1999. "Pakistan's Nuclear Weapons Program: Turning Points and Nuclear Choices." *International Security*, Vol.23, No.4.

Barry, Ben. 2018. "Pakistan' Tactical Nuclear Weapons: Practical Drawbacks and Opportunity Costs." *Survival*, Vol.60, No.1 (February-March).

Basrur, Rajesh. 2006. *Minimum Deterrence and India's Nuclear Security* (Stanford University Press.

Biswas, Arka. 2017. "Surgical Strikes and Deterrence-Stability in South Asia." Observer Research Foundation(ORF) Occasional Paper #115, June.

Clary, Christopher and Ankit Panda. 2017. "Safer at Sea? Pakistan's Sea-Based Deterrent and Nuclear Weapons Security." *The Washington Quarterly*, Vol.40, No.3.

Cloughley, Brian. 2008. *War, Coups, and Terror: Pakistan's Army in Years of Turmoil*. Skyhorse Publishing.

Craig, Tim. 2015. "Pakistan tests missile that could carry nuclear warhead to every part of India." *Washington Post*, March 9.

Dawn. 2018."India to Resume Strikes on Militants in Held Kashmir." June 17.

Fair, Christine. 2014. *Fighting to the End: The Pakistan Army's Way of War*.

Oxford University Press.

Feaver, Peter. 1992/93. "Command and Control in Emerging Nuclear States." *International Security*, Vol.17, No.3 (Winter).

Feaver, Peter. 1997. "Civil-Military Problematique: Huntington, Janowitz, and the Question of Civilian Control." *Armed Forces & Society*, Vol.23, No.2.

Gady, Franz-Stefan. 2017. "India Successfully Tests Prithvi Defense Vehicle, A New Missile Killer System." *The Diplomat*, February 15.

Gady, Franz-Stefan. 2018. "India Tests Most Advanced Nuclear-Capable ICBM." *The Diplomat*, January 18.

Gady, Franz-Stefan. 2019. "Is the Indian Military Capable of Executing the Cold Start Doctrine?" *The Diplomat*, January 29.

Ganguly, Rajat. 2015. "India's Military: Evolution, Modernization, and Transformation." *India Quarterly*, Vol.71, No.3.

Ganguly, Sumit. 2001. *Conflict Unending: India-Pakistan Tensions Since 1947*. New York: Columbia University Press.

Ganguly, Sumit and Devin Hagert. 2005. *Fearful Symmetry: India-Pakistan Crises in the Shadow of Nuclear Weapons*. Seattle: University of Washington Press.

Haqqani, Hussain. 2005. *Pakistan: Between Mosque and Military*. Carnegie Endowment for International Peace.

Huntington, Samuel. 1981. *The Soldier and the State: The Theory and Politics of Civil-Military Relations,* revised edition. Belknap Press.

Jamal, Umar. 2018. "How the Pakistani Military Establishment Is Localizing Its Political Influence." *The Diplomat*, March 14.

Jamal, Umar. 2018. "Democracy and Judicial Activism in Pakistan." *The Diplomat*, May 1.

Kampari, Gaurav and Bharath Gopalawamy. 2017. "How to Normalize Pakistan's Nuclear Program." *Foreign Affairs*, June 16.

Kapur, Paul. 2007. *Dangerous Deterrent: Nuclear Weapons Proliferation and Conflict in South Asia*. Stanford University Press

Kapur, Paul. 2011. "4. Peace and Conflict in the Indo-Pakistan Rivalry: Domestic and Strategic Causes." in Sumit Ganguly and William Thompson (Eds.). *Asian Rivalries: Conflict, Escalation, and Limitations on Two-Level Games*. Stanford University Press.

Khalid, Iram. 2013. "Nuclear Security Dilemma of Pakistan." *Journal of Political Studies*, Vol.20, No.1.

Khan, Feroz Hassan. 2012. *Eating Grass: The Making of the Pakistani Bomb*. Palo Alto: Stanford University Press.

Khan, Feroz and Mansoor Ahmed. 2016. "Pakistan, MIRVs, and Counterforce Targeting." in Michael Krepon, Travis Wheeler and Shane Mason (Eds.). *The Lure & Pitfalls of MIRVs: From the First to the Second Nuclear Age*. Stimson Center.

Khan, Saira. 2005. "7. Nuclear Weapons and the Prolongation of the Indo-Pakistan Rivalry." in T. V. Paul (Ed.). *The India-Pakistan Conflict: An Enduring Rivalry*. Cambridge University Press.

Khan, Zafar. 2014. *Pakistan's Nuclear Policy: A Minimum Credible Deterrence*. Routledge.

Khan, Zafar. 2015. "Pakistan's Nuclear First-Use Doctrine: Obsessions and Obstacles." *Contemporary Security Policy*, Vol.36, No.1.

Khattak, Daud. 2017. "Sharif Disqualification to Worsen Civil-Military Relations in Pakistan." *The Diplomat*, July 28.

Krepon, Michael. 2004. "1. The Stability-Instability Paradox, Misperception, and Escalation Control in South Asia." in Michael Krepon, Rodney Jones, and Ziad Haider (Eds.). *Escalation Control and the Nuclear Option in South Asia*. The Henry Stimson Center.

Kumar, Dinesh. 2016. "The Army's Changing Face and Role." *The Tribune*, January 15.

Ladwig III, Wlater. 2007/08. "A Cold Start for Hot Wars? The Indian Army's New Limited War Doctrine." *International Security*, Vol.32, No.3 (Winter).

Ladwig III, Wlater and Vipin Narang. 2017. "Taking 'Cold Start' Out of the Freezer?" *The Hindu*, January 11.

Lavoy, Peter (ed). 2009. *Asymmetric Warfare in South Asia: The Causes and Consequences of the Kargil Conflict.* Cambridge University Press.

Lieven, Anatol. 2011. *Pakistan: A Hard Country.* NY: Public Affairs.

Lynch, Thomas. 2013. "Crisis Stability and Nuclear Exchange Risks on the Subcontinent: Major Trends and the Iran Factor." Strategic Perspectives 14, Institute for National Strategic Studies(INSS) at National Defense University (Nov).

McCausland, Jeffrey. 2015. "Pakistan's Tactical Nuclear Weapons: Operational Myths and Realities." in Michael Krepon, Joshua White, Julia Thompson and Shane Mason (Eds.). *Deterrence Instability and Nuclear Weapons in South Asia.* Stimson Center (April).

Michael Krepon, Ziad Haider, and Charles Thornton. 2004. "Are Tactical Nuclear Weapons Needed in South Asia?" in Micheal Krepon, Rodney Jones, and Ziad Haider (Eds.). *Escalation Control and the Nuclear Option in South Asia.* Stimson Center.

Mistry, Dinshaw, 2003. *Containing Missile Proliferation: Strategic Technology, Security Regimes, and International Cooperation in Arms Control.* University of Washington Press.

Mozokami, Kyle. 2017. "India vs. Pakistan: Which Army Would Win?" *The National Interest*, May 20.

Mukherjee, Anit. 2017. "Fighting Separately: Jointness and Civil-Military Relations in India." *The Journal of Strategic Studies*, Vol.40, No.1~2.

Narang, Vipin. 2014. *Nuclear Strategy in Modern Era: Regional Powers and International Conflict.* Princeton University Press.

Narang, Vipin. 2016/17. "Strategies of Nuclear Proliferation How States Pursue the Bomb." *International Security*, Vol.41, No.3 (Winter).

Nolan, Janne. 1991. *Trappings of Power: Ballistic Missile in the Third World.* Washington, D. C.: Brookings Institution Press.

Panda, Ankit and Vipin Narang. 2017. "Pakistan's Tests New Sub-Launched Nuclear-Capable Cruise Missile. What Now?" *The Diplomat*, January 10.

Panda, Ankit and Vipin Narang. 2017. "Nuclear Stability, Conventional Instability: North Korea and the Lessons from Pakistan." *The Diplomat*, November 22.

Panda, Ankit. 2015. "Pakistan Clarifies Conditions for Tactical Nuclear Weapon Use Against India." *The Diplomat*, October 20.

Panda, Ankit. 2017. "Pakistan Pledges a Hot Finish for 'Cold Start'." *The Diplomat*, January 22.

Panda, Ankit. 2017. "Why Pakistan's Newly Flight-Tested Multiple Nuclear Warhead-Capable Missile Really Matters." *The Diplomat*, January 25.

Panda, Ankit. 2017. "Nuclear South Asia and Coming to Terms with 'No-First Use' with Indian Characteristics." *The Diplomat*, March 28.

Panda, Ankit. 2017. "Lessons from India's 'Surgical Strike,' One Year Later." *The Diplomat*, September 29.

Pande, Aparna. 2011. *Explaining Pakistan's Foreign Policy: Escaping India*. London: Routledge.

Pant, Harsh. 2007. "India's Nuclear Doctrine and Command Structure: Implications for Civil-Military Relations in India." *Armed Forces & Society*, Vol.33, No.2 (Jan).

Pant, Harsh. 2014. "The Soldier, the State, and the Society in India: A Precarious Balance." *Maritime Affairs*, Vol.10, No.1 (August).

Paul, T. V. 2015. *The Warrior State: Pakistan in the Contemporary World*. Oxford University Press.

Rajagopalan, Rajesh. 2016. "India's Nuclear Doctrine Debate." June 30. http://carnegieendowment.org/2016/06/30/india-s-nuclear-doctrine-debate-pub-63950 (검색일: 2018년 2월 8일)

Ray, Ayesha. 2009. "The Effects of Pakistan's Nuclear Weapons on Civil-Military Relations in India." *Strategic Studies Quarterly* (Summer).

Ray, Ayesha. 2013. *The Soldier and the State in India: Nuclear Weapons, Counterinsurgency and the Transformation of Indian Civil-Military Relations*. Sage.

Sankaran, Jaganath. 2014/15. "Pakistan's Battlefield Nuclear Policy: A Risky Solution to an Exaggerated Threat." *International Security*, Vol.39, No.3.

Sasikumar, Karthika and Christopher Way. 2009. "2. Testing Theories of Proliferation in South Asia." in Scott Sagan (Ed.). *Inside Nuclear South Asia*. Stanford University Press.

Shah, Aqil. 2017. "The Dog that Did Not Bark: the Army and the Emergency in India." *Commonwealth and Comparative Politics*, Vol.55.

Shah, Saeed. 2017."India and Pakistan Escalate Nuclear Arms Race." *Wall Street Journal*, March 31.

Shankar, Vijay. 2018. "No Responsible Stewardship of Nuclear Weapons." IPC articles # 5413, January 1.

Sjapoo, Sajid Farid. 2017. "The Dangers of Pakistan's Tactical Nuclear Weapons." *The Diplomat*, February 1.

Smith, David. 2013. "The US Experience with Tactical Nuclear Weapons: Lessons for South Asia." in Michael Krepon and Julia Thompson (Eds.). *Deterrence Stability and Escalation Control in South Asia*. Stimson Center.

Snow, Shawn. 2016. "Is India Capable of a Surgical Strike in Pakistan Controlled Kashmir?" *The Diplomat*, September 30.

Talbot, Ian. 2002. "Does the Army Shape Pakistan's Foreign Policy?" in Jaffrelot, Christoffe (ed.). *Pakistan: Nationalism without a Nation?* London: Zed Books.

Taqi, Mohammad Taqi. 2018. "A Creeping Coup d'Etat in Pakistan." *The Diplomat*, November 1.

Tasleem, Sadia. 2016. "Pakistan's Nuclear Use Doctrine." June 30. http://carnegieendowment.org/2016/06/30/pakistan-s-nuclear-use-doctrine-pub-63913 (검색일: 2018년 2월 8일)

The Express Tribune. 2014. "Full Spectrum Doctrine: Pakistan-Test-Fires Nasr Missiles." September 27.

The Express Tribune. 2015. "Nuclear Deal for India Could Impact Deterrence Stability in South Asia: Aziz." January 27.

Um-Roommana and Suhail Bhat. 2018. "Kashmir's Teenage Militants." *The Diplo-*

mat, December 27.

Wani, Riyaz. 2018. "Kashmir: Killing Militants Won't Kill Militancy." *The Diplomat*, May 31.

Wright, Lawrence. 2011. "The Double Game: The Unintended Consequences of American Funding in Pakistan." *The New Yorker*, May 16.

제2장

Aid, Matthew M. 2009. *The secret sentry: The untold history of the National Security Agency*. Bloomsbury Publishing USA.

Andronov, A. 1993. "The US Navy's 'White Cloud'Spaceborne ELINT System." *Foreign Military Review*, 7.

Arkin, William M. 1996. "The six-hundred million dollar mouse." *Bulletin of the Atomic Scientists*, 52.6.

Bluff, Blind Man'S. 1998. "the untold story of American submarine espionage." *Sherry Sontag and Christopher Drew, Public Affairs, New York*, pp.10~11.

Brower, Michael. 1989. "Targeting Soviet mobile missiles: Prospects and implications." *Survival*, 31.5: 433~434, 438~439, 441.

Brusnitsyn A, 1980. "Monitoring and Intelligence." translated from Russian by Austin Long. Vitalii Leonidovich Kataev Papers, box 12, folder 16 Hoover Institution Archive, Stanford University.

Butler, Amy, and Bill Sweetman. 2013. "Secret New UAS Shows Stealth, Efficiency Advance." Aviation Week & Space Technology 6.

Cote Jr, Owen R. 2013. *The Third Battle: Innovation in the US Navy's Silent Cold War Struggle with Soviet Submarines (Newport Paper)*. No.16: 16~17, 52.

Drent, J. 2005. "Christopher A. Ford and David A. Rosenberg, The Admirals' Advantage: US Navy Operational Intelligence in World War II and the Cold War." *NORTHERN MARINER*, 15.2: 103.

Fischer, Benjamin B. 2014. "CANOPY WING: The US war plan that gave the East

Germans goose bumps." *International Journal of Intelligence and Counter-intelligence*, 27.3: 439.

Fischer, Ben B. 1997. *A Cold War conundrum: the 1983 soviet war scare*. Washington, DC: Central Intelligence Agency, Center for the Study of Intelligence.

Ford, Christopher, and David Rosenberg. 2014. *The Admirals' Advantage: US Navy Operational Intelligence in World WarII and the Cold War*. Naval Institute Press.

Fulghum, David A., and Bill Sweetman. 2009. "Stealth over Afghanistan." *Aviation Week and Space Technology*, 14.

Garwin, Richard L. 1983. "Will strategic submarines be vulnerable?" *International Security*, 8.2: 55~56.

Gasparre, R. 2012. "The Israeli 'E-tack'on Syria–Part II. Air Force Technology."

Goldstein Joseph. 2013. "Police to Use Fake Pill Bottles to Track Drugstore Thieves." *New York Times*, January 15.

Green, Brendan R., and Austin Long. 2017. "The MAD Who Wasn't There: Soviet Reactions to the Late Cold War Nuclear Balance." *Security Studies*, 26.4: 619~620, 637~639.

Hill, Douglas R. 1988. *Minuteman Rapid Retargeting*. No.ACSC-88-1215. AIR COMMAND AND STAFF COLL MAXWELL AFB AL.

Hines, John G., Ellis Mishulovich, and John F. Shull. 1995. "Soviet Intentions 1965-1985 Vol.2, Soviet Post-Cold War Testimonial Evidence."

Inge, Bjerga. Kjell. 2007. "Politico-Military Assessments on the Northern Flank 1975-1990: Report from the IFS/PHP Bodø Conference of 20-21 August 2007." Conference Report, Zurich: Parallel History Project.

Hoffman, David. 2009. *The Dead Hand: The Untold Story of the Cold War Arms Race and Its Dangerous Legacy*. Anchor.

Kissinger, Henry A. 1955. "Military Policy and Defense of the 'Grey Areas'." *Foreign Affairs*, 33.3: 418.

Lautenschläger, Karl. 1986. "The submarine in naval warfare, 1901-2001." *Inter-*

national Security, 11.3: 130~132.

Long, Austin, and Brendan Rittenhouse Green. 2015. "Stalking the secure second strike: intelligence, counterforce, and nuclear strategy." *Journal of Strategic Studies*, 38.1-2: 46~54, 60~64

Lieber, Keir A., and Daryl G. Press. 2013. "The Next Korean War." *Foreign Affairs*, 1.

Lieber, Keir A., and Daryl G. Press. 2017. "The new era of counterforce: Technological change and the future of nuclear deterrence." *International Security*, 41.4: 38~39.

Lindsay, Jon R. 2013. "Stuxnet and the limits of cyber warfare." *Security Studies*, 22.3.

Mearsheimer, John J. 1986. "A strategic misstep: the maritime strategy and deterrence in Europe." *International Security*, 11.2: 3~57.

Miller, Greg. 2011. "CIA flew stealth drones into Pakistan to monitor bin Laden house." *The Washington Post*, 17.

Narang, Vipin. 2010. "Posturing for Peace? Pakistan's Nuclear Postures and South Asian Stability." *International Security*, 34.3: 38~78.

Poisel, Richard. 2012. *Electronic warfare target location methods*. Artech House.

Salman, Michael, Kevin J. Sullivan, and Stephen Van Evera. 1989. "Analysis or propaganda? Measuring American strategic nuclear capability, 1969-88." *Nuclear Arguments: Understanding the Strategic Nuclear Arms and Arms Control Debates, Cornell University Press, Ithaca, NY*, 237.

Shachtman, Noah. 2012. "This Rock Could Spy on You for Decades." *Wired. com Danger Room*, Web 29.

Shane, Scott, and David E. Sanger. 2011. "Drone crash in Iran reveals secret US surveillance effort." *The New York Times* 7.

Sontag, Sherry, and Christopher Drew. 1998. "Blind man's bluff: the untold story of American submarine espionage." *Public Affairs, New York NY*, pp.140~141.

Andronov, A. 1993. "Amerikanskiye Sputniki Radioelek-tronnoy Razvedki na Geo synchronnykh Orbitakh (American Signals Intelligence Satellites in Geosyn chronous Orbit)." in Allen Thomson (trans.). *Zarubezhnoye Voyennoye Ob ozreniye* (*Foreign Military Review*).

Vitalii Kataev, 1990. "Mobile Missile Basing." translated from Russian by Austin Long. Vitalii Leonidovich Kataev Papers, Hoover Institution Archive, Stanford University.

Woolf, Amy F. 2009. *US strategic nuclear forces: background, developments, and issues*. Diane Publishing.

기타 자료

Arant, Charles. 2016. "Special Operations Surveillance and Exploitation." Briefing Conversation with former highly placed Naval official, August 8.

Interview with Pete Rustan, C4ISR Journal, October 8, 2010. Lieber and Press, "The New Era of Counterforce." pp.38~39.

President's Foreign Intelligence Advisory Board. 1990. "The Soviet War Scare," February 15, 43.at the Special Operations Forces Industry Conference.

제3장

Burr, William and David Alan Rosenberg. 2010. "Nuclear Competition in an Era of Stalemate, 1963-1975." in Melvyn P. Leffler and Odd Arne Westad (eds.). *The Cambridge History of the Cold War vol.2*. Cambridge: Cambridge University Press. pp.88~111.

Falkenrath, Richard A. 1995. *Shaping Europe's Military Order: The Origins and Consequences of the CFE Treaty*. Cambridge, MA: The MIT Press.

Fearon, James D. 1995. "Rationalist Explanations for War." *International Organization*, Vol.49, No.3 (Summer). pp.379~414.

Fearon, James D. 1998. "Bargaining, Enforcement, and International Cooperation." *International Organization*, Vol.52, No.2 (Spring). pp.269~305.

Powell, Robert. 2006. "War as a Commitment Problem." *International Organization*, Vol.60, No.1 (Winter). pp.169~203.

Rubin, Jennifer. 2018. "Trump is wrong about North Korea, says the CIA." *The Washington Post*, May 30.

Shields, John M. and William C. Potter (eds.). 1997. *Dismantling the Cold War: U.S. NIS Perspectives on the Nunn-Lugar Cooperative Threat Reduction Program*. Cambridge, MA: The MIT Press.

White House. 2017. President of the United States of America, National Security Strategy, Washington, DC: White House. https://www.whitehouse.gov/wp-content/uploads/2017/12/NSS-Final-12-18-2017-0905.pdf

제4장

김진아. 2018.「남북정상회담의 성과와 의의」. ≪주간국방논단≫, 제1717호(5월 7일).

Kim, Jina. 2018. "Issues Regarding North Korean Denuclearization Roadmap with a Focus on Implications from the Iran Nuclear Deal." *Korean journal of defense analysis*, 30.2: 175.

Ben-Horin, Yoav, et al. 1986. *Building Confidence and Security in Europe. The Potential Role of Confidence and Security-Building Measures*. No. RAND/R-3431-USDP. RAND CORP SANTA MONICA CA.

Krepon, Michael, Dominique M. McCoy, and Matthew CJ Rudolph. 1993. *A Handbook of Confidence-Building Measures for Regional Security*. The Henry L. Stimson Center.

Macintosh, James. 1985. *Confidence (and Security) building measures in the arms control process: A Canadian perspective*. No.1. Ottawa, Ont.: Arms Control and Disarmament Division, Department of External Affairs.

Rubin, Barry M., Joseph Ginat, and Moshe Ma'oz (eds.). 1994. *From War to Peace: Arab-Israeli Relations, 1973-1993*. Sussex Academic Press.

기타 자료

「남북 사이의 화해와 불가침 및 교류협력에 관한 합의서」, 1991/12/13.

「남북군사공동위원회의 구성·운영에 관한 합의서」, 1992/5/7.

「남북 사이의 화해와 불가침 및 교류협력에 관한 합의서의 제2장 남북불가침의 이행과 준수를 위한 부속합의서」, 1992/9/17.

「동·서해지구 남북열차 시험운행의 군사적 보장을 위한 잠정합의서」, 2007/5/11.

「동·서해지구 남북관리구역 임시도로 통행의 군사적 보장을 위한 잠정합의서」, 2003/1/27.

「동해지구와 서해지구 남북관리구역 설정과 남북을 연결하는 철도·도로 작업 의 군사적 보장 합의서」, 2002/9/17.

「서해 해상에서 우발적 충돌 방지와 군사분계선 지역에서의 선전활동 중지 및 선전수단 제거에 관한 합의서」, 2004/6/4.

「판문점선언」, 2018/4/27.

「판문점선언 합의 이행을 위한 군사분야 합의서」, 2018/9/19.

조선중앙통신, 2013/6/16, 2015/1/10.

연합뉴스, 2004/5/14.

UN ODA, available at https://www.un.org/disarmament/cbms/ (accessed June 2, 2018)

UN ODA, Military Confidence-building, available at https://www.un.org/ disarmament/cbms/ (accessed June 2, 2018)

제5장

이유정·이근욱. 2018.「냉전을 추억하며: 미소 냉전 시기 경험에서 바라본 북한의 핵 전력」, ≪국가전략≫, 24.3.

이유정.「전시 북한 핵전력 배치방식의 딜레마와 시사점-고정 배치와 이동 배치의 3가지 딜레마를 중심으로」. 2018. ≪국방연구≫, 61.2: 53~80.

싱어, 피터(Peter W. Singer). 2011.『하이테크 전쟁: 로봇혁명과 21세기 전투』. 권영근 옮김. 서울: 지안.

Arquilla, John, and David Ronfeldt. 2000. *Swarming and the Future of Conflict.* No.RAND/D8-311-OSD. RAND CORP SANTA MONICA CA.

Ball, Desmond. 1983. *Targeting for Strategic Deterrence.* Vol.185. International Institute for Strategic Studies.

Dedman, Bill. 2011. "US tracked couriers to elaborate Bin Lade compound." *MSNBC.* Archived from the original on May 2.

Ekman, Kenneth P. 2014. *Winning the peace through cost imposition.* Brookings.

Kemp, Geoffrey. 1974. *Nuclear forces for medium powers: part I: targets and weapons systems.* Vol.1. International Institute for Strategic Studies.

Lallanilla, Marc. 2013. "'Iron Man' Suit Under Development by US Army." *Live-Science.com. TechMediaNetwork* 10/man-suit-talos.html (2018.6.1)

Land Warfare Development Centre, Land Operations (Army Doctrine Publication AC 71940), Lee, Jang-Wook, 2012. "The RMA of the U.S. and 'Doing More with Less'." *New Asia*, Vol.19 No.1.

Lieber, Keir A., and Daryl G. Press. 2017. "The new era of counterforce: Technological change and the future of nuclear deterrence." *International Security*, 41.4.

Long, Austin, and Brendan Rittenhouse Green. 2015. "Stalking the secure second strike: intelligence, counterforce, and nuclear strategy." *Journal of Strategic Studies*, 38.1-2: 38~73.

Mearsheimer, John J. 2001. *The tragedy of great power politics.* WW Norton & Company.

Perkins, David G. 2016. "Multi-domain battle: Joint combined arms concept for the 21st century." *Association of the United States Army website*, 14.

Scharre, Paul. 2015. "Unleash the swarm: The future of warfare." *War on the Rocks*, 4.

Seol, In Hyo, and Jang-wook Lee. 2018. "Deterring North Korea with Non-Nuclear High-Tech Weapons: Building a '3K+' Strategy and Its Applications." *Korean journal of defense analysis*, 30.2: 195~215.

The General Accounting Office. 1997. Contingency Operations: Opportunities to Improve Civil Logistics Augmentation Program. Washington D.C.: The General Accounting Office, p.8.

Winnefeld, James A., Preston Niblack, and Dana J. Johnson. 1994. *A League of Airmen: IU. S. Air Power in the Gulf War.* RAND CORP SANTA MONICA CA.

Woolf, Amy F. 2009. "Conventional Warheads for Long-Range Ballistic Missiles: Background and Issues for Congress." LIBRARY OF CONGRESS WASHINGTON DC CONGRESSIONAL RESEARCH SERVICE.

기타 자료

≪동아일보≫, 2017/4/15

연합뉴스, 2017/7/29, http://www.yonhapnews.co.kr/bulletin/2017/07/29/0200000000 (검색일: 2018. 6.2)

연합뉴스, 2017/7/29, http://www.yonhapnews.co.kr/bulletin/2017/07/29/0200000000AKR20170729061100014.HTML (검색일: 2018.4.15)

연합뉴스, 2016/8/28, http://www.yonhapnews.co.kr/international/2016/08/26/0619000000AKR20160826138600009.HTML (검색일: 2018.6.12)

≪주간동아≫, 제2493호, http://weekly.chosun.com/client/news/viw.asp?ctcd=C03&nNewsNumb=002493100018 (검색일: 2018.6.3)

≪중앙일보≫, 2018/1/26, https://news.joins.com/article/22319630 (검색일: 2018.12.10)

https://assets.publi-shing.service.gov.uk/government/uploads/system/uploads/attachment_data/file/605298/Army_Field_Manual__AFM__A5_Master_ADP_Interactive_Go v_Web.pdf (검색일: 2018.5.18)

http://bemil.chosun.com/nbrd/bbs/view.html?b_bbs_id=10168&pn=1&num=438&pf (검색일: 2018.6.2)

https://blog.naver.com/kima20298/221235691057 (검색일: 2018.5.28)

http://www.military-info.com/freebies/murphy.htm (검색일: 2018.6.10)
http://www.military-info.com/freebies/murphy.htm (검색일: 2018.6.10)
https://nsarchive.gwu.edu/briefing-book/nuclear-vault/2016-12-22/reagans-nuclear-war-briefing-declassified (검색일: 2018.5.26)
https://missilethreat.csis.org/country/south-korea (검색일: 2018.2.17)
https://www.airforce-technology.com/news/lockheed-martin-build-gray-wolf-cruise-missile-usaf (검색일: 2018.6.1)
http://www.businessinsider.com/air-force-rods-from-god-kinetic-weapon-hit-with-nuclear-weapon-force-2017-9 (검색일: 2018.6.2)
http://www.koreaherald.com/view.php?ud=20171019000877 (검색일: 2018.2.17)

제6장

김성철. 2014.「북한의 핵억제론: 교리, 전략, 운용을 중심으로」. ≪평화학연구≫, 15.4.
대한민국 국방부. 2016.『국방백서』. 서울: 대한민국 국방부.
우승지. 2013.「북한은 현상유지 국가인가?」. ≪국제정치논총≫, 53.4: 165~190.
정덕구. 2013.『기로에 선 북중관계: 중국의 대북한 정책 딜레마』. 추수롱 편. 서울: 중앙북스.
정성윤. 2016.『북한 핵 개발 고도화의 파급영향과 대응방향』. 통일연구원 연구총서. 1~339쪽.
프터, 엔드류(Andrew Futter). 2015.『핵무기의 정치』. 고봉준 옮김. 서울: 명인문화사.
함택영. 1998.『국가안보의 정치경제학 남북한의 경제력 국가역량 군사력』. 서울: 법문사.
황지환. 2014.「김정은 시대 북한의 대외전략: 지속과 변화의」. ≪한국과국제정치(KWP)≫, 30.1: 187~221.
황지환. 2012.「한반도 분단과 한국전쟁의 국제정치이론적 의미」. ≪국제정치논총≫, 52.3: 201~225.
Bell, Mark S. 2015. "Beyond emboldenment: how acquiring nuclear weapons can change foreign policy." *International Security*, 40.1: 87~119.

Bell, Mark. 2014. "What Do Nuclear Weapons Offer States? A Theory of State Foreign Policy Response to Nuclear Acquisition." Massachusetts Institute of Technology, http://ssrn.com/abstract2566293 (검색일: 2017.12.25)

Betts, Richard K. 1998. "The new threat of mass destruction." *Foreign Aff*, 77: 26.

Brooks, Stephen. 1997. "G.: Dueling Realism (Realism in International Relations)." *International Organization*, 51.3.

Frankel, Benjamin. 1996. "Restating the realist case: An introduction." pp.9~20.

Hwang, Jihwan. 2009. "Face-saving, reference point, and North Korea's strategic assessments." ≪국제정치논총≫, 49.6: 55~75.

Hwang, Jihwan. 2015. "The North Korea Problem from South Korea's Perspective." *The North Korea Crisis and Regional Responses*. Honolulu: East-West Center.

Jervis, Robert. 1999. "Realism, neoliberalism, and cooperation: understanding the debate." *International Security*, 24.1: 42~63.

Jervis, Robert. 1989. *The meaning of the nuclear revolution: Statecraft and the prospect of Armageddon*. Cornell University Press.

Kang, David C. 1995. "Rethinking North Korea." *Asian Survey*, 35.3: 253~267.

Kapur, S. Paul. 2007. *Dangerous deterrent: Nuclear weapons proliferation and conflict in South Asia*. Stanford University Press.

Kristof, Nicholas, 2017. "Five Blunt Truths About the North Korea Crisis." *The New York Times*, July 5.

Kroenig, Matthew. 2014. *A time to attack: The looming Iranian nuclear threat*. St. Martin's Press.

Mansfield, Edward D., and Jack Snyder. 1995. "Democratization and the Danger of War." *International security*, 20.1: 5~38.

Mearsheimer, John J. 2001. *The tragedy of great power politics*. WW Norton & Company.

Narang, Vipin. 2015. "Nuclear Strategies of Emerging Nuclear Powers: North Korea and Iran." *The Washington Quarterly*, 38.1: 73~91.

New York Times Editorial Board, 2017. "The Way Forward on North Korea." *The*

New York Times, July 4.

Paul, Thazha Varkey, and Thazha Varkey Paul. 1994. *Asymmetric conflicts: war initiation by weaker powers*. Vol.33. Cambridge University Press.

Rich, Motoko. 2017. "In North Korea, 'Surgical Strike' could spin into 'Worst Kind of Fighting'." *The New York Times*. Retrieved January 17: 2018.

Sagan, Scott Douglas, and Kenneth Neal Waltz. 2003. *The spread of nuclear weapons: a debate renewed: with new sections on India and Pakistan, terrorism, and missile defense*. WW Norton & Company.

Smith, Hazel. 2000. "Bad, mad, sad or rational actor? Why the 'securitization' paradigm makes for poor policy analysis of North Korea." *International affairs*, 76.3: 593~617.

Stanton, Joshua, Sung-Yoon Lee, and Bruce Klingner. 2017. "Getting tough on North Korea: How to hit Pyongyang where it hurts." *Foreign Aff*, 96: 65.

Vyas, Utpal, Ching-Chang Chen, and Denny Roy. 2015. *The North Korea crisis and regional responses*. Honolulu, HI: East-West Center.

Wit, Joel S., and Sun Young Ahn. 2015. *North Korea's Nuclear Futures: Technology and Strategy*. US-Korea Institute at SAIS.

기타 자료

조선중앙통신, 2006/10/3, 2006/10/11, 2009/5/29, 2009/6/13, 2013/3/26, 2013/4/18, 2016/1/6, 2016/1/15, 2016/5/9, 2016/9/9

≪로동신문≫, 2017/11/29, 2017/9/4, 2017/12/3, 2002/10/26

부록 1 (기조연설)

Allison, Graham. 2017. *Destined for War: Can America and China Escape Thucydides's Trap?* Boston, MA: Houghton Mifflin Harcourt.

Allison, Graham and Philip Zelikow 1999. *Essence of Decision: Explaining the Cuban Missile Crisis*, 2nd Edition. New York: Longman.

Beinart, Peter. 2018. "Trump Could Transform the U.S.-North Korea Relationship." *The Atlantic*, June 11.

Burr, William and Jeffrey Kimball. 2003. "Nixon's Secret Nuclear Alert: Vietnam War Diplomacy and the Joint Chiefs of Staff Readiness Test, October 1969." *Cold War History* 3, No.2 p.148.

찾아보기

지은이 (가나다순)

그래엄 앨리슨 Graham T. Allison

現 하버드 대학교 케네디 행정대학원 교수

하버드 대학교 학사, 옥스퍼드 대학교 석사, 하버드 대학교 정치학 박사

하버드 대학교 케네디스쿨 학장직, 하버드 대학교 벨퍼국제문제연구소 소장, 국방장관 특보, 국방부 차관보 역임

주요 연구업적: *Essence of Decision: Explaining the Cuban Missile Crisis, Destined for War: Can America and China Escape Thucydides's Trap?, Lee Kuan Yew: The Grand Master's Insights on China, the United States, and the World (Belfer Center Studies in International Security), Nuclear Terrorism: The Ultimate Preventable Catastrophe* 등

김진아

現 한국국방연구원 안보전략연구센터 선임연구원, 연세대학교 국제대학원 객원교수, 청와대 국가안보실·한미연합사·통일부·산업통상자원부 자문위원

연세대학교 국제대학원 국제학 석사, 터프츠 대학교 플레처 스쿨(Tufts University Fletcher School) 국제관계학 박사

주요 연구업적: *The North Korean Nuclear Weapons Crisis: The Nuclear Taboo Revisited* 및 "Assessing Export Controls of Strategic Items to North Korea" 등

김태형

現 숭실대학교 정치외교학과 교수

고려대학교 철학과 학사, 켄터키 대학교(University of Kentucky) 정치학 석·박사

데몬 컬리지(Daemon College) 조교수, 켄터키 대학교 방문조교수 역임

주요 연구업적: 「동아시아 지역 미-중 전략적 경쟁의 현황과 전망: 군비통제의 관점에서」, "North Korea's Nuclear Ambition: Is Nuclear Reversal Too Late?" 등

브렌단 그린 Brendann R. Green

現 신시내티 대학교 정치학 부교수

주요 연구업적: "Stalking the Secure Second Strike: Intelligence, Counterforce, and Nuclear Strategy", "The MAD Who Wasn't There: Soviet Reactions to the Late Cold War Nuclear Balance", "Correspondence: The Limits of Damage Limitation" 등

이근욱

現 서강대학교 정치외교학과 교수

서울대학교 외교학과 학사·석사, 하버드 대학교 정치학 박사

주요 연구업적: 『왈츠 이후』, 『이라크 전쟁』, 『냉전』, 『쿠바 미사일 위기』 등

이장욱

現 서강대학교 육군력연구소 책임연구원

서강대학교 정치외교학과 학사·석사·박사

대통령실 외교안보수석실 산하 대외전략비서관실 행정관 역임

주요 연구업적: 『전쟁을 삽니다』 등

황지환

現 서울시립대 국제관계학과 교수

서울대학교 학사·석사, 콜로라도 대학교(University of Colorado) 정치학 석사·박사

주요 연구업적: 「월츠(Kenneth N. Waltz)의 핵확산 안정론과 북한 핵 문제」, 「북한의 사이버 안보 전략과 한반도: 비대칭적·비전통적 갈등의 확산」 등

한울아카데미 2143
서강 육군력 총서 4

전략환경 변화에 따른 한국 국방과 미래 육군의 역할

기획 서강대학교 육군력연구소 **엮은이** 이근욱
지은이 그래엄 앨리슨·김진아·김태형·브렌단 그린·이근욱·이장욱·황지환
펴낸이 김종수 **펴낸곳** 한울엠플러스(주) **편집** 배유진

초판 1쇄 인쇄 2019년 3월 25일 **초판 1쇄 발행** 2019년 4월 1일

주소 10881 경기도 파주시 광인사길 153 한울시소빌딩 3층
전화 031-955-0655 **팩스** 031-955-0656 **홈페이지** www.hanulmplus.kr
등록번호 제406-2015-000143호

ISBN 978-89-460-7143-8 93390(양장)
978-89-460-6637-3 93390(반양장)

Printed in Korea.
※ 책값은 겉표지에 표시되어 있습니다.